Atlas des poissons et des crustacés* d'eau douce des Comores, Mascareignes et Seychelles

*Décapodes uniquement

Philippe Keith(1), Gérard Marquet(2), Pierre Valade(3), Pierre Bosc(3) & Érick Vigneux(4)

(1) Muséum national d'Histoire naturelle - Département des milieux et peuplements aquatiques - USM 0403 Biodiversité et Dynamique des Communautés aquatiques - CP 26 - 57, rue Cuvier - 75231 Paris cedex 05
keith@mnhn.fr

(2) BP 75 Passamainty - 97605 Mamoudzou - Mayotte
gerard.marquet2@wanadoo.fr

(3) ARDA - ZI des sables - 97427 Etang-Salée - La Réunion
valade.arda@wanadoo.fr
bosc.arda@wanadoo.fr

(4) Conseil supérieur de la Pêche - Centre Le Paraclet - BP 5 - 80440 Boves
erick.vigneux@csp.ecologie.gouv.fr

Publications Scientifiques du Muséum national d'Histoire naturelle

Cette publication constitue le volume **65** de la collection Patrimoines naturels

Directeur de la publication : Bertrand-Pierre Galey
Directeur général du Muséum national d'Histoire naturelle

Rédacteur en chef : Philippe Keith
Secrétaire de rédaction : Gwénaëlle Chavassieu

Photo 1re de couverture : *Microphis brachyurus* © P. Keith
Photos 4e de couverture : **a-b-c-d** a *Bathygobius meggitti* © P. Keith
b *Macrobrachium equidens* © P. Keith
c *Cotylopus rubripinnis* © P. Keith
d *Ptychognathus barbatus* © P. Keith

Design : Catherine Lasnier

ISSN 1281-6213
ISBN 2-85653-597-6
ISBN 13 978-2-85653-597-4

Cet ouvrage doit être référencé comme suit :
Keith P., Marquet G., Valade P., Bosc P. & Vigneux E. 2006. — *Atlas des poissons et des crustacés d'eau douce des Comores, Mascareignes et Seychelles*. Muséum national d'Histoire naturelle, Paris, 250 p. (Patrimoines naturels, 65)

Table des matières

Avant-propos

L'océan Indien et ses nombreuses îles chatoyantes ont attiré de nombreux voyageurs naturalistes aux cours des trois derniers siècles. Ceux-ci ont accumulé lors de leurs campagnes de très riches collections qui font maintenant l'orgueil de certains musées, dont le Muséum national d'Histoire naturelle de Paris (MNHN). De très nombreuses espèces de poissons nouvelles pour la science ont été décrites à partir de ces récoltes. Même si l'essentiel des captures a concerné la faune marine, les estuaires et les rivières ont aussi fait l'objet de prospections. Ces voyageurs naturalistes ont aussi été les témoins, voire parfois les acteurs principaux, de nombreuses introductions d'espèces et leurs témoignages sont essentiels pour comprendre l'évolution de la répartition de ces espèces dans la région. Certains taxons capturés durant ces voyages semblent s'être raréfiés tandis que d'autres ont disparu de certaines îles, n'existant plus que dans les musées.

Toutes ces collections accumulées sur la faune dulçaquicole, et en général peu exploitées, méritaient d'être valorisées dans un ouvrage de synthèse afin que la connaissance soit mise à disposition de tous, et notamment des gestionnaires.

Plus récemment, entre 1997 et 2005, le MNHN a mené de nouvelles campagnes de prospections sur certaines îles de l'océan Indien à la demande, notamment, du Ministère de l'Écologie et du Développement durable (MEDD), du Ministère des Affaires étrangères ou d'organismes internationaux. L'Association réunionaise pour le Développement de l'Aquacultutre (ARDA), dans le cadre de programmes financés par le MEDD ou la coopération régionale, a aussi mené des inventaires.

Enfin, en 1999, a été publié l'*Atlas des poissons et crustacés d'eau douce de la Réunion* (Keith *et al.* 1999), basé essentiellement sur les données des collectes réçentes. À l'époque, le MNHN pensait réaliser une série d'ouvrages, un par île ou par archipel de l'océan Indien, présentant l'ensemble des espèces aquatiques dulçaquicoles. Cependant, depuis cette date, l'avancée des connaissances sur les poissons insulaires, les progrès de la systématique, l'exploitation et l'informatisation des importantes collections des voyageurs naturalistes et l'ubiquité de certaines espèces nous ont finalement conduit à réaliser un unique ouvrage regroupant tous les poissons et crustacés décapodes rencontrés dans les rivières des Comores, Mascareignes et Seychelles.

L'*Atlas des poissons et des crustacés d'eau douce des Comores, des Mascareignes et des Seychelles* est donc un ouvrage unique qui valorise trois siècles de prospections naturalistes dans l'océan Indien. Il a été conçu comme une faune destinée aux naturalistes, qu'ils soient amateurs éclairés ou scientifiques, aux enseignants, aux pêcheurs ou aux aquariophiles. Son objectif est aussi d'être un outil mis à la disposition des gestionnaires afin de les aider à la gestion et à la conservation des espèces.

Dans la partie introductive, le lecteur trouvera les principales caractéristiques du milieu des trois archipels étudiés (géologie, climat, hydrographie) et des peuplements aquatiques (biodiversité, zonation, adaptations), l'histoire des introductions d'espèces et des voyageurs naturalistes, ainsi que la méthodologie employée pour la réalisation de l'ouvrage et la cartographie.

Des clés (une pour les crustacés décapodes et une pour les poissons) permettant de déterminer les espèces se trouvent dans l'ouvrage. En général, des critères simples de détermination des espèces vivantes ont été recherchés. Ils ne correspondent pas toujours aux critères systématiques classiques. Afin d'aider le lecteur, des planches de synthèse regroupant les principaux termes de description utilisés pour la détermination des poissons et des crustacés ont été réalisées et placées en annexe.

Après chaque clé, suivent les fiches descriptives des espèces, comprenant, dans la limite des connaissances disponibles, le nom latin de l'espèce et son ou ses nom(s) commun(s) en français (F), créole (C) et anglais (E) s'ils existent. Chaque fiche comprend trois paragraphes. Le premier, "Description", décrit les caractéristiques générales de l'espèce ; le second, "Biologie", fait le point des connaissances (parfois rares) sur la biologie et l'écologie de l'espèce et le troisième, "Distribution", permet d'établir la répartition du taxon dans la région Indo-Pacifique et plus précisément sur le ou les archipels de l'océan Indien à l'aide de la carte attenante. Une photo (inédite) ou un dessin sont proposés pour illustrer l'espèce.

L'ouvrage se termine par une bibliographie des principaux travaux publiés sur la faune d'eau douce de la région, par un glossaire et par des index (noms latins, français, créoles et anglais).

Remerciements

Le projet a reçu le soutien actif de Messieurs B. Chevassus, Président du MNHN, B.P. Galey, Directeur général du MNHN et de la Direction de l'Eau du Ministère de l'Écologie et du Développement durable. Qu'ils soient tous ici remerciés.

De nombreuses personnes ont contribué aussi, plus ou moins directement, à la réalisation de cet ouvrage par des travaux spécifiques ou par leur présence sur le terrain. Il nous est particulièrement agréable de remercier pour leur aide, leur travail, leurs conseils ou leur relecture du manuscrit : A. Abdou, W. Accouche, G.R. Allen, P. Berrebi, F. Busson, R. Causse, R. Fanchette, C. Ferrara, E. Feunteun, X. Grégorio, H. Grondin, D. Guinot, P. et E. Heemstra, T. Hoareau, L.B. Holthuis, Y. Ibrahim, M. Kottelat, H. Larson, P. Lim, M. Louette, D. Manchon, P. Matyot, F.J. Meunier, P. Pruvost, J. Randall, T. Robinet, G. Ségura, H. Senou, J. Stapley, M. Stromberg, T. Suzuki, P. Viora, R.E. Watson, B. Wendling et Y. Zitte.

Les auteurs tiennent aussi à remercier le Conseil supérieur de la Pêche et, à la Réunion, la Région, le Département et la Direction régionale de l'Environnement (DIREN).

À Maurice, nous tenons à remercier particulièrement Jayshree qui nous a guidé sur le terrain. Nous tenons aussi à remercier le Ministère de l'Environnement, le Service de Coopération et de l'Action culturelle (SCAC) de l'Ambassade de France, le Ministère des Pêches d'Albion, Water Ressources Unit, Central Water Authority, A. Demoor, A.K. Gopaul et I. Atchia.

Aux Seychelles, nous tenons à remercier particulièrement Bertrand et Wilna pour leur enthousiasme et leur aide sur les rivières. Nous tenons aussi à remercier le Ministère de l'Environnement, W. Accouche, R. Jumeau, M. Loustau-Lalanne, R.A. Payet, S. Remie, P. Matyot, B. Wendling et l'équipe des Rangers de la Division Nature and Conservation.

Pour les Comores, nous tenons à remercier particulièrement Yaya pour son extraordinaire motivation et son dynamisme sans limite, sans lui la prospection des rivières n'aurait pu avoir lieu. Une partie des inventaires n'auraient pu voir le jour sans l'aide de Conservation International (CI) et en particulier de Franck Hawkins et CI Madagascar. Nous tenons aussi à remercier : en Grande Comore, Aïnoudine Sidi, directeur du Centre national de la Documentation et de la Recherche scientifique (CNDRS) et Yahaya Ibrahim (CNDRS) ; à Mohéli, Kamardine Boinali, conservateur du Parc marin de Mohéli et Hirachi Makwe (Nyumashuwa Mohéli) ; à Anjouan, Action Comores, Abdallah Ahmed Soilihi et Halidi Ahmed Ben Ali. Pour Mayotte nous remercions le personnel de la Direction de l'Agriculture et de la Forêt (DDAF).

Introduction

Les Comores, les Seychelles et les Mascareignes sont trois archipels du Sud-Ouest de l'océan Indien (Fig. 1).

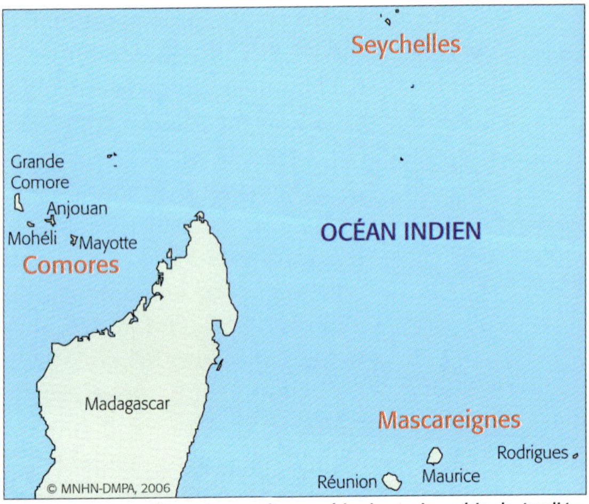

Figure 1 : vue d'ensemble des trois archipels étudiés.

L'archipel des Comores (Fig. 2) est situé dans la partie nord du canal du Mozambique, entre 11° 20' et 13° 04' de latitude S et entre 43° 11' et 45° 19' de longitude E, à égale distance (environ 300 km) du continent Africain et de Madagascar. Les principales îles de cet archipel sont la Grande Comore, Anjouan, Mohéli et Mayotte, couvrant respectivement 1 025 km², 424 km², 211 km² et 375 km². Les îles sont distantes entre elles de 70 à 120 km environ.

L'archipel des Mascareignes (Fig. 3) est situé le plus au sud, entre 19° 40' et 21° 40' de latitude S et entre 55° 32' et 63° 25' de longitude E. Trois îles composent cet archipel : la Réunion, Maurice et Rodrigues. Les deux premières îles sont relativement proches (200 km), alors que Rodrigues qui est l'île la plus isolée des Mascareignes se situe à plus de 570 km à l'est de l'île Maurice. La Réunion et Maurice sont les plus grands systèmes insulaires des archipels du Sud-Ouest de l'océan Indien, couvrant respectivement 2 512 et 1 865 km². L'île de Rodrigues est beaucoup plus petite, avec 109 km².

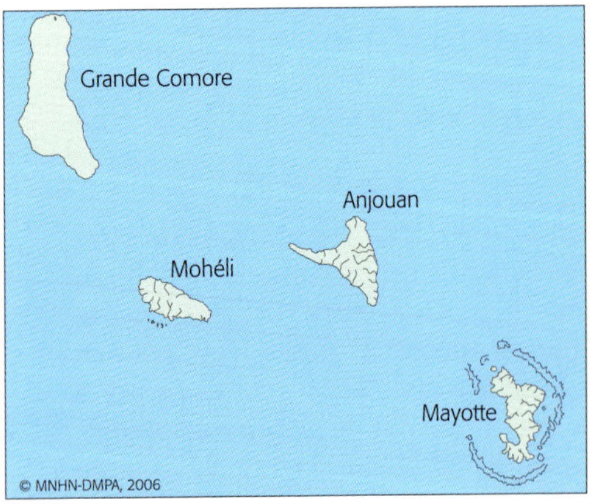

Figure 2 : archipel des Comores.

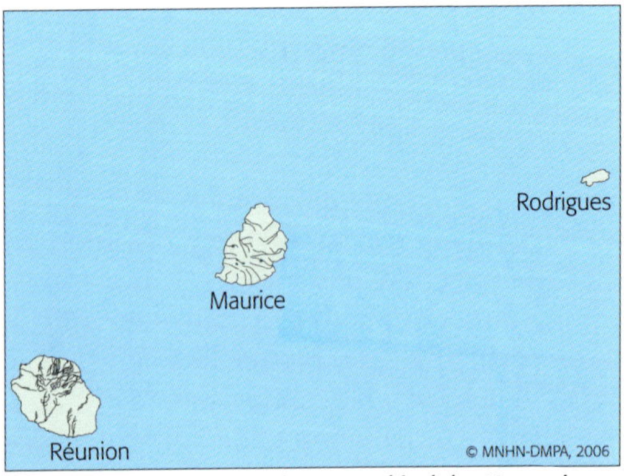

Figure 3 : archipel des Mascareignes.

L'archipel des Seychelles (Fig. 4) est éclaté en 115 îlots situés entre 3° et 10° de latitude S et entre 45° et 56° de longitude E. Les deux plus grandes îles de l'archipel sont situées au nord, il s'agit de Mahé et Praslin, couvrant respectivement 154 km² et 40 km².

CARACTÉRISTIQUES DES MILIEUX

Géologie et relief

Les îles de chacun des archipels ont des origines géologiques très différentes : les Comores ainsi que la Réunion et Maurice sont d'origines volcaniques, alors que Rodrigues serait issue d'une remontée magmatique à la faveur d'une rupture du plancher océanique et que les îles des Seychelles sont de type granitique ou corallien.

Les Comores sont marquées par l'érosion intense qui a sévi entre deux phases d'activité volcanique. Ces phénomènes ont conduit à une grande diversité de paysages et d'unités géomorphologiques, d'autant plus marquée que les îles sont anciennes.
L'île de Mayotte, située à l'extrême est de l'archipel est composée de deux îles principales, la Grande Terre (360 km^2) et Pamandzi (13 km^2), ainsi que de 18 îlots éparses dans le lagon (2 km^2), d'origine volcanique ou corallienne. Le plus haut sommet de l'île, le Bénara, culmine à 660 m d'altitude sur la Grande Terre et la chaîne centrale s'étire selon un axe nord-sud.

L'archipel des Seychelles est composé de deux types d'îles : une quarantaine d'îles granitiques, celles du groupe central, regroupés dans le nord entre 4° et 5° de latitude S et environ 70 îles coralliennes, organisées en plusieurs groupes (Amirantes, Alphonse, Farquhar, Aldabra) disséminés entre 3° et plus de 10° S. Mahé, Praslin et la Digue appartiennent au groupe central des îles granitiques. Les îles de ce groupe sont d'origine continentale, elles sont nées de la séparation des blocs Afrique-Inde-Antarctique-Australie il y a 190 millions d'années. Les îles granitiques des Seychelles sont des îles montagneuses à pentes raides. Sur l'île de Mahé, la chaîne centrale s'étire suivant un axe nord-ouest - sud-est de la baie de Beau Vallon à l'anse aux Pins. Le plus haut sommet de l'île, le Morne Seychellois, culmine à 905 m d'altitude. Moins élevées, Praslin et la Digue culminent respectivement à 367 m et 333 m d'altitude (Cazes-Duvat 2001).

La formation des principales îles des Mascareignes résulte de plusieurs périodes d'activités volcaniques intenses. Maurice a été formée à la suite de quatre phases éruptives distinctes, entre -10 millions d'années et -25 000 ans. La formation de la Réunion se caractérise par la mise en place de deux systèmes volcaniques d'âges nettement différents : le piton des Neiges (le plus âgé, en dormance) et le piton de la Fournaise (le plus récent, en activité). Quatre phases ont rythmé l'activité du piton des Neiges. Elles ont débuté il y a 3 millions d'années pour se terminer il y a 20 000 ans. Le piton de la Fournaise est nettement plus récent. Il a pris naissance il y a plus de 500 000 ans. La formation de Rodrigues serait issue

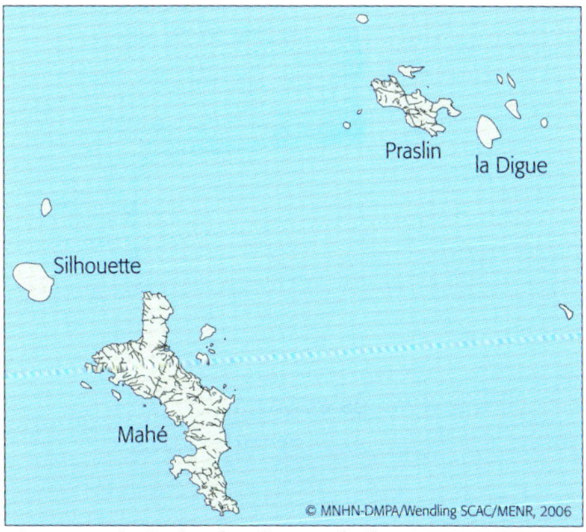

Figure 4 : principales îles des Seychelles.

Piton de la Fournaise. Île de la Réunion, Mascareignes.

d'une remontée magmatique à la faveur d'une cassure du plancher océanique, il y a 1,8 million d'années.
La Réunion est la plus grande et la plus haute des îles des Mascareignes. Elle a une forme elliptique de 70 km dans sa plus grande longueur. Le plus haut sommet de l'île, le piton des Neiges, culmine à 3 069 m d'altitude, alors que le piton de la Fournaise culmine à 2 631 m d'altitude. Le relief de l'île présente quatre principaux types de structures topographiques résultant le plus généralement d'une puissante érosion torrentielle : les pentes externes, les grands cirques, les vallées encaissées et les plaines littorales.
L'île Maurice présente l'aspect d'un plateau volcanique dont l'altitude varie entre 500 et 600 m, accidenté par plusieurs chaînes de montagnes profondément érodées et orientées suivant une ligne sud-ouest - nord-est. Le massif de Roches Noires culmine à 828 m d'altitude.
L'île de Rodrigues mesure 17,7 km de long pour 8,5 km de large, elle est la plus petite des Mascareignes. L'île est légèrement montagneuse et orientée suivant une chaîne centrale qui culmine au mont Limon à 393 m d'altitude.

Le climat

Les trois archipels du Sud-Ouest de l'océan Indien sont globalement marqués par un climat tropical humide, sous influence océanique, caractérisé par deux grandes saisons : une saison chaude et humide (été austral) et une saison plus fraîche et sèche (hiver austral).

Sur l'archipel des Comores, l'été austral (novembre à mars-avril) est marqué par une pluviométrie abondante, maximale de décembre à mars, et des vents de mousson de secteur nord à nord-ouest, variables et généralement faibles, sauf de janvier à février. Pendant l'hiver austral, les précipitations sont plus rares et des alizés du sud-est soufflent, renforcés de mai à août par des courants locaux de secteur sud-ouest qui proviennent du canal du Mozambique. La pluviométrie moyenne est comprise entre 1 500 et 5 000 mm et les Comores peuvent être épisodiquement touchées par des dépressions cycloniques.

Les Mascareignes sont soumises à un régime saisonnier équivalent aux Comores, bien que relativement plus doux. Cette douceur climatique est due à la situation océanique des îles, soumises à un régime régulier d'alizés de sud-est. D'importantes variations climatiques et microclimatiques s'observent au long de l'année, mais également suivant l'altitude et l'orientation des reliefs par rapport aux alizés. De plus, les reliefs imposent une dichotomie plus ou moins nette entre côtes au vent et côtes sous le vent. Les précipitations venant généralement du sud-est et poussées par les alizés sont bloquées par les sommets : la côte au vent est humide et la côte sous le vent est plus sèche. De part leur situation, ces îles sont plus fréquemment touchées par des cyclones que les Comores et les Seychelles.

Situées à des latitudes subéquatoriales, les îles granitiques des Seychelles possèdent un climat chaud et sont presque toujours concernées par un régime de basses pressions. Cette situation barométrique produit un régime de vents faibles à modérés, de directions différentes selon la saison. La saison plus fraîche qui marque le climat des Comores et des Mascareignes est ici presque inexistante, avec toutefois un minimum des températures en août-septembre. Généralement, c'est pendant la mousson de norois (novembre à avril) que les pluies sont les plus abondantes, même si ponctuellement des inversions ont pu être observées (pluies de suète - mai à octobre - supérieures aux pluies de norois). Les dépressions tropicales qui peuvent toucher les Seychelles, et principalement les îles du Sud, n'atteignent pas le stade de dépression tropicale : elles restent de faibles dépressions (Cazes-Duvat 2001).

Le réseau hydrographique

Les réseaux hydrographiques des îles des archipels des Comores, Seychelles et Mascareignes présentent une grande diversité. Principalement fonction de l'âge de l'île, c'est à la Réunion que la densité du réseau hydrographique est la plus élevée. Les tailles des bassins versants des différentes îles sont aussi très variables, allant de quelques kilomètres carrés (Seychelles, Rodrigues), jusqu'à 150 km^2 environ (Réunion, Maurice).

Cascade de la rivière Lingoni. Anjouan, Comores.

À Mayotte, 27 bassins versants sont dénombrés, mais 17 rivières seulement sont pérennes, avec des écoulements parfois très réduits à l'étiage. En revanche, les débits sont soutenus par les pluies abondantes en été austral. Les eaux de surface de Mayotte ont une minéralisation faible (de 70 à 400 µS/cm, hors embouchure), et un pH légèrement basique, de l'ordre de 8, sans variations saisonnières remarquables. Dans les autres îles des Comores, le réseau hydrographique permanent est inexistant en Grande Comore alors qu'il est dense à Mohéli et à Anjouan.

Le réseau hydrographique des îles granitiques des Seychelles est caractérisé par des petits bassins versants à fortes pentes. Toujours inférieurs à 10 km^2, ces bassins versants peuvent posséder des pentes supérieures à 12,5 % et jusqu'à 25 %. Le régime hydrologique des cours d'eau est calqué sur les saisons pluviométriques, avec une période de hautes eaux pendant la mousson de norois et une période de basses eaux pendant la saison de suète (Cazes-Duvat 2001). Les eaux des îles granitiques présentent une très faible minéralisation (entre 30 et 80 µS/cm en dehors de la zone d'embouchure) et un pH inférieur à 7 (entre 5,5 et 7).

Rivière nouvelle découverte dans la vallée de Mai. Praslin, Seychelles.

Les deux principales îles des Mascareignes, Maurice et la Réunion, présentent une forte différence du régime hydrographique entre les côtes est et ouest : sur la côte au vent (est), les rivières bénéficient d'un apport soutenu et régulier d'eau à l'étiage, alors que sur la côte sous le vent (ouest), de nombreuses rivières présentent un assèchement temporaire durant quelques mois. Cette différence est accentuée à la Réunion. Si les débits d'étiages sont relativement faibles (moins de 10 m^3/s à la Réunion), les débits de crues peuvent être très importants (plusieurs milliers de m^3/s) et charrier d'importantes quantités de matériaux.

En raison de la topographie, les cours d'eau de la Réunion sont torrentiels. Sur 750 ravines et rivières recensées, 13 seulement (avec leurs principaux affluents) sont pérennes. L'eau des rivières est faiblement minéralisée (40 à 1 700 µS/cm) et le pH est généralement proche de 8 (il peut varier de 7 à 9). Les eaux sont essentiellement bicarbonatées (Keith *et al.* 1999).

La majeure partie des cours d'eau de l'île Maurice prennent leur source sur le plateau central de l'île et s'écoulent selon des radiales jusqu'à la mer. Le réseau hydrographique de cette île peut être divisé en 25 bassins versants majeurs à écoulement pérenne

Cours moyen de la rivière des Z'anguilles. Maurice, Mascareignes.

(pour une grande majorité) et 21 bassins versants mineurs à écoulement intermittent. La taille des bassins versants majeurs est comprise entre 13 et 165 km². L'eau des cours d'eau est faiblement minéralisée (49 à 160 µS/cm), et le pH est généralement proche de 7,5 mais il peut varier de 6 à 8 de la source vers l'embouchure. Les eaux sont essentiellement bicarbonatées (ARDA 2003).

Le déboisement a entrainé l'assèchement des cours d'eau à Rodrigues, Mascareignes.

Sur l'île Rodrigues il n'y a actuellement plus de cours d'eau pérennes. Les rivières ont un débit faible et elles s'assèchent régulièrement en période défavorable. Cette situation est observée depuis les fortes sécheresses des années 1970.

La zonation des cours d'eau

La zonation des cours d'eau est légèrement différente entre les îles des archipels du Sud-Ouest de l'océan Indien, du fait du relief des îles, de la taille des bassins versants et des inégalités au niveau des connaissances et desinvestigations. Elle oscille entre trois et cinq zones caractéristiques.

Aux Comores, suite aux travaux de Champeau (1989, 1990), de l'ARDA et du MNHN (données non publiées) nous proposons trois zones susceptibles de rendre compte de la répartition des peuplements de poissons et de macrocrustacés :

- Une zone de rithron, caractérisée par un débit d'étiage très faible et une succession de rapides et de pools, dont l'accès est limité à quelques espèces de poissons et de macrocrustacés d'eau douce, dotées de capacités de franchissement relativement exceptionnelles. Cette zone peut être assimilée au cours supérieur (au-dessus de 200 m).
- Une zone intermédiaire, le cours moyen, composée de faciès d'écoulements de type lotique, dont l'accès est possible pour au moins une partie des espèces de poissons et de macrocrustacés (sans obstacle important au franchissement) (entre 10 et 200 m d'altitude).
- Le cours inférieur (entre 0 et 10 m d'altitude), divisé en deux parties. La première située en amont de la zone d'influence de la marée et composée de faciès d'écoulements de type lentique ; la seconde, la zone d'estuaire, sous influence de la marée.

Cours supérieur de la rivière Lingoni. Anjouan, Comores.

Cours moyen de la rivière Chiconi. Mayotte, Comores.

Selon les rivières, certaines zones peuvent être réduites, voire inexistantes.

Aux Mascareignes, les deux principales îles (la Réunion et Maurice) présentent un type de zonation similaire, avec toutefois des caractéristiques différentes aux limites. Les cours d'eau peuvent être découpés en cinq zones selon l'altitude et la vitesse du courant (Starmühlner 1976 ; Keith *et al.* 1999) :

- Zone de source, à partir de 1 500 m d'altitude à la Réunion et 700 m d'altitude à Maurice.
- Cours supérieur, entre 700 et 1 500 m d'altitude à la Réunion et entre 400 et 700 m d'altitude à Maurice.
- Cours moyen (partie haute), entre 200 et 700 m d'altitude à la Réunion et entre 200 et 400 m d'altitude à Maurice.
- Cours moyen (partie basse), entre 30 et 200 m d'altitude à la Réunion et à Maurice.
- Cours inférieur, au-dessous de 30 m d'altitude à la Réunion et à Maurice.

Ces cinq zones peuvent être regroupées fonctionnellement en trois zones plus grandes définies en fonction de la pente, de la vitesse moyenne du courant et de la granulométrie du substrat : le cours supérieur, le cours moyen et le cours inférieur.

- Le cours supérieur est caractérisé par une pente forte (généralement plus de 10 %) donc un courant élevé, et des granulométries souvent grossières.
- Le cours moyen a une pente inférieure à 10 %, on peut y rencontrer des fonds sableux dans les portions à faible courant.
- Le cours inférieur correspond à la partie basse des cours d'eau situé dans la plaine littorale. Sa longueur est très variable selon le type de cours d'eau. On distingue dans cette dernière zone deux parties distinctes : l'estuaire soumis aux influences marines et la partie amont où les eaux restent très faiblement conductrices.

Embouchure rocheuse de la rivière Bel Ombre (cours inférieur). Mahé, Seychelles.

Sur les îles granitiques des Seychelles, les cours d'eau peuvent être découpés selon quatre zones fonctionnelles :

- Zone de source, caractérisée par des chutes et des cascades avec des grandes vasques, et une granulométrie grossière (altitude variable suivant les îles).

- Cours supérieur, caractérisé par des écoulements diversifiés, plutôt lotiques. Cette zone, située en amont d'une ou plusieurs ruptures de pente, est essentiellement colonisée par les espèces de macrocrustacés (altitude variable suivant les îles).
- Cours moyen, constitué d'une ou plusieurs ruptures de pentes (10-200 m).
- Cours inférieur, de la mer jusqu'à la première rupture de pente (0-10 m). Le cours inférieur peut être divisé en deux parties, la partie sous l'influence de la marée, et la partie juste en amont où la conductivité reste très faible.

Sur ces îles du Sud-Ouest de l'océan Indien, il existe au sein de chacune des zonations proposées un lien fort entre le faciès d'écoulement et la présence des espèces. Les faciès de type plat, chenal lentique, chenal lotique, radier sont généralement plus diversifiés et plus riches en biomasse. À l'inverse, les zones de rapides sont surtout colonisées par des espèces présentant des adaptations particulières. Il est important de noter que cette zonation n'est qu'un outil de caractérisation des unités d'écoulement d'une portion de rivière à un instant donné. La variabilité de l'écoulement des cours d'eau et leur caractère torrentiel ont pour conséquence de transformer très rapidement un faciès en un autre.

LES PEUPLEMENTS AQUATIQUES

Tolérance à la salinité et zonation longitudinale

La compréhension de la répartition géographique et de l'écologie des espèces nécessite de classer celles-ci en fonction de leur tolérance à la salinité, critère majeur d'adaptation en milieu insulaire. À partir des travaux de Myers (1938) adaptés par Banarescu (1990) puis par Mc Dowall (1997) et Keith (1998, 2002), on peut proposer la classification suivante :

- Les **poissons primaires** sont strictement intolérants aux eaux salées.

- Les **poissons secondaires** sont plutôt inféodés aux eaux douces, mais sont capables de passer des barrières salées étroites.

- Les **poissons diadromes** migrent alternativement entre l'eau salée et l'eau douce selon la période de leur vie. Ils comprennent trois sous catégories :
  - Les **poissons anadromes** (ils passent la majorité de leur vie dans l'eau de mer et ils migrent dans l'eau douce pour s'y reproduire).
  - Les **poissons catadromes** (ils passent la majorité de leur vie dans l'eau douce et ils migrent dans l'eau de mer pour s'y reproduire).
  - Les **poissons amphidromes** (les femelles pondent dans l'eau douce de très nombreux ovules fertilisés ensuite par les mâles. Après leur éclosion, les larves, entraînées par le courant, gagnent la mer où la durée de leur séjour est variable. Les jeunes alevins retournent ensuite dans l'eau douce pour y poursuivre leur croissance. La migration n'a pas pour objectif la reproduction, comme c'est le cas dans les deux catégories précédentes).

- Les **poissons vicariants** sont présumés non diadromes et sont des représentants d'eau douce d'une famille d'origine marine.

- Les **poissons complémentaires** sont des poissons d'eau douce souvent ou habituellement diadromes et appartenant à des groupes marins. Ils deviennent dominants en eau douce si les catégories "primaire", "secondaire" et "vicariant" ne sont pas présentes.

- Les **poissons sporadiques** sont des poissons vivant indifféremment en eau douce ou salée ou qui rentrent en eau douce sporadiquement sans vraie migration.

Les espèces d'eau douce vraies se répartissent, en réalité, en deux groupes : les **poissons primaires**, appartenant à des familles de poissons strictement inféodés aux eaux douces, et les **poissons secondaires**, appartenant à des familles capables de franchir de courtes barrières océanes salées pour rejoindre un autre bassin. Cette capacité plus ou moins grande de dispersion et de colonisation selon les espèces est à la base de la compréhension des variations de peuplements ichtyologiques selon les milieux et les époques.

Comme la plupart des "îles" de la région Indo-Pacifique, les îles des Comores ou des Mascareignes, se caractérisent par l'absence de poissons primaires indigènes. Les poissons primaires existant, à savoir les Cyprinidae (*Carassius auratus* (Linné, 1758) (poisson rouge) et *Cyprinus carpio* Linné, 1758 (carpe)) et les Centrarchidae *Micropterus salmoides* (Lacepède, 1802) (black-bass), ont été introduits, ainsi d'ailleurs que les poissons secondaires : le tilapia *Oreochromis niloticus* (Linné, 1758), le guppy *Poecilia reticulata* Peters, 1860, le xipho *Xiphophorus hellerii* Heckel, 1848… qui sont présents dans certains cours inférieurs et les étangs côtiers. Aux Seychelles, îles d'origine continentale, une espèce indigène est considérée comme secondaire, il s'agit de l'espèce endémique *Pachypanchax playfairii* (Günther, 1866), un cyprinodontiforme de la famille des Aplocheilidae.

Aux Comores et aux Mascareignes les poissons vicariants sont essentiellement représentés par les *Agonostomus* Bennett, 1832 (chitte) et les *Kuhlia* Gill, 1861 (doule). Ils fréquentent uniquement les eaux courantes, de l'estuaire jusqu'au cours moyen. Ils sont très rhéophiles. Les poissons diadromes catadromes, quant à eux, sont représentés par quatre espèces d'anguilles : *Anguilla marmorata* Quoy & Gaimard, 1824, *Anguilla bengalensis* (Gray, 1831), *Anguilla bicolor* Mc Clelland, 1844 et *Anguilla mossambica* (Peters, 1852). Aux Seychelles, seule *Anguilla bicolor* est présente.

Le cabot rayé
(d'après Bleeker & Pollen 1874)

Par suite de l'absence de poissons primaires et de poissons secondaires indigènes, les rivières sont donc surtout colonisées par des poissons diadromes amphidromes. Ils comprennent essentiellement deux familles, les Gobiidae et les Eleotridae et leur répartition dépend essentiellement de deux facteurs étroitement liés : l'altitude et la force du courant. Aux Comores et aux Mascareignes *Awaous commersoni* (Schneider, 1801), *Stenogobius polyzona* (Bleeker, 1867) et *Glossogobius* Gill, 1859 sont cantonnés au cours inférieur des rivières et aux eaux stagnantes littorales. *Sicyopterus lagocephalus* (Pallas, 1767) et les *Cotylopus* Guichenot, 1863 sont capables de franchir les cascades. Les Eleotridae se rencontrent aussi bien dans les eaux courantes, là où le courant est faible, de l'estuaire au cours moyen, que dans les eaux stagnantes. Aux Seychelles, les genres *Awaous* Valenciennes, 1840, *Stenogobius* Bleeker, 1874, *Sicyopterus* Gill, 1860 et *Cotylopus* semblent absents.

Enfin les poissons sporadiques ne colonisent que le cours inférieur des rivières. Ils appartiennent, selon les îles, essentiellement à six familles : Ophichthidae, Moringuidae, Ambassidae, Ptereleotridae, Syngnathidae et Mugilidae.

En ce qui concerne les crustacés, les espèces inventoriées sont essentiellement diadromes amphidromes ou vicariantes et chaque archipel possède ses spécificités.

Les conditions écologiques deviennent de plus en plus contraignantes avec l'altitude (fort courant, rareté et indisponibilité de la nourriture). Cela explique pourquoi près des trois quarts des espèces sont cantonnées à une seule zone (le cours inférieur), tandis que seulement quelques-unes (*Anguilla marmorata*, *Sicyopterus lagocephalus*, *Macrobrachium lar* (Fabricius, 1798)...) peuvent être trouvées depuis le cours inférieur jusqu'au cours supérieur de la rivière et que très peu vivent seulement (à l'état adulte) dans le cours supérieur (*Anguilla bengalensis*...). Le nombre d'espèces de poissons d'eau douce diminue progressivement de l'embouchure vers l'amont des rivières. Cette diminution est brutale après le franchissement d'une cascade. En revanche, elle est moins nette pour les crustacés, plus aptes à franchir ce type d'obstacle.

Histoire des introductions d'espèces aux Comores, Mascareignes et Seychelles

Les introductions d'espèces ont une longue histoire sur les petites îles de l'Ouest de l'océan Indien en raison de la proximité de Madagascar, terrain de nombreuses expérimentations. Certaines îles étaient aussi situées sur les trajets des navires, en particulier sur la route des Indes et ont été ainsi les sites privilégiés de tentatives d'acclimatations de toutes sortes, parfois même bien avant que les premières introductions ne voient le jour à Madagascar. Pour certaines de ces îles, comme aux Seychelles ou aux Comores, les introductions sont peu documentées. Ce n'est pas le cas pour Maurice ou la Réunion, où de très nombreuses tentatives ont été répertoriées.

C'est à Maurice qu'ont eu lieu les premières introductions et cela dès le XVIIIe siècle. Elles se sont ensuite amplifiées aux XIXe et XXe siècles, notamment en raison des forts liens qui unissent la population mauricienne avec celle de la région indo-asiatique. Ces périodes ont vu l'arrivée à Maurice de nombreuses espèces asiatiques destinées à l'élevage ou au peuplement de certains lacs. Suivants les cas, l'acclimatation a plus ou moins bien réussi, mais Maurice reste l'île de la région où le plus grand nombre d'introductions d'espèces de poissons a eu lieu.

À la Réunion, les introductions d'espèces sont étroitement liées à la Société impériale zoologique d'Acclimatation.
Reconnue d'utilité publique le 26 février 1855, la Société impériale zoologique d'Acclimatation se proposait de concourir à "*l'introduction, à l'acclimatation et à la domestication des espèces d'animaux utiles ou d'ornement, au perfectionnement et à la multiplication des races nouvellement introduites ou domestiquées*". Basée à Paris, elle récompensait toute personne qui réalisait l'acclimatation d'une nouvelle espèce animale ou végétale. Il existait au sein de cet organisme cinq sections : mammifères, oiseaux, aquiculture, sériciculture et apiculture, et plantes. La troisième était particulièrement consacrée aux poissons.
L'influence de cette société s'étendit à la province et à l'outre-mer, puisque un certain nombre de sociétés régionales d'acclimatation virent le jour. Celles-ci prirent une part importante dans la distribution des animaux exotiques et dans leur dissémination sur le territoire français. Elles servirent de laboratoires dans lesquels on mettait à exécution les idées de la Société impériale. De même, la répartition géographique des membres de la Société assurait un large terrain d'expérimentation. C'est ainsi qu'une Société d'Acclimatation fondée par M. Berg, délégué de la Société impériale d'Acclimatation de Paris, s'était constituée à la Réunion en vertu d'un arrêté local du 18 septembre 1862. Lorsqu'elle se vit en possession de ressources suffisantes, fournies par les souscriptions, elle demanda que le jardin colonial lui fut confié et l'arrêté du 27 mars 1865 le lui céda pour 10 ans.
M. Berg, a fait de son mieux pour recommander énergiquement la "culture" des poissons dans les eaux douces de la Réunion. Il écrivait notamment : "*La rareté du poisson dans nos eaux courantes, nos viviers et nos étangs, les conditions particulières de notre régime alimentaire si défectueux, le besoin d'une alimentation saine et substantielle dans la colonie, surtout pour la classe si nombreuse des travailleurs, tout faisait à la société locale d'acclimatation un devoir impérieux de s'occuper avant toutes choses, de fertiliser nos cours d'eau en y multipliant le poisson. Car, de même que la physique et la chimie exploitent les matières mortes au profit de l'industrie, de même la science de l'acclimatation est chargée de l'expérimentation pratique de l'histoire naturelle au profit de l'humanité. La question principale consiste à savoir si les espèces exotiques pourront vivre et se multiplier dans les eaux de notre pays. Elle a été résolue depuis longtemps par le gourami, ce poisson de la Chine, si délicat à tant de titres, et dont la naturalisation est une preuve irrécusable que les poissons peuvent braver impunément les extrêmes de la température sous des cieux différents… Sur cette chère terre de la Réunion appauvrie depuis plusieurs années par le parasitisme le plus ruineux et le plus opiniâtre, la question de l'empoissonnement de nos rivières dépasse en importance et en utilité publique l'acclimatation continue et stérile des légumes exotiques. Cultiver nos cours d'eau dans le but de produire un aliment substantiel est à la portée de tous… Sachez ce qui est nécessaire au pays : semez et vous moissonnerez ! s'applique aussi à vos eaux, si vous prenez patience…*".
Au début des années 1870, la Société d'Acclimatation de la Réunion périclita

et c'est finalement à la fin de l'année 1871 que le jardin colonial fut confié au Muséum. Quatre présidents s'étaient succédés à la tête du comité directeur du jardin : M. de Rontaunay, M. Bellier, M. Vinson et M. Berg.
Dans les bassins de ce jardin plusieurs espèces exotiques de poissons avaient fait leur arrivée à la Réunion.

Carassin doré, gourami et carpe

Parmi les espèces que les navigateurs d'antan ont essayé d'acclimater, il y eut le carassin doré, *Carassius auratus*, manbrun ou monbrun (ou dame céré ou carpe de Maillard) amené à l'île Maurice puis à la Réunion dans la deuxième moitié du XVIIIe siècle par M. de Céré, directeur du jardin de Pamplemousse. Ce jardin créé par l'intendant Poivre en 1769, couvrait 91 arpents environ (soit une trentaine d'hectares) sur les terrains de la résidence des gouverneurs de Maurice (Mon plaisir).
Cette espèce avait aussi été introduite dans le centre de Madagascar par M. Laborde qui avait donné en 1861 sept poissons rouges au père Weber pour qu'il les offre en cadeau à la reine Ranavalonà. La reine, après s'être amusée pendant quelque temps avec ces poissons, les fit mettre dans l'étang qui est au bas d'Antananarivo, près de la grande place de Mahamasinà. Ils s'y plurent et s'y multiplièrent rapidement. De cet étang, ils se sont répandus dans tous les canaux, les marais et les rizières qui couvrent la vaste plaine de Betsimitatatrà à l'ouest de la capitale; ils ont gagné l'Ikopa et finalement ont envahi tout le massif central, car ils pullulaient jusqu'aux environs de Fianarantsoa, en plein pays Betsileo. Sauvage indiquait en 1891 "*Le nombre des carassins est tel aujourd'hui dans toutes les provinces du centre de Madagascar qu'on les pêche par milliers et qu'à certaines époques de l'année, on en voit des tas énormes sur les marchés de l'Imerinà. Les chironomidés et les gobiidés, qui autrefois étaient très communs dans toute cette région, étaient déjà plus rares en 1869, les carassins, en moins de huit années, leur ayant fait, au dire des Hova, une chasse acharnée et détruisant leur frai*".
Welcomme (1988) signale une seconde introduction (à des fins aquacoles) du carassin doré à Maurice en 1953 à partir de spécimens malgaches. L'espèce semble acclimatée à la Réunion bien que de nouveaux spécimens relâchés d'aquarium fassent régulièrement leur apparition.
L'introduction du "madanm séré" aux Seychelles semble aussi relativement ancienne, du moins antérieure à 1903, époque à laquelle ces îles cessent d'être une dépendance de Maurice (Matyot comm. pers.).

Le carassin doré
(d'après Gervais & Boulart 1897)

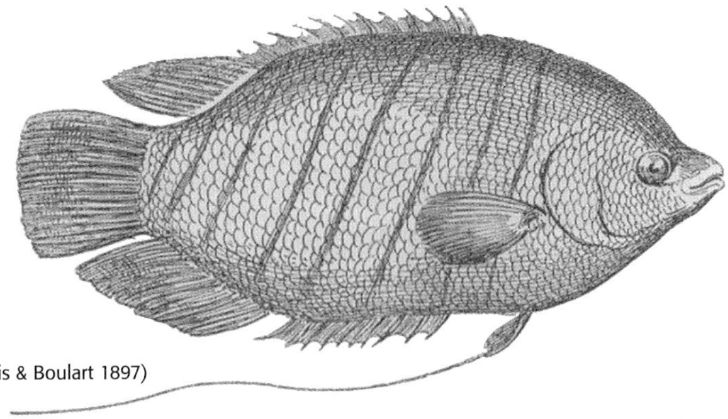

Le gourami
(d'après Gervais & Boulart 1897)

Il y eu aussi le gourami (*Osphronemus goramy* Lacépède, 1801), importé d'Extrême-Orient (de Chine et de Batavia) vers l'île Maurice en 1761 par des officiers de marine française, MM. de Magny, Joannis et Surville. Ce fut là que Commerson (en 1770) et Aubert Dupetit-Thouars le rencontrèrent. Le premier créa alors le genre *Osphronemus* Lacepède, 1801. Grande fut la satisfaction de Commerson de constater, en 1770, au moment où il arriva à l'île de France, que l'*Osphronemus* y était acclimaté. Dans le jardin botanique de Pamplemousse existaient de vastes étangs, presque de petits lacs, aux eaux tranquilles, avec un courant lent, un fond vaseux et des plantes aquatiques ; c'est dans ce milieu que Poivre et Commerson acclimatèrent le gourami à Maurice.

De là, ce poisson fut porté à l'île de la Réunion. Ce furent les habitants de l'île Maurice qui l'envoyèrent à leurs parents et amis. On le fit par divers envois qui furent déposés à l'île Bourbon dans des viviers, où ils ne prospérèrent que fort tard. Ces transports se firent avec précautions : quelques écailles perdues suffisaient, dit on, pour mettre la vie du gourami en péril. On installa des caisses dont on revêtit les parois de toiles inclinées. On amortit ainsi l'eau et les chocs par ces dispositions. Ce fut M. Desmanières qui reçu, en 1795, les premiers spécimens. Il avait, dans les hauteurs du quartier Sainte-Suzanne, à sa propriété de Bellevue, une magnifique pièce d'eau naturelle avec deux îlots de verdure semés d'herbes aquatiques. Tout y semblait propice à l'élevage du gourami ; mais on avait compté sans la température froide de cette région de l'île. Ces poissons restèrent sans se reproduire. M. Desmanières crut d'abord que l'étendue de sa pièce d'eau était en cause, et il créa tout auprès deux viviers qui furent alimentés par la pièce principale : il y mit des gouramis et ne fut pas plus heureux. Il reçu de l'île Maurice de nouveaux envois sans plus de succès. À la fin, en transportant ses poissons dans un vivier situé sur le littoral, il réussit un peu à les faire multiplier, mais cette expérience avait demandé 30 années.

L'espèce ne s'est finalement pas acclimatée et Rufz de Lavison signalait en 1867 que bien que son élevage soit très développé à Maurice et que le gourami y soit acclimaté, "*à la Réunion, il n'existe que dans les viviers où il est assez rare et se vend fort cher*". M. Dupetit-Thouars, botaniste, membre de l'Académie des sciences, en a vu qui atteignaient plus d'un mètre de long et pesaient jusqu'à 10 kg. À Saint-Denis, le sénateur Hubert Delisle, ancien gouverneur de la Réunion, indiquait que "*c'est un mets de gouverneur en tournée*".

Pollen notait en 1874 "... *Jusqu'à aujourd'hui, à ce qu'il nous est connu, le gouramier n'a pas encore été importé dans l'étang de Saint-Paul, mais on le garde*

cependant dans des étangs arrangés spécialement pour la culture; M. le Dr Louis Lacaille possède à Saint-Paul un grand vivier dans lequel il garde une quantité de gouramiers, nourris comme chez nous les carpes. Ce poisson précieux se trouve très rarement au marché et n'est servi que dans des fêtes extraordinaires, chez les gens riches. Aussi, il est regardé là comme l'espèce la plus recherchée et on peut lui donner à juste titre le nom de saumon de la colonie...".
Certains auteurs sont parfois contradictoires sur son acclimatation, ainsi Vinson en 1868 indiquait "*Le gourami est aujourd'hui complètement naturalisé à l'île de la Réunion. Le débordement des viviers durant les grandes crues d'eau ont conduit ce poisson des réservoirs, où on le tenait captif et en stabulation, dans nos rivières et dans nos étangs. Les rivières de Sainte-Suzanne et de Saint-Jean, celle des Roches, à Saint-Benoît, renferment des gouramis qui s'y multiplient, échappés des viviers des habitations qui les avoisinent. C'est un grand bienfait. Ces gouramis sont remarquables par leur volume énorme. Leurs dimensions colossales font rêver à ceux de la Chine. Cela s'explique aisément, ce poisson est dans nos rivières le seul qui soit herbivore, et nul ne vient lui faire concurrence en ce genre d'alimentation. De la sorte, et par le soin qu'on prend à l'élever, il devient de plus en plus commun dans notre île. Dans une vallée qui domine le quartier français, l'unique propriété d'une série de créoles est un vivier de gouramis pour chaque famille. Toute leur fortune consiste dans ce modeste avoir. Heureux s'ils savaient mettre en pratique les progrès et les manœuvres de la pisciculture moderne!*".
En 1930, Louvel notait que "L'Osphronemus *est, actuellement, très abondant à la Réunion. Ce joli poisson atteint à Madagascar de fortes dimensions: 75 centimètres de longueur avec un poids de 20 à 25 kilogrammes; les gouramiers de 10 à 12 kilogrammes sont communs; mais les plus appréciés pour la table sont ceux de 2 à 3 kilogrammes.*"
Malgré ces témoignages enthousiastes et parfois exagérés quant à l'abondance de l'espèce, le gourami ne s'est pas acclimaté dans le milieu naturel ni à la Réunion, ni à Maurice, où une nouvelle introduction eu lieu en 1944 (Moreau *et al.* 1988), et ce malgré les nombreux efforts réalisés. Staub (1993) signale qu'on en trouve encore élevé en bassin dans certaines propriétés sucrières. Un spécimen photographié dans le journal l'Express du 10/8/92 et pêché à Ceraud Marais à la rivière des Remparts faisait 65 cm de long, 41 cm de large et pesait 22 kg. À Maurice, il fut constaté que, placé avec des tilapias, les gouramis disparaissaient rapidement, leurs œufs étant mangés par les premiers.
Le gourami aurait été introduit aux Seychelles à une date inconnue (Pellegrin 1933), mais semble avoir disparu. Un spécimen non daté et capturé par J.J. Dussumier est conservé en collection au Muséum national d'Histoire naturelle de Paris. Ce spécimen date de la première partie du XIXe siècle car J.J. Dussumier, négociant armateur à Bordeaux fit onze voyages commerçants entre 1816 et 1840 dans l'océan Indien et a collecté à chaque escale. Il est passé aux Seychelles lors de son 4e voyage en 1826 et a rapporté de nombreux poissons "*la plupart entièrement nouveaux et dont les autres n'avaient été vus que de Commerson*". Il passera aussi aux Seychelles en 1827 et 1828-1829. D'autres individus ont été collectés aux Seychelles: un spécimen pris le 12 avril 1935 dans la rivière Bellair serait conservé au Muséum de Stockholm, et un autre pêché le 7 avril 1901 serait conservé au Muséum de Zoologie de Hambourg. Ceci nous indique que l'introduction du "gwamye" (ou gouramye) aux Seychelles est aussi relativement ancienne.

La carpe
(d'après Gervais & Boulart 1897)

Il aurait aussi été introduit à Madagascar vers 1857 par Napoléon de Lastelle.

Une autre espèce de gourami, le gourami bleu *Trichogaster trichopterus* (Pallas, 1770), est acclimaté aux Seychelles, probablement à la suite d'un relâcher d'aquarium. On le trouve en grand nombre à l'anse aux pins, sur la côte est. Il est aussi présent à la Réunion, dans l'étang de Saint-Paul.

Parmi les introductions anciennes, il y eu aussi la carpe (*Cyprinus carpio*). Vers 1830, M. Lemarchand apporta à la Réunion, en revenant d'Europe, une certaine quantité de carpes qu'il mit, pendant la traversée, dans un tonneau scié de manière à en faire un baquet. Ces carpes furent apportées en doublant le cap de Bonne-Espérance, dans une traversée de plus de trois mois, on se rend compte alors quelle patience et quels soins elles réclamèrent de leur introducteur. Il fut assez heureux pour arriver à l'île de la Réunion avec une trentaine de carpes saines, sauves et vigoureuses. Il déposa les spécimens dans un vivier sur sa propriété de Saint-Paul ; elles furent quelques années sans donner aucun signe de reproduction. Vinson (1868) relate ainsi la suite des événements : "*Un jour, fatigué de ne rien voir, il fit vider avec précaution tout le bassin pour s'assurer si l'on ne rencontrerait pas quelques petits. Les carpes ôtées de l'eau furent trouvées pleines d'œufs, il les fit relâcher et quelque temps après on put voir les fruits de leur multiplication par la présence d'un grand nombre de carpillons alertes et joyeux. Sur ces entrefaites, survint, par un temps d'hivernage, une de ces inondations considérables qui, parfois, se montrent dans la colonie ; le vivier où se trouvaient les carpes fut envahi par la crue excessive des eaux et les précieux poissons furent entraînés dans l'étang de Saint-Paul. Après que l'inondation fut passée, M. Lemarchand donna des primes considérables à tous les pêcheurs qui lui rapporteraient des carpes vivantes pour les réintégrer dans leur première demeure… Honneur à M. Lemarchand ! Il a doté l'île de la Réunion d'une nouvelle espèce de poisson et son nom mérite de figurer parmi les amis de l'humanité.*"
La carpe ne fut introduite qu'en 1914 à Madagascar par J. Legendre à partir d'une pisciculture parisienne (Keith *et al.* 1999) et en 1976 à Maurice, à des fins aquacoles, à partir de spécimens provenant de l'Inde. L'espèce ne s'est jamais vraiment acclimatée à la Réunion. Des individus sont parfois capturés dans certains plans d'eau sans que l'on connaisse réellement le statut de leur acclimatation.

Les tilapias

Au cours du XXe siècle, de nombreuses espèces de tilapias ont été introduites sur les îles de l'océan Indien, en général à des fins aquacoles. L'introduction quasi simultanée de ces espèces les a placées en concurrence directe, certaines se sont ainsi hybridées tandis que d'autres ne se sont pas acclimatées. Ces introductions sont très documentées sur la Réunion, moins sur les autres îles.

Entre 1950 et 1956, le Service des Eaux et Forêts de Madagascar introduisit quatre espèces de tilapia à des fins de pisciculture sur la "Grande Île". Les productions obtenues sur cette île avec *Oreochromis mossambicus* (Peters, 1852), notamment dans le système riziculture-pisciculture, furent si intéressantes que les responsables réunionnais décidèrent d'introduire ces poissons à la Réunion. En février 1956, 80 alevins de *Tilapia zillii* (Gervais, 1848) (= *T. melanopleura* (Duméril, 1859)) furent donc importés de Madagascar en provenance du Centre technique forestier tropical de Tananarive. Les premiers spécimens furent placés dans différents bassins de la pépinière forestière de la Providence (Saint-Denis). Les autres furent acheminés vers Hell-Bourg, dans le cirque de Salazie dans un bassin de salmoniculture. C'est le 13 novembre 1957, dans la mare Sisahayes, que fut observée la première reproduction. En décembre 1958, la première diffusion des *T. zillii* est réalisée : 582 poissons furent remis à des particuliers pour élevage et 1074 placés dans la mare aux Saules (Robert 1976, 1977).
Le Service des Eaux et Forêts a aussi commencé à aleviner dans les eaux domaniales. Ainsi, dans le cirque de Bébourg, en 1964, le bras Cabot a reçu 150 *T. zillii* en deux alevinages et la ravine Mazin, 50 seulement. Dans le cirque de Cilaos, les mares résiduelles du village de Cilaos en ont reçu 200 et 13 *Oreochromis macrochir* (Boulanger, 1912) en 1967. Le bassin de La Nouvelle, dans le cirque de Mafate a reçu 50 *T. zillii*. Dans le cirque de Salazie, outre la pisciculture dans la mare Sisahayes et la mare aux Saules, déjà signalées, des alevinages ont été réalisés dans la mare à Martin.
En février 1956, le Centre technique forestier tropical de Tananarive avait aussi envoyé 80 *O. macrochir* dont 78 ont survécu. Ils ont été répartis ainsi : 60 dans le bassin Barau, à bois Rouge (Sainte-Suzanne), 16 dans le bassin de l'ingénieur en chef des Eaux et Forêts à Saint-Denis, deux dans le bassin de la Pépinière à La Providence (Saint-Denis).
Au total, le bassin Barau aura fourni, de mars 1957 à avril 1959, 6850 *O. macrochir*. Par la suite, le bassin Barau a été utilisé pour la pisciculture d'une autre espèce, *Oreochromis mossambicus*. En effet, en mai 1964, 50 alevins d'*Oreochromis mossambicus* et 50 alevins d'*Oreochromis niloticus* furent envoyés de Madagascar : les premiers furent placés dans le bassin Barau, à Sainte-Suzanne, au niveau de la mer ; les seconds, dans un bassin spécialement aménagé à La Providence.
En plus des alevinages dans les eaux domaniales, l'ONF a effectué des distributions de tilapias aux particuliers possédant un bassin adapté aux conditions de la pisciculture. Ainsi, de 1957 à 1972 ont été distribués aux particuliers : 3450 *O. macrochir*, 11000 *T. zillii*, 1000 *O. mossambicus* et 550 *O. niloticus* (Robert 1976, 1977 ; Keith *et al.* 1999).
Kiener signalait en 1981 que le *T. zillii* était devenu rare et très localisé dans les mares de Cilaos ou Salazie, que *O. mossambicus* était rare et que la forme dominante était un hybride entre *O. macrochir* et *O. niloticus* (dont la livrée domine). Actuellement seule cette dernière forme semble exister à la Réunion, les autres n'ayant pas été retrouvées. Nous lui donnons le nom de *O. niloticus* bien qu'elle soit très introgressée.

À Maurice, les tilapias furent introduit par Leo Edgerley, jadis conservateur des forêts sur cette île. Les premiers furent libérés dans la mare aux Vacoas et à la mare Longue afin, disait-il, de donner "*ène ti curry facile à tout le monde*". *Oreochromis macrochir* aurait ainsi été introduit en 1955 à partir de spécimens provenant de Madagascar, *O. niloticus* vers 1950 à partir de spécimens de Madagascar, puis en 1957 à partir de spécimens provenant de Tanzanie (Moreau *et al.* 1988). *Tilapia rendalli* (Boulanger, 1897) aurait été introduit quant à lui à des fins commerciales en 1956 à Maurice à partir de spécimens provenant de Madagascar (Welcome 1988) et *T. zillii* vers 1957 à partir de spécimens malgaches. Staub indiquait en 1993 "*Le tilapia a envahi beaucoup de cours d'eau et de réservoirs de l'île et sa voracité fait disparaître progressivement bien des espèces comme les crustacés d'eau douce, le black bass, le blue gill et la dame Céré*".

Le tilapia *O. mossambicus* a été introduit en 1963 à Praslin et à la Digue aux Seychelles où il n'a pas tardé à envahir les marais (Skidmore 1974). La littérature ne fait pas mention de son introduction dans l'île de Mahé bien que l'espèce y existe. Il semble que son introduction sur cette île soit récente, puisque les anciens indiquent que, lorsqu'ils étaient enfants, les "tilapyas" n'existaient pas encore dans les cours d'eau (Matyot comm. pers.).
En 1993, le Service des Pêches de Mayotte a tenté d'introduire un tilapia dans le lagon. Il s'agissait vraisemblablement d'*O. mossambicus*. Pour l'instant, il n'a pas été retrouvé dans les rivières.

• • • La truite arc-en-ciel

Certains salmonidés ont fait l'objet de tentatives d'introduction sur les îles de l'océan Indien, c'est le cas de la truite fario (*Salmo trutta* Linné, 1758) et de la truite arc-en-ciel (*Oncorhynchus mykiss* (Walbaum, 1792)) à Madagascar et de la truite arc-en-ciel à Maurice et à la Réunion. Ces introductions sont très documentées sur la Réunion, moins sur Maurice.

Pollen indiquait en 1874 : "*...J'ai lu avec étonnement dans une brochure d'un de mes amis de Bourbon, qu'on avait l'intention d'introduire dans la colonie des truites et des saumons et je me suis demandé à moi-même où ces poissons devaient vivre. La situation des rivières ne permet pas d'y faire procréer ces poissons avec succès, du moins ceux de la dernière sorte et de les amener à la taille nécessaire...*".
Néanmoins, un demi siècle plus tard, en avril 1922, des œufs embryonnés de truite arc-en-ciel furent envoyés de la pisciculture du Professeur Léger de Vizilles dans l'Isère vers la station d'Analamazaotra à Madagascar. En 1924, un cyclone détruisit les deux premières années de travail. C'est donc à partir de la station de Manjakatompo dans le massif de l'Ankaratra que se poursuivirent les expériences et c'est en 1940 que M. Benoît, conservateur des Eaux et Forêts, l'importera de Madagascar vers la Réunion. La guerre interrompit cette expérience. En 1946, la Réunion devient département d'outre-mer et le nouveau Service des Eaux et Forêts décide de reprendre l'initiative de M. Benoît. Dès 1950, des œufs embryonnés sont ainsi envoyés à la Réunion de la station de Manjakatompo (Keith *et al.* 1999).
En 1948-1949, des enquêtes effectuées par des agents des Eaux et Forêts démontrent l'adaptation et la reproduction des truites introduites en 1940. De

Truite de rivière
(d'après Gervais & Boulart 1897)

1950 à 1955, les œufs importés de Madagascar fournissent des alevins qui servent à l'empoissonnement de tronçons de torrents sélectionnés.
Au cours de la période 1961-1972, sur environ 96 500 œufs embryonnés envoyés de Madagascar, plus de 42 000 ont été réellement mis en incubation, près de 25 500 alevins ont été obtenus et plus de 22 600 ont été lâchés dans les rivières ; les autres furent gardés en bassin de pisciculture.
À partir de 1972, suite aux changements de la politique malgache, il était devenu difficile de se procurer des œufs à Manjakatompo ; les œufs ont donc été ensuite importés de Norvège, du Danemark, d'Afrique du Sud, des États-Unis, d'Australie...
L'espèce est actuellement acclimatée sur les hauts de certaines rivières de la Réunion (Keith *et al.* 1999).

D'après Mc Crimmon (1971), une tentative d'introduction de cette espèce a été faite à Maurice avant 1946 à partir d'œufs embryonnés produits à l'écloserie de Pirie en Afrique du Sud, mais elle s'est soldée par un échec.

• • • Les Poeciliidae, poissons moustiques

Plusieurs espèces de Poeciliidae ont été introduites sur les îles de l'océan Indien afin de limiter la prolifération des larves de moustiques et de faire disparaître ainsi le paludisme. Il s'agit notamment de la gambusie (*Gambusia affinis* Baird & Girard, 1853) introduite en 1929 à Madagascar par le Dr Legendre dans la région de Tananarive à partir de spécimens provenant du Sud de la France, et du guppy ou poisson million (*Poecilia reticulata*) qui fut le premier poisson moustique importé dans la région.

Le poisson million

Introduit à l'île Maurice en 1908, le poisson million ne tarda pas à y pulluler. Voici ce qu'en dit P. Carié en 1931: "*En 1911, c'est-à-dire trois ans après son introduction, je me souviens en avoir vu des quantités considérables en divers points de l'île, sur la côte principalement. Un journal local en 1914 signale leur abondance au centre de l'île* "Le million, ce petit poisson de la Barbade, s'est rapidement multiplié dans certaines rivières des plaines Wilhems, notamment dans celle qui passe derrière la magistrature de Rose-Hill. Lorsqu'on y pêche les petites chevrettes, on prend autant de millions que de chevrettes et souvent même plus." *En même temps qu'extrêmement prolifique, le million est très vorace. En 1921, lors du dernier voyage que je fis à l'île Maurice, j'avais mis quelques millions dans un aquarium et les nourrissais de larves de moustiques; cette*

nourriture, qui leur était pourtant destinée par les pouvoirs officiels, ne leur suffisait sans doute pas, car au bout d'un jour ou deux, les plus gros avaient mangé les plus petits et cela malgré des différences de taille assez minimes, du simple au double. Ces deux facteurs, abondance et voracité, en firent rapidement un ennemi redoutable pour les œufs et les alevins des autres poissons. Cela fut bientôt sensible. Le gouramier (Osphronemus olfax *Lac.), magnifique poisson introduit depuis longtemps dans l'île, et qui à une taille respectable, car il atteint 70 à 80 cm de long, joint une chair exquise, ne tarda pas à diminuer rapidement car ses pontes étaient dévorées par le million. Il en fut de même pour quelques autres espèces moins intéressantes. Le million se montra encore plus néfaste vis-à-vis d'un crustacé remarquable des eaux douces de l'île: le camaron* (Palaemon lar *Fabr.*). *Ce dernier, sans ses pinces, atteint 18 cm de longueur et davantage, de plus sa chair est un régal pour les gourmets; les voyageurs de l'île le connaissent bien, car c'est un plat de tradition avec la salade de choux palmiste et le rôti de cerf. Je m'excuse de cette digression, uniquement faite pour montrer la grandeur de la perte causée par le million. En effet, ce* Palaemon *très abondant autrefois dans les eaux douces de l'île est maintenant assez rare. Je me souviens d'en avoir pêché des quantités dans un ruisseau sur la propriété de mon père, et, au même endroit, en 1921, je n'en ai pas trouvé un seul. Je n'ai actuellement aucun renseignement sur ce qui est advenu depuis cette date. Peut-être l'équilibre est-il rétabli en partie, entre le million et les autres espèces de l'île, comme cela se fait parfois. Toutefois je crois que je ne puis mieux conclure qu'en citant encore une fois M. Louvel* "En acclimatant une espèce nouvelle peu connue, il importe d'examiner préalablement les avantages et les inconvénients que présente cette opération pour le pays. Il convient d'être extrêmement prudent"".
Louvel, inspecteur principal des Eaux et Forêts à Madagascar ajoutait dans son *ouvrage de 1930: "A Maurice... un petit poisson, le million, grand destructeur* de *larves de moustiques, importé en 1908 dans cette colonie, causa des ravages sérieux dans les rivières en détruisant les œufs des poissons et les œufs des* Palaemon *en particulier*". D'après Pellegrin (1933) "... *il ne tarda pas à pulluler dans les rivières et s'attaqua aux œufs des espèces de poissons et de crustacés indigènes faisant disparaître d'excellentes espèces comestibles...*".

L'espèce est de nos jours largement acclimatée sur cette île. Elle a probablement été introduite à Rodrigues à la même époque, car il y avait de fréquents échanges entre les deux îles. Petit en parle ainsi en 1930: "*la présence à Rodrigues d'un des plus réputés pour la destruction des larves, le poisson "million"* (Poecilia) *n'a jamais fait disparaître les* Culex *et* Aedes *de cette île*". Malgré la disparition des rivières pérennes à Rodrigues depuis les années 1970, l'espèce subsiste dans quelques secteurs côtiers.

L'espèce a aussi été introduite à la Réunion, aux Comores et aux Seychelles, mais nous n'avons aucune donnée sur les dates d'introduction sur ces îles. Néanmoins, pour les Seychelles l'introduction du "milyon" semble relativement ancienne, du moins proche de celle faite à Maurice.

La gambusie

Au début du XXe siècle, le docteur J. Legendre avait préconisé à Madagascar l'élevage du cyprin doré et de la carpe pour venir à bout des larves de mous-

tiques, mais il n'avait pas eu les résultats escomptés. C'est donc en 1929 que le docteur F.M.A. Legendre, chef du service antipaludique introduisit la gambusie sur cette île. Voici comment il relate les faits : "*Grâce à M. le professeur Brumpt, par l'intermédiaire d'un médecin attaché à la lutte antipaludique en Corse, je pus en avoir une cinquantaine de spécimens. Une douzaine d'unités survécut aux secousses du voyage et fut introduite dans une mare à l'Institut Pasteur. Au bout de quelques mois, le nombre des* Gambusia *augmenta de façon frappante...*"
Louvel (1930) ajoutait "*... il résulte des observations que nous avons faites à la station piscicole de la Sisaony avec les* Gambusia *que nous a obligeamment remis le chef du service antipaludique, que ces poissons s'attaquent aux œufs des cyprins et des carpes lesquels, on le sait, sont très petits (un millimètre à un millimètre et demi de diamètre). Il y a donc, d'ores et déjà, lieu de craindre que les services rendus par les* Gambusia *dans la lutte antipaludique ne compensent pas les dégâts qu'ils pourront faire dans les eaux stagnantes*".

La gambusie, aurait ensuite été introduite à la Réunion, à Rodrigues et à Maurice, sans que l'on connaisse le détail de ces introductions. Néanmoins, il est possible que, dans certains cas, des confusions aient été faites entre le guppy et la gambusie et que seul le premier ait été réellement introduit dans ces îles. Seule l'île Maurice semble avoir les deux espèces acclimatées.

D'autres espèces ont été introduites dans les îles de l'océan Indien pour lutter contre les moustiques, mais aussi parfois par les aquariophiles. Il s'agit du xipho porte épée (*Xiphophorus hellerii*), introduit par le professeur J. Arnoult en 1952 sur les hauts plateaux de la région de Majunga à Madagascar et que l'on retrouve actuellement à la Réunion et à Maurice, et le platy (*Xiphophorus maculatus* (Günther, 1866)) encore rare et localisé à la Réunion mais que l'on trouve régulièrement dans les rivières de Maurice.

• • • Et d'autres encore...

De nombreuses autres espèces ont fait l'objet de tentatives d'introductions, en particulier à Maurice.

Le calta, *Catla catla* (Hamilton, 1822) est l'un des Cyprinidae les plus importants en Inde où il est élevé de façon extensive. Il a été introduit dans plusieurs régions du monde à des fins aquacoles, mais en général sans succès. Il aurait été introduit à Maurice entre 1960 et 1973 mais ne se serait pas acclimaté (Welcomme 1988).

La carpe amour, *Ctenopharyngodon idella* (Cuvier & Valenciennes, 1844), a été largement déplacée à l'intérieur de son aire d'origine (bassin de l'Amour et rivières des terres basses chinoises) et introduite ailleurs dans le monde, soit à des fins aquacoles, soit pour lutter contre la prolifération de la végétation aquatique (Shireman & Smith 1983). Introduite à Maurice, elle ne s'y est pas acclimatée (Welcomme 1988).

La carpe argentée, *Hypophthalmichthys molitrix* (Valenciennes, 1844), dont l'aire d'origine est située en Chine et dans l'Est de la Sibérie, a été largement introduite dans diverses régions du monde à des fins aquacoles ou de lutte biologique contre la prolifération des algues liée à l'eutrophisation. Elle aurait été introduite en 1976 à Maurice à partir de l'Inde mais ne se serait pas acclimatée (Welcomme 1988).

Le rohu, *Labeo rohita* (Hamilton, 1822), dont l'aire d'origine est située dans le bassin du Gange en Inde a été introduit dans différentes régions du monde à des fins aquacoles. Il aurait été introduit à Maurice à partir de l'Inde entre 1961 et 1975. On ne possède pas d'informations relatives à son acclimatation actuelle.

Le dalag, *Channa striata* (Bloch, 1793), est originaire du Sud-Est asiatique et capable de survivre en eau faiblement oxygénée, voire même de survivre hors de l'eau, lors de périodes de sécheresse, en s'enfouissant dans la boue. Ces capacités ont favorisé sa commercialisation et son transport sur différentes îles. Il aurait été introduit à Maurice à des fins de pêche sportive et aurait survécu un temps dans deux retenues (Welcomme 1988).

Les perches soleil, *Lepomis cyanellus* Rafinesque, 1819 et *Lepomis macrochirus* Rafinesque, 1819 ont été introduites à Maurice vers 1950 à des fins de pêche sportive. La première, qui fréquente plutôt les lacs et les étangs, est originaire du Centre et de l'Est des États-Unis, la seconde est originaire du bassin du Mississippi. Une troisième espèce, *Lepomis microlophus* (Günther, 1859) originaire du Sud-Est des États-Unis, aurait été introduite à des fins expérimentales à Maurice en 1944. On ne sait pas si ces espèces se sont réellement acclimatées.

Le black bass à petite bouche, *Micropterus dolomieu* Lacepède, 1802, originaire du Nord des États-Unis et du Sud du Canada, a été introduit à Maurice, mais ne s'est pas acclimaté, probablement en raison de ses préférences pour des eaux rapides, claires et fraîches (Robbins & Mac Grimmon 1974).

Le black bass à grande bouche, *Micropterus salmoides* (Lacepède, 1802), originaire du continent américain, aurait été introduit en 1949 à Maurice à partir d'une douzaine de spécimens provenant de l'écloserie Jonkershoek à Stellenback en Afrique du Sud. Introduits dans les étangs et canaux d'irrigation, l'espèce ne serait pas vraiment acclimatée (Robbins & Mac Grimmon 1974).

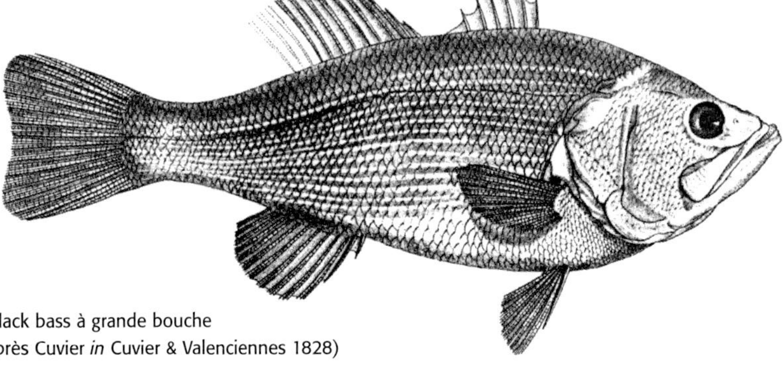

Le black bass à grande bouche
(d'après Cuvier *in* Cuvier & Valenciennes 1828)

Le cichlidé à bandes, *Archocentrus nigrofasciatus* (Günther, 1867), a été découvert à la Réunion, vers l'année 2000 et semble se maintenir. Il est probablement apparu à la suite d'un relâcher d'aquarium. D'autres espèces d'aquariophilie font aussi parfois des apparitions dans les eaux douces réunionnaises : néons, silure, esturgeon...

La chevrette *Macrobrachium rosenbergii* (Günther, 1866) et l'écrevisse australienne *Cherax quadricarinatus* (von Mertens, 1868) ont été introduites à une date inconnue à la Réunion et semblent pour l'instant non acclimatées.

LES INVENTAIRES

Les voyageurs naturalistes et l'ichtyologie dans l'océan Indien

Avec le voyage autour du monde de Bougainville, de 1766 à 1769, apparaît, au-delà des préoccupations commerciales et coloniales qui étaient jusqu'alors le seul but des expéditions maritimes, une volonté de recherche et de découverte dans tous les domaines, notamment ceux des sciences naturelles et de l'ethnologie. Pour la première fois des savants vinrent se joindre aux états-majors d'officiers de marine, eux-mêmes dotés d'une meilleure formation scientifique que leurs prédécesseurs. Ils montrèrent le chemin à une pléiade d'hommes enthousiastes qui, au fil des décennies, s'illustrèrent comme collecteurs et observateurs. La zone d'élection des voyageurs naturalistes fut sans aucun doute la route des Indes et de l'Extrême-Orient, en premier lieu les îles de France et de Bourbon où les bateaux faisaient relâche. Les expéditions maritimes qui se sont ainsi succédées pendant près de 80 ans, depuis le voyage de L.A. Bougainville jusqu'au milieu du XIXe siècle, ont très largement contribué à l'enrichissement des collections du Muséum de Paris et ont fourni à Cuvier et Valenciennes un grand nombre de poissons provenant de toutes les régions du monde. De nombreuses expéditions ont fait escale sur les îles de l'Ouest de l'océan Indien, en particulier à la Réunion, à Maurice et aux Seychelles. Déjà Bougainville, lors de son voyage avec la "Boudeuse" et "l'Étoile" (1766-1769) auquel s'était joint Philibert Commerson, fit escale à l'île de France et les savants embarqués purent collectés des poissons. Le matériel scientifique (34 caisses) récolté par Commerson au cours du voyage et pendant ses séjours à Madagascar en 1770, à Bourbon en 1771 et à l'île de France où il mourut en 1773, fut rapporté en France en 1774 et remis par Buffon à Bernard de Jussieu.
Se succèdent ensuite des couples célèbres qui effectuèrent de nombreuses découvertes en ichtyologie, Peron et Lesueur (voyage de N. Baudin avec le "Géographe" et le "Naturaliste", 1800-1804) qui séjournent à l'île de France en mars 1801 et août-décembre 1803; Quoy et Gaimard (voyage de L.C. Desaulces de Freycinet avec "l'Uranie" et la "Physicienne", 1817-1820) qui font escale à l'île de France en mai 1818, puis qui avec "l'Astrolabe" (voyage de Dumont Durville, 1826-1829) séjournent à l'île Maurice de septembre à novembre 1828 et à Bourbon; Lesson et Garnot (voyage de Duperrey avec la "Coquille", 1822-1825) qui s'arrêtent à l'île Maurice de septembre à novembre 1824 (Bauchot *et al.* 1990). Après cette période, les grandes expéditions ayant relâché aux Mascareignes ou aux Seychelles sont encore nombreuses ; citons, parmi les navires français la

"Pomone" (escale à Maurice en 1825), "l'Astrolabe" et la "Zélée" (voyage de Dumont Durville (1837-1840), à Bourbon), "l'Espérance" et la "Thétys" (voyage de H. de Bougainville (1824-1826), à Bourbon en mai-juin 1824 et aux Seychelles ensuite), la "Favorite" (voyage de P.Th. Laplace (1830-1832), à Bourbon, à Maurice et aux Seychelles, en 1830), "l'Artémise" (1837), la "Vénus" (voyage de A. Aubert Dupetit-Thouars (1836-1839), à Bourbon en 1839), la "Chevrette" (voyage de Fabré (1827-1828), à Bourbon), la "Bonite" (voyage de A.N. Vaillant à Bourbon) etc. (Bauchot *et al.* 1990). Chacune a permis de faire progresser les connaissances sur les poissons de la région.

Aux expéditions précédentes, commandées par des officiers de la Marine, il convient d'ajouter dans la zone qui nous intéresse, les voyages de Jean-Jacques Dussumier, négociant-armateur à Bordeaux et capitaine au long cours. De tous les donateurs cités par Cuvier et Valenciennes, c'est son nom qui revient le plus souvent, le seul qui soit mentionné dans chacun des 22 volumes de l'*Histoire naturelle des Poissons* (Laissus 1973; Bauchot *et al.* 1990).

Tous les voyages de Dussumier (au moins onze de 1816 à 1837) avaient pour but de commercer avec l'Inde, le Bengale et la Chine, mais chaque fois que son navire le "Buffon", un brick jaugeant un peu moins de 250 tonneaux, remplacé lors des tout derniers voyages par le "Georges Cuvier" relâchait, Dussumier, après avoir terminé ses affaires commerciales, se "*livrait à la recherche des productions intéressantes que peuvent offrir ces pays pour l'histoire naturelle*" (lettre de Dussumier à Cuvier 1820). Les récoltes faites aux Seychelles, à l'île Bourbon et l'île de France, sur les côtes de Malabar ou de Coromandel, dans le delta du Gange, au Bengale, dans les îles de la Sonde, à Manille et en Chine, furent en effet innombrables. Les différents catalogues établis au Muséum mentionnent des mammifères, oiseaux, reptiles, poissons, mollusques, crustacés, insectes et radiaires, ainsi que des plantes et plusieurs animaux rapportés vivants. Au retour de chaque voyage, Dussumier ne manquait pas d'apporter son tribut au Jardin du Roi. "*On y attend ses retours et on les y note comme à la Douane ou à la Bourse*", signale Cuvier dans un rapport du 24 avril 1824.

Les poissons constituaient souvent les récoltes les plus intéressantes, en particulier ceux du delta du Gange et d'Indonésie rapportés lors du 3e voyage (1821-1823) et ceux des Seychelles récoltés au cours du 4e voyage (1825-1826), "*la plupart entièrement nouveaux et dont les autres n'avaient été vus que de Commerson*" (Cuvier, rapport à l'Académie, 1830). Du 5e voyage (1826-1827), Dussumier rapporte de la côte de Malabar et aussi des Seychelles, selon les termes de Cuvier, "*l'une des plus belles et des plus riches collections de poissons que l'on eût encore vue*", soit 550 exemplaires représentant près de 200 espèces (comprenant aussi des espèces d'eau douce).

Le plus fructueux et le plus long de tous ses voyages fut le 6e, de décembre 1827 à septembre 1830, qui dura 33 mois dont 27 à la mer avec des relâches aux Seychelles, aux Indes (Bombay, Pondichéry, Mahé, delta du Gange), au Bengale, à Bourbon, à l'île de France et à Sainte-Hélène. Mille cinq cents poissons représentant 481 espèces furent rapportés. Dussumier avait l'habitude de tenir un registre de ses collectes et de consigner pour chaque individu les couleurs prises sur le frais et les renseignements qu'il avait pu se procurer, après en avoir vérifié l'exactitude (Bauchot *et al.* 1990).

Cuvier, sensible à la rigueur et à la précision de cet "infatigable collecteur" note, dans un rapport élogieux, le soin avec lequel il prépare les échantillons : "*C'est surtout en poissons que le présent de M. Dussumier est fait pour étonner et pour inspirer aux naturalistes la plus vive reconnaissance ... Aucun de leurs rayons, aucun de leurs aiguillons n'est brisé, leurs écailles, leurs couleurs même sont généralement conservées, et lorsque la liqueur était dans les cas de les altérer, on trouve dans les notes descriptives de M. Dussumier ce qui est nécessaire pour en compléter la description... Et ce que l'on doit regarder encore comme très heureux, tous ces poissons, grâce à des incisions pratiquées à leurs téguments abdominaux, ont conservé leurs viscères dans le meilleur état, et de façon à se prêter à toutes les recherches anatomiques que l'on pourra désirer d'y faire*".
Valenciennes se réfère aussi souvent à Dussumier. Par exemple en 1837 dans l'*Histoire naturelle des Poissons* il rapporte à propos de *Sicyopterus lagocephalus*, espèce emblèmatique de la Réunion "... *Ce poisson est très commun dans les rivières et les étangs des îles de France et de Bourbon. M. Dussumier nous a appris qu'on le connaît sous les noms de bissique, bichique ou béchique, qui, dans ces colonies sont communs à plusieurs gobies. Il atteint rarement quatre pouces de longueur et on le dit très agréable à manger lorsqu'il est frit. On assure que l'adulte ne va jamais à la mer, mais il paraît que ses œufs y sont entraînés par les courants, et que c'est là seulement qu'ils éclosent ; car il remonte, en quantités innombrables dans les rivières, surtout à l'époque des nouvelles lunes, de très petits individus qui ont tous les caractères de l'espèce, et qui, au dire de plusieurs pêcheurs, en sont la nouvelle progéniture. C'est une sorte de nonnat, analogue à celui des gobies de la Méditerranée. Ils se glissent à travers les galets et par toutes les plus petites ouvertures qui peuvent les ramener à l'eau douce : des paniers d'osier placés à cet effet, en sont promptement remplis. Les femmes s'y rendent en foule, creusent de petites mares près du rivage où il leur suffit du moindre morceau d'étoffe pour en prendre des milliers. M. Dussumier nous certifie qu'à l'embouchure de la petite rivière de Saint-Denis, il y a des jours où cette pêche fournit la charge de plusieurs chevaux*...". J.J. Dussumier fut ainsi l'un des plus importants collecteurs de l'océan Indien.

En plus des expéditions maritimes, certains scientifiques et naturalistes, souvent regroupés au sein de sociétés savantes locales, ont travaillé dans le domaine de l'ichtyologie des îles de l'ouest de l'océan Indien. Nous avons vu, au chapitre relatif aux introductions d'espèces, le rôle de la Société d'Acclimatation de la Réunion dans l'évolution des peuplements de cette île, mais il apparaît aussi que dans l'histoire de la connaissance des poissons des Mascareignes, la Société d'Histoire naturelle de l'île Maurice a joué un rôle important, de sa fondation en 1829 à sa disparition en 1846. Elle a envoyé au Cabinet du Roi, et en particulier, à Cuvier, de nombreux spécimens qui allaient se voir décrits ou mentionnés dans l'*Histoire naturelle des Poissons*, elle a aussi réalisé une série de travaux locaux, demeurés manuscrits ou sommairement publiés dans les procès-verbaux ou les rapports de la Société (Monod non daté).
Le personnage central, tant par son activité locale comme animateur de la Société que comme intermédiaire entre celle-ci et les sociétés savantes ou les naturalistes de l'extérieur, est indubitablement Julien Desjardins. Celui-ci, né à Flacq, île de France, va, avec plusieurs autres amateurs d'histoire naturelle s'efforcer de créer

une Société d'Histoire naturelle de l'île Maurice. L'idée n'était d'ailleurs pas nouvelle car dès 1769 Commerson avait un projet d'Académie locale et en 1786 naissait un *Journal des îles de France et de Bourbon*.
La Société est créée le 11 août 1829 et tient le 24 août sa première séance, avec Ch. Telfair pour président (remplacé à sa mort par Edward B. Blackburn), J. Delisse et W. Bojer comme vice-présidents et J. Desjardins comme secrétaire, charge qu'il conservera jusqu'en 1839. Julien Desjardins animera la Société pendant une dizaine d'années, jusqu'à son départ pour Paris puis sa mort le 18 avril 1840 ; il entretiendra avec de nombreux collègues une active correspondance notamment sur les poissons, par exemple avec Dumont d'Urville, Quoy, Gaimard, Cuvier, Blainville, Bory de St Vincent, Audouin, Brongniart, Guérin-Méneville avec lequel il sera particulièrement lié, Dejean, Silberman, etc. Julien Desjardins a fait à Cuvier une série d'envois de poissons, c'est lui par exemple qui enverra le *Glossogobius kokius* (Valenciennes, 1837), espèce endémique des Mascareignes que ce dernier décrira dans son douzième volume.
C'est un botaniste, Louis Bouton, qui a remplacé J. Desjardins au secrétariat de la Société, jusqu'au 24 août 1846, où celle-ci disparaît pour faire place à la "*Society of Arts and Sciences of Mauritius*".

Toutes les expéditions maritimes évoquées précédemment ainsi que les sociétés savantes, ont permis de collecter et d'accumuler un matériel considérable, qui sert aujourd'hui de base à la réalisation de cet ouvrage. Ces collectes ont été progressivement complétées par un certain nombre de travaux.
En 1862, Guichenot dans l'ouvrage de Maillard donne une liste exhaustive, pour l'époque, de poissons marins et d'eau douce de la Réunion. C'est dans ce livre qu'il décrira notamment le bichique *Cotylopus acutipinnis* Guichenot, 1863. Bleeker et Pollen (1874), Sauvage (1891), Pellegrin (1933), Arnoult (1959), puis Kiener (1963a,b) en développant des aspects de l'ichtyologie malgache préciseront la liste des espèces en mentionnant la présence d'une partie de celles-ci dans les Mascareignes et plus particulièrement à la Réunion. Enfin, plus récemment, les travaux de l'ARDA (Bosc *et al.* 1995, 1997...) puis ceux de Keith (Keith *et al.* 1999 ; Keith & Vigneux 2000 ; Keith 2002) finiront de préciser la faune aquatique (poissons et crustacés) des eaux douces de la Réunion.
Aux Seychelles, après les expéditions de Dussumier, ce sont les travaux de Smith (1958, 1963), Smith & Smith (1963) puis Smith & Heemstra (1986) qui feront date, car ceux-ci ont considérablement accru les connaissances sur l'ichtyofaune de ces îles. Valade *et al.* (2004), puis Keith *et al.* (2005) produiront les premiers travaux spécifiques sur la faune dulçaquicole.
Enfin, aux Comores, îles les plus oubliées de ces circuits maritimes, les premiers travaux sur l'ichtyologie sont de Playfair & Günther (1867), puis de Fourmanoir (1954). Les études sur les eaux douces sont dûes notamment à Starmühlner (1976a, b, 1979), à Champeau (1989, 1990), puis au Musée de Tervuren avec les équipes de Teugels (Teugels *et al.* 1985) et de Louette & Louette (2000), et enfin au Muséum national d'Histoire naturelle de Paris avec Keith *et al.* (2006).

La richesse des matériaux réunis, à la fois par les expéditions maritimes et les scientifiques ou naturalistes ayant travaillé aux Mascareignes, aux Comores ou aux Seychelles est énorme. Il s'agit de plusieurs dizaines de milliers de spécimens de poissons. Nombreux sont ceux qui figurent dans les 22 volumes de l'*Histoire naturelle des Poissons* de Cuvier & Valenciennes, et de nombreux musées comme le Muséum national d'Histoire naturelle de Paris, le Musée royal d'Afrique Centrale de Tervuren, le South African Museum ou le British Museum ont des collections historiques inestimables.

Standardisation des données et cartographie

Afin de faire un bilan de ce qui existait et d'exploiter au mieux la bibliographie ancienne, les collections et l'ensemble des prospections réalisés sur les îles des Comores, des Mascareignes et des Seychelles, le Muséum national d'Histoire naturelle a procédé à la standardisation puis à l'informatisation de toutes les données recueillies depuis le XVIIIe siècle, selon la méthodologie nationale des inventaires de faune et de flore dans le cadre de l'inventaire général du patrimoine naturel.

Cette méthodologie repose essentiellement sur quatre paramètres normalisés, ou données essentielles, qui sont à la base du traitement de l'information :
- L'origine de l'observation (nom(s) du ou des collecteurs).
- La date d'observation.
- Le lieu d'observation (coordonnées géographiques en degrés).
- La liste des poissons et crustacés rencontrés.

Ces données de base sont complétées par des données complémentaires : le nom de l'île (si nécessaire), le nom du cours d'eau (ou du plan d'eau) concerné par la station, assorti du lieu dit, s'il existe.
Afin de permettre une présentation homogène des résultats, les données quantitatives n'ont pas été utilisées, limitant l'observation à la notion de présence-absence.

Après informatisation, le Muséum national d'Histoire naturelle a effectué le contrôle informatique de toutes les données recueillies et, le cas échéant, les codages complémentaires, selon le protocole standard de validation mis en place pour les inventaires de répartition. Quatre-vingt-quatorze pour cent des données recensées représente des spécimens collectés avant 1990, c'est dire la valeur des collections anciennes.

Liste des espèces de poissons et de crustacés d'eau douce des Comores, des Mascareignes et des Seychelles

La liste des espèces des Comores, Mascareignes et Seychelles (Tab. I) comprend 83 espèces d'eau douce : 61 poissons et 22 crustacés décapodes. Parmi celles-ci, une dizaine d'espèces sont spécifiques à l'Ouest de l'océan Indien auxquelles on peut ajouter quatre endémiques des Seychelles, six des Mascareignes (Réunion-Maurice ou Maurice), un de Madagascar-Comores et un des Comores. Globalement, le nombre d'espèces indigènes varie peu d'une île à l'autre (entre 29 et 36), sauf pour Rodrigues (neuf) et grande Comore (deux) (qui n'ont plus ou pas de rivières pérennes) et Anjouan (rivières très dégradées) (22).

Lorsque grâce à des spécimens déposés en collection dans les musées nous savons que telle espèce existait sur telle île à telle époque et que nous savons aussi qu'elle n'y est plus (en raison de rivières disparues (Rodrigues) ou de pêches intensives infructueuses depuis des années (Mascareignes)), nous avons utilisé le terme "disparu" dans le tableau. Il est possible que d'autres espèces aient aussi disparu mais sans que l'on puisse le prouver par les collections ou la bibliographie, dans ce cas le terme "disparu" n'a pas été indiqué dans le tableau.

Quatorze espèces introduites sont acclimatées sur ces îles, neuf à Maurice et à la Réunion, deux à Rodrigues, une à Anjouan, Mohéli et Mayotte, quatre aux Seychelles.

La liste ci-dessous est constituée des espèces diadromes, vicariantes, complémentaires et sporadiques indigènes susceptibles d'être rencontrées dans les eaux douces et saumâtres de façon pérenne ou régulière (car il n'y a pas d'espèces primaires ou secondaires indigènes), et des espèces introduites présentes en eau libre. Les espèces marines qui pénètrent parfois en quête de nourriture ou de déplacements dans les estuaires ou qui y séjournent à l'état juvénile, n'ont pas été mises sur cette liste et ne sont donc pas représentées par des fiches descriptives dans cet ouvrage. Certains auteurs ont notamment signalé, par exemple pour les poissons, *Chanos chanos*, *Lutjanus argentimaculatus*, *Lutjanus russelli*, *Megalops cyprinoides*, *Terapon jarbua*, *Monodactylus argenteus*, *Caranx sexfasciatus*, *Bathygobius fuscus*...

Pour établir la liste des espèces, les familles ont été classées selon Nelson (2006). La validité des taxons a été vérifiée à partir des travaux de Eschmeyer (1997) (mise à jour 2006), de publications spécifiques et de plusieurs collections muséologiques dont celle du Muséum national d'Histoire naturelle, du Musée Royale d'Afrique Central, du South African Museum, du Queensland Museum, de la Smithsonian de Washington et du British Museum.

Tableau I - Poissons et crustacés décapodes d'eau douce des Comores, Mascareignes et Seychelles.

	Réunion	Maurice	Rodrigues	Anjouan	Mohéli	Grande Comore	Mayotte	Seychelles
Anguillidae								
Anguilla bengalensis (Gray, 1831)	X	X						
Anguilla bicolor bicolor Mc Clelland, 1844 (*OOI)	X	X	X		X		X	X
Anguilla marmorata Quoy & Gaimard, 1824	X	X	disparu	X	X		X	
Anguilla mossambica (Peters, 1852) (*OOI)	X	X					X	
Moringuidae								
Moringua microchir Bleeker, 1853		X						X
Ophichthidae								
Yirrkala tenuis (Günther, 1870)	X							

	Réunion	Maurice	Rodrigues	Anjouan	Mohéli	Grande Comore	Mayotte	Seychelles
Cyprinidae								
Carassius auratus (Linné, 1758) (I)	X	X						X
Cyprinus carpio Linné, 1758 (I)		X						
Salmonidae								
Oncorhynchus mykiss (Walbaum, 1792) (I)	X							
Aplocheilidae								
Pachypanchax playfairii (Günther, 1866) (*S)								X
Poeciliidae								
Gambusia affinis (Baird & Girard, 1853) (I)		X	X					
Poecilia reticulata Peters, 1860 (I)	X	X	X	X	X	X	X	X
Xiphophorus hellerii Heckel, 1848 (I)	X	X						
Xiphophorus maculatus (Günther, 1866) (I)	X	X						
Syngnathidae								
Microphis argulus (Peters, 1855)		X		X	X		X	
Microphis brachyurus (Bleeker, 1853)	X	X		X				
Mugilidae								
Agonostomus catalai Pellegrin, 1932 (*MC)				X				
Agonostomus telfairii Bennett, 1831 (*OOI)	X	X		X	X			
Chelon macrolepis (Smith, 1846)		X	X					X
Crenimugil crenilabis (Forsskål, 1775)								X
Mugil cephalus Linné, 1758	X		X					
Valamugil buchanani (Bleeker, 1854)							X	X
Valamugil cunnesius (Valenciennes, 1836)	X							
Valamugil robustus (Günther, 1861)	X		X					
Valamugil seheli (Forsskål, 1775)	X	X	X				X	X
Ambassidae								
Ambassis ambassis (Lacepède, 1802)	X	X					X	

	Réunion	Maurice	Rodrigues	Anjouan	Mohéli	Grande Comore	Mayotte	Seychelles
Ambassis dussumieri Cuvier, 1828								X
Ambassis natalensis Gilchrist & Thompson, 1908							X	
Ambassis urotaenia Bleeker, 1852	X				X			X
Kuhliidae								
Kuhlia mugil (Forster, 1801)	X	X	X	X	X		X	X
Kuhlia rupestris (Lacepède, 1802)	X	X	disparu	X	X		X	
Kuhlia caudavittata (Lacepède, 1802) (*OOI)	X	X	X					
Centrarchidae								
Micropterus salmoides (Lacepède, 1802) (I)		X						
Cichlidae								
Archocentrus nigrofasciatus (Günther, 1867) (I)	X							
Oreochromis niloticus (Linné, 1758) (I)	X	X						
Oreochromis mossambicus (Peters, 1852) (I)								X
Osphronemidae								
Osphronemus goramy Lacepède, 1801 (I)		X						
Trichogaster trichopterus (Pallas, 1770) (I)	X							X
Kraemeridae								
Kraemeria samoensis Steindachner, 1906								X
Ptereleotridae								
Parioglossus multiradiatus Keith, Bosc & Valade, 2004 (*S)								X
Parioglossus taeniatus Regan, 1912								X
Eleotridae								
Butis butis (Hamilton, 1822)	X						X	
Hypseleotris cyprinoides Val. *in* Cuvier & Valenciennes, 1837					X	X	X	
Eleotris fusca Bloch & Schneider, 1801)	X	X	disparu	X	X		X	

	Réunion	Maurice	Rodrigues	Anjouan	Mohéli	Grande Comore	Mayotte	Seychelles
Eleotris mauritianus Bennett, 1831 (*OOI)	X	X	disparu	X	X		X	X
Ophieleotris cf. *aporos*				X?	X		X	
Ophiocara porocephala (Valenciennes, 1837)					X		X	X
Gobiidae								
Awaous commersoni (Schneider, 1801) (*OOI)	X	X	X	X	X		X	
Bathygobius meggitti (Hora & Mukerji 1936)								X
Cotylopus acutipinnis (Guichenot, 1863) (*RM)	X	X						
Cotylopus rubripinnis Keith, Hoareau & Bosc, 2005 (*CO)				X	X		X	
Glossogobius callidus (Smith, 1937) (*OOI)							X	X
Glossogobius giurus (Hamilton & Buchanan, 1822)	X						X	X
Glossogobius kokius (Valenciennes, 1837) (*RM)	X	X						
Psammogobius biocellatus (Valenciennes, 1837)								X
Mugilogobius fuscus (Herre, 1940)								X
Mugilogobius mertoni (Weber, 1911)							X	X
Redigobius "bikolanus" (Herre, 1927)		X			X		X	X
Redigobius balteatus (Herre, 1935)							X	
Sicyopterus lagocephalus (Pallas, 1767)	X	X		X	X		X	
Stenogobius polyzona (Bleeker, 1867) (*OOI)	X	X		X	X		X	
CRUSTACÉS								
Atyidae								
Atyoida serrata (Bate, 1888) (*OOI)	X	X		X	X		X	
Caridina similis (*S) Bouvier, 1904								X
Caridina longirostris Milne Edwards, 1837	X	X		X	X		X	X
Caridina mauritii Bouvier, 1912 (*M)		X						

	Réunion	Maurice	Rodrigues	Anjouan	Mohéli	Grande Comore	Mayotte	Seychelles
Caridina richtersi Thallwitz, 1891 (*M)		X						
Caridina serratirostris De Man, 1892	X	X			X			X
Caridina spathulirostris Richters, 1880 (*M)		X						
Caridina typus H. Milne-Edwards, 1837	X	X	disparu	X	X		X	X
Palaemonidae								
Macrobrachium australe (Guérin-Meneville, 1838)	X	X	disparu	X	X		X	
Macrobrachium equidens (Dana, 1852)							X	X
Macrobrachium hirtimanus (Olivier, 1811) (*RM)	disparu ?	disparu ?						
Macrobrachium idae (Heller, 1862)								X
Macrobrachium lar (Fabricius, 1798)	X	X	disparu	X	X		X	X
Macrobrachium lepidactylus (Hilgendorf, 1879) (*OOI)	X	X			X		X	
Palaemon concinnus Dana, 1852	X	X			X		X	
Palaemon debilis Dana, 1852			X				X	
Grapsidae								
Sesarmops impressum (H. Milne-Edwards, 1837)					X		X	X
Varuna litterata (Fabricius, 1798)	X			X	X		X	X
Ptychognathus hachijyoensis Sakaï, 1955 (I)	X							
Ptychognathus barbatus (A. Milne-Edwards, 1873)				X	X			
Ptychognathus pusillus Heller, 1865				X	X			
Gecarcinucidae								
Seychellum alluaudi (A. Milne-Edwards & Bouvier, 1893) (*S)								X
NB. espèces poissons	**33**	**31**	**10 (4 disp.)**	**15**	**18**	**2**	**26**	**26**
NB. espèces Crustacés	**10 (1 disp.)**	**11 (1 disp.)**	**1 (3 disp.)**	**8**	**12**	**0**	**11**	**10**
NB. total espèces	**43 (1 disp.)**	**42 (1 disp.)**	**11 (7 disp.)**	**23**	**30**	**2**	**37**	**36**
NB. total sp. indigènes	**34 (1 disp.)**	**33 (1 disp.)**	**9 (7 disp.)**	**22**	**29**	**1**	**36**	**32**

(*S) : endémique des Seychelles ; (*RM) : endémique Réunion-Maurice ; (*M) : endémique de Maurice ; (*CO) : endémique Comores ; (*MC) : endémique de Madagascar-Comores ; (*OOI) : endémique de l'Ouest de l'océan Indien ; (I) : Introduit ; disp. : disparu

LA CONSERVATION ET LA GESTION DES ESPÈCES

La conservation et la gestion de la biodiversité des milieux aquatiques continentaux et de la ressource en eau sont des enjeux majeurs de la protection de l'environnement dans l'océan Indien. Outre son intérêt scientifique, la faune aquatique dulçaquicole de cette région représente un patrimoine génétique extraordinaire et diversifié.

L'étude de la richesse spécifique de la faune dulçaquicole des Comores, Mascareignes et Seychelles par rapport à d'autres îles de la région Indo-Pacifique, n'a de valeur comparative que dans le cas des îles hautes, bien que le nombre de rivières étudiées soit très différent d'une île à l'autre et que la nature géologique de ces îles puisse différée. Néanmoins, on peut noter que la richesse spécifique en poissons et en crustacés des rivières de chacun de ces trois archipels est inférieure à celle des rivières calédoniennes (Marquet *et al.* 2003), mais voisine de celle des îles des archipels polynésiens (Keith *et al.* 2002) ou de nombreuses autres îles du Pacifique. D'autre part, plusieurs espèces et même un genre (*Cotylopus*) n'existent que dans cette partie du monde et reflète la biogéographie complexe de la région. On dénombre une dizaine d'espèces spécifiques à l'ouest de l'océan Indien auxquelles on peut ajouter quatre endémiques des Seychelles, six des Mascareignes, un de Madagascar-Comores et un des Comores.

Au vu du taux d'endémisme constaté chez les poissons et les crustacés d'eau douce, les archipels de l'Ouest de l'océan Indien possèdent un patrimoine exceptionnel et il leur incombe, de ce fait, une part de responsabilité dans leur maintien au niveau mondial. Chaque archipel (voire parfois certaines îles dans un archipel donné) a ses particularités, comme ces trois espèces de caridines que l'on ne trouve qu'à Maurice. Certains de ces endémiques sont d'ores et déjà menacés ou pourraient disparaître rapidement à la moindre modification du milieu car les populations sont réduites (parfois connues sur une seule rivière) et doivent effectuer, pour la majorité des espèces, deux migrations pour assurer leur cycle biologique : une première migration après la reproduction (des rivières vers la mer, à l'état larvaire) et une seconde migration pour assurer la croissance (de la mer vers l'amont des rivières, à l'état de post-larve et de juvénile). Ces espèces sont, en outre, souvent des indicateurs de la qualité des milieux et elles participent à l'épuration de l'eau.

Lavage du linge dans le cours inférieur d'une rivière à Anjouan, Comores.

Lit de la rivière de Mutsamudu asséché et transformé en décharge. Anjouan, Comores.

Sur ces îles, l'enjeu majeur des années qui viennent est sans conteste placé sous le signe de la gestion de l'eau et des milieux associés. Face au développement de l'urbanisme (aménagement des cours d'eau, pompages, création de barrages, de seuils...), des activités touristiques, industrielles (pollutions...) et agricoles (cultures intensives de canne à sucre, d'ylang ylang... et utilisation de produits phyto-sanitaires) on assiste partout à la dégradation régulière des habitats naturels et à la déforestation. Les débits des rivières chutent, certaines îles ont vu le nombre de leurs rivières pérennes diminuer inexorablement et les espèces aquatiques disparaître. Rodrigues n'a plus de cours d'eau pérennes en raison du déboisement, pourtant F. Leguat de la Fougère en 1708 disait à propos de cette île "*on rencontre très fréquemment des ruisseaux d'eaux vives, dont les sources sont toutes dans le milieu de l'île. Ces beaux ruisseaux ne tarissent point...*". Rodrigues manque actuellement cruellement d'eau potable, cela n'empèche pourtant pas de nombreux projets de complexes touristiques de fleurir encore. Anjouan a vu le nombre de ses rivières passer de 54 dans les années cinquante à une dizaine de nos jours. Malheureusement le reboisement des bassins versants et la gestion de l'eau ne sont encore qu'à l'état embryonnaire.

Pollution de la rivière Gouloué. Mayotte, Comores.

Certaines rivières sont aussi soumises à des empoisonnements successifs pour braconner poissons et crustacés (Réunion, Anjouan...), laissant des toxiques (dangereux aussi pour l'homme) dans le milieu qui anéantissent les peuplements pour plusieurs années.

La gestion des ordures ménagères reste un grave problème aux Comores, voire aux Mascareignes, où les décharges sauvages se trouvent souvent dans les vallées ou le lit des rivières. Enfin, aux Comores, le lavage traditionnel du linge dans les rivières entraine une pollution chronique faisant disparaître tous les crustacés à cause des produits de lessive utilisés souvent très toxiques. À Maurice, les offrandes laissées dans les rivières sont aussi source de pollution. Ajoutées à tout cela, certaines introductions d'espèces peuvent générer de nouveaux déséquilibres dans les milieux aquatiques.

Les connaissances présentées dans cet ouvrage puis celles qui seront acquises en matière de biogéographie, d'écologie et de biologie des espèces, sont donc de première importance pour le maintien de la biodiversité et la sauvegarde de la ressource en eau.

Barrage et retenue à Mahé, Seychelles.

Les fiches

espèces
des crustacés
décapodes
d'eau douce

clé de détermination des crustacés décapodes d'eau douce

1-a : allure de crabe ; corps aplati dorsoventralement (Fig. 1a) → **2**
1-b : allure de crevette ou d'écrevisse ; corps plutôt aplati latéralement (Fig. 1b1 et 1b2) → **7**

2-a : carapace rectangulaire, plus large que haute (Fig. 2a). Chélipèdes de taille différente chez le mâle → ***Seychellum alluaudi*** (Seychelles)
2-b : carapace grossièrement carrée ; chélipèdes de taille identique chez le mâle → **3**

3-a : bords latéraux antérieurs de la carapace avec des dents émoussées ou arrondies (Fig. 3a1). Touffes de poils sur les pinces chez le mâle (Fig. 3a2) → **4**
3-b : bords latéraux antérieurs de la carapace avec des dents aiguës ; absence de poils sur les pinces des mâles → **6**

4-a : bords latéraux avec 2 dents → ***Ptychognathus hachijyoensis***
4-b : bords latéraux avec 3 dents (Fig. 4b) → **5**

5-a : 3 dents peu prononcées. Présence de lobes frontaux médians bien visible (Fig. 4b) → ***Ptychognathus pusillus***
5-b : 3 dents bien visibles. Lobes frontaux médians peu visibles → ***Ptychognathus barbatus***

6-a : présence d'une frange de soies à l'extrémité des pattes 2, 3, 4 et 5. Bordure frontale antérieure droite et lobes postfrontaux absents (Fig. 6a) → ***Varuna litterata***
6-b : absence d'une frange de soies à l'extrémité des pattes 2, 3, 4 et 5. Bordure frontale antérieure avec une concavité médiane profonde et lobes postfrontaux bien apparents (Fig. 6b) → ***Sesarmops impressum***

7-a : présence de touffes denses de soies à l'extrémité des doigts des pattes P1 et P2 (Fig. 7a1). Absence d'épines branchiostèges et hépatiques sur le céphalothorax (Fig. 7a2) : **Famille des Atyidae** → **8**
7-b : absence de touffes denses de soies à l'extrémité des pattes P1 et P2 (Fig. 7b1). Présence d'épines branchiostèges ou hépatiques sur le céphalothorax (Fig. 7b2) : **Famille des Palaemonidae** → **16**

Crustacés Décapodes

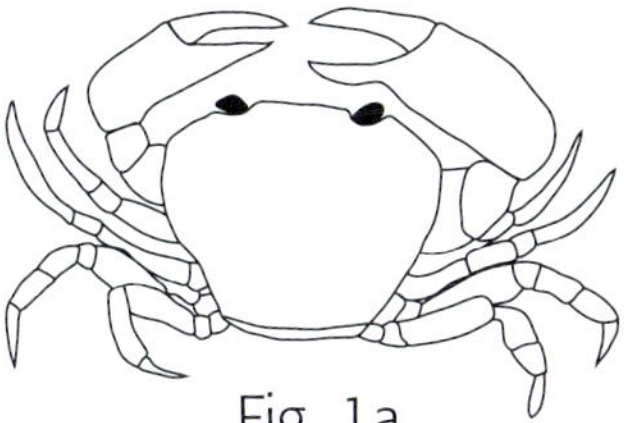

Fig. 1a

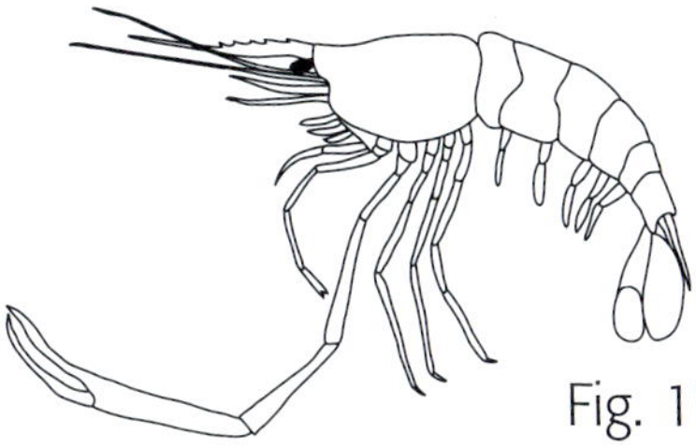

Fig. 1b1

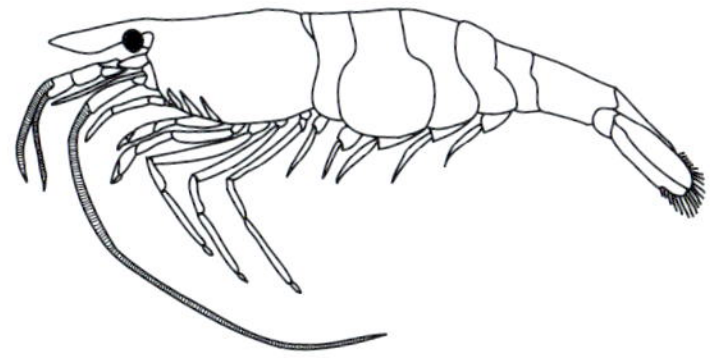

Fig. 1b2

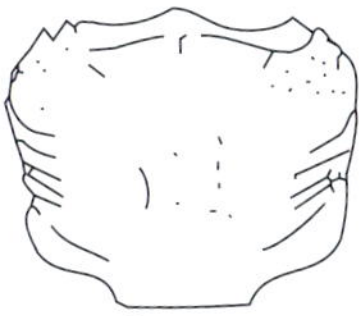

Fig. 2a

Fig. 3a1

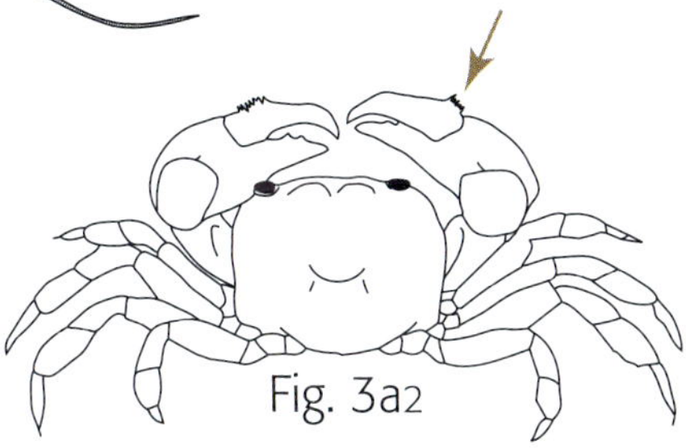

Fig. 3a2

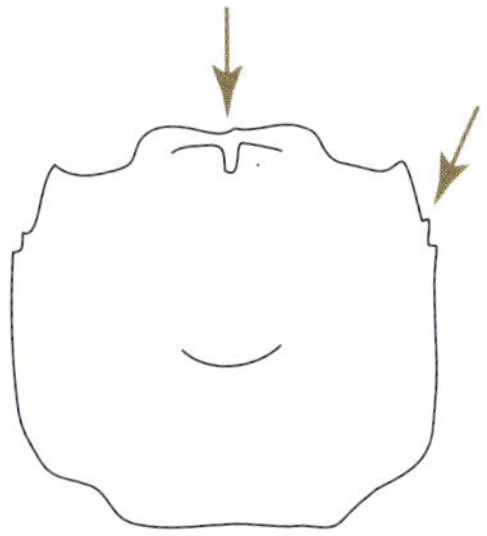

Fig. 4b

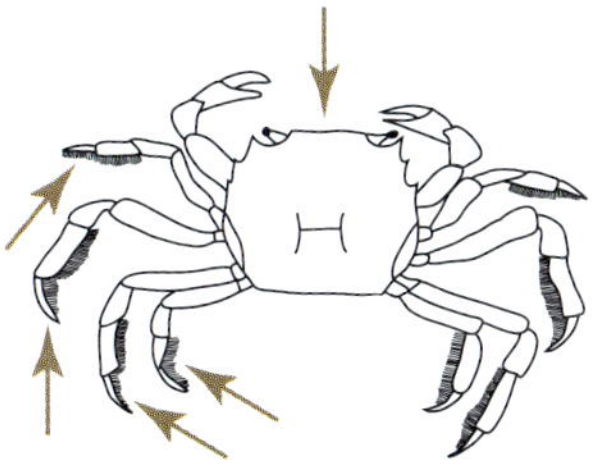

Fig. 6a

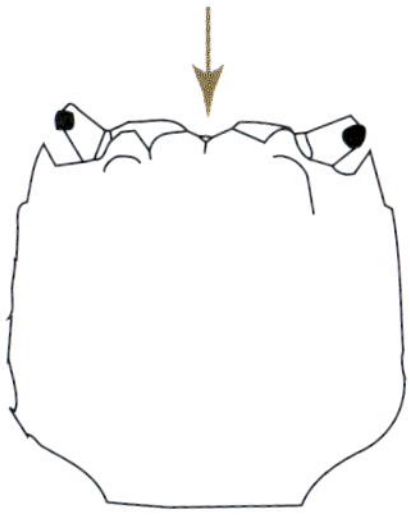

Fig. 6b

P1

P2

Fig. 7a1

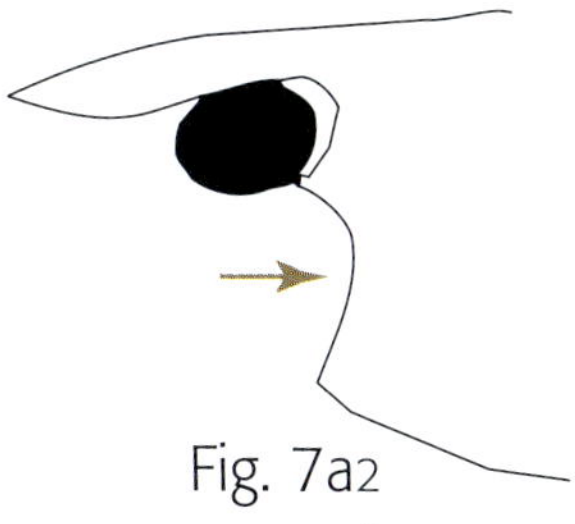

Fig. 7a2

P1

P2

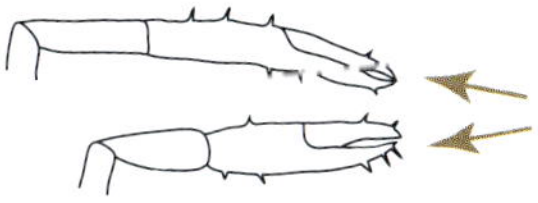

Fig. 7b1

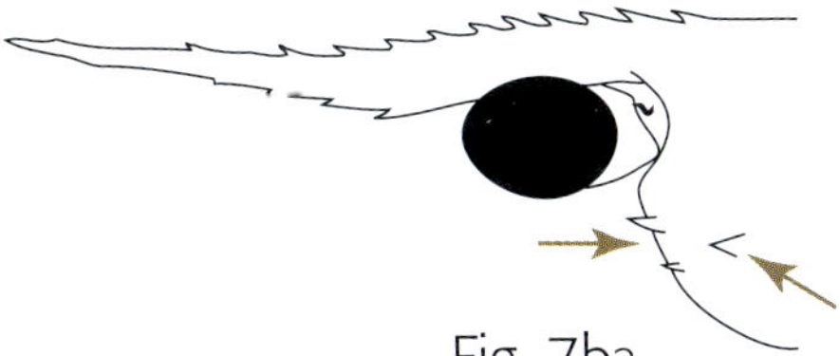

Fig. 7b2

8-a : carpes des pattes P1 et P2 de forme identique (Fig. 8a) → ***Atyoida serrata***
8-b : carpes des pattes P1 et P2 de forme différente. Le carpe de P2 est plus allongé que celui de P1 (Fig. 8b). **Genre *Caridina*** → **9**

9-a : bord supérieur du rostre sans dent (Fig. 10a) → **10**
9-b : bord supérieur du rostre avec des dents plus ou moins nombreuses → **12**

10-a : bord antérieur du céphalothorax droit (Fig. 10a). Nombre d'épines uropodiales supérieur à 20 → ***Caridina typus***
10-b : bord antérieur du céphalothorax arrondi. Nombre d'épines uropodiales inférieur à 20 → **11**

11-a : absence d'épine antennaire (Fig. 11a) ; épines uropodiales peu nombreuses (8 à 10) → ***Caridina mauritii*** (Maurice)
11-b : épine antennaire présente (Fig. 11b) ; épines uropodiales nombreuses (15 à 20) → ***Caridina similis*** (Seychelles)

12-a : stylocérite long dépassant toujours le premier article du pédoncule antennulaire. Bord dorsal du rostre avec plus de 4 dents situées sur le céphalothorax en arrière de l'œil (Fig. 12a) → ***Caridina serratirostris***
12-b : stylocérite court ne dépassant pas le premier article du pédoncule antennulaire. Bord dorsal du rostre avec moins de 4 dents situées sur le céphalothorax en arrière de l'œil (Fig. 13a) → **13**

13-a : rostre courbé vers le haut, long et qui atteint ou dépasse le troisième article du pédoncule antennulaire. Épine antennaire placée au-dessous de l'angle inférieur de l'orbite oculaire (Fig. 13a) → ***Caridina longirostris***
13-b : rostre droit, court, et qui n'atteint pas le troisième article du pédoncule antennulaire (Fig. 14a). Épine antennaire plus ou moins fusionnée avec l'angle inférieur de l'orbite oculaire → **14**

14-a : bord antérieur du céphalothorax presque rectangulaire (Fig. 14a) → ***Caridina richtersi*** (Maurice)
14-b : bord antérieur du céphalothorax largement arrondi (Fig. 15a) → **15**

15-a : rostre en forme de spatule portant sur sa face dorsale 11 à 30 dents (Fig. 15a). Épines uropodiales peu nombreuses, de 9 à 15 → ***Caridina spathulirostris*** (Maurice)
15-b : rostre droit portant sur sa face dorsal de 0 à 13 dents. Épines uropodiales nombreuses, de 15 à 20 → ***Caridina similis*** (Seychelles)

16-a : présence de 1 épine branchiostège sur chaque côté du céphalothorax. Absence de l'épine hépatique (Fig. 16a). Développement modéré de P2 : **Genre *Palaemon*** → **17**
16-b : présence de 1 épine hépatique sur chaque côté du céphalothorax. Absence de l'épine branchiostège (Fig. 16b). Grand développement de P2 : **Genre *Macrobrachium*** → **18**

Crustacés Décapodes

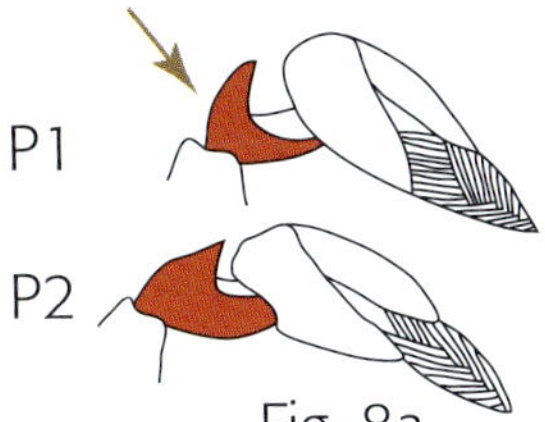

Fig. 8a

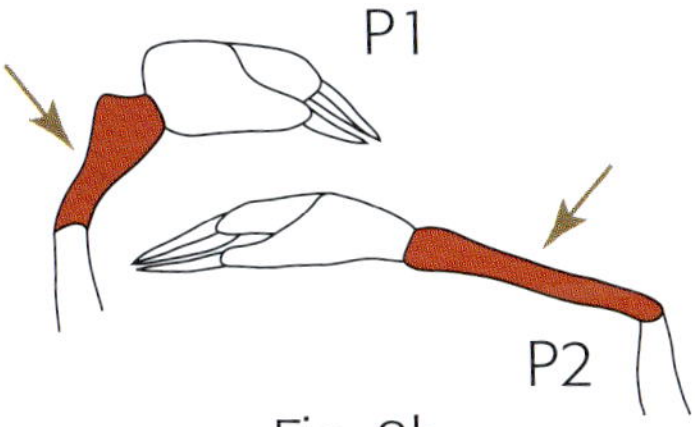

Fig. 8b

Fig. 10a

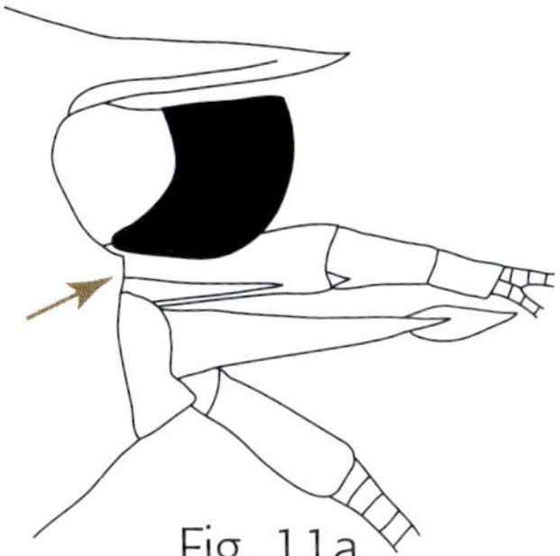
Fig. 11a

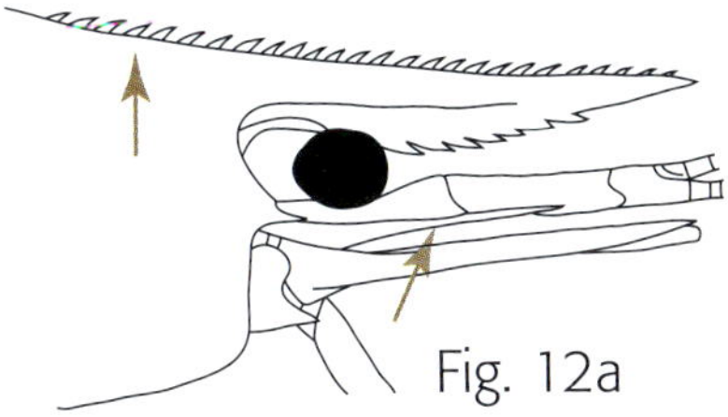
Fig. 12a

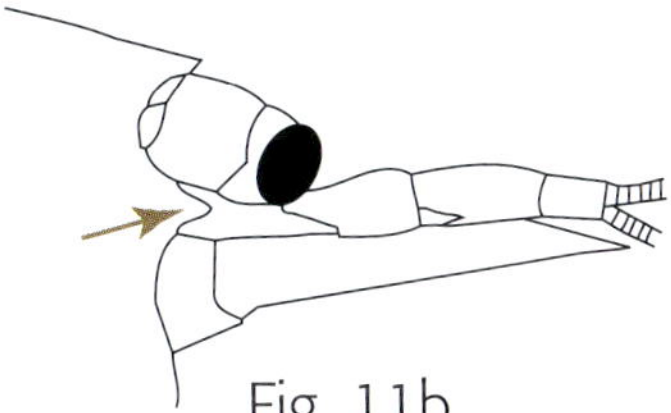
Fig. 11b

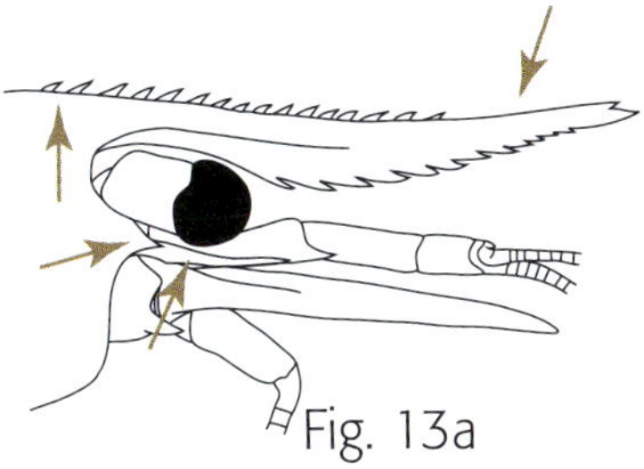
Fig. 13a

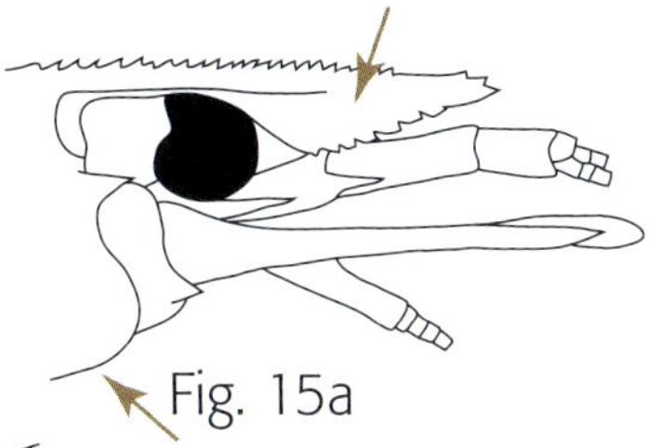
Fig. 15a

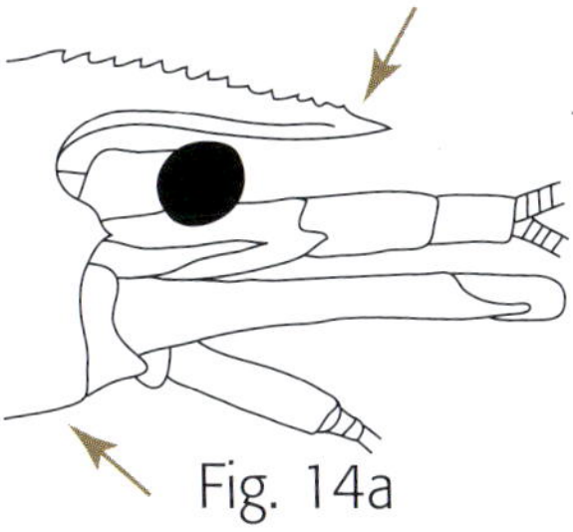
Fig. 14a

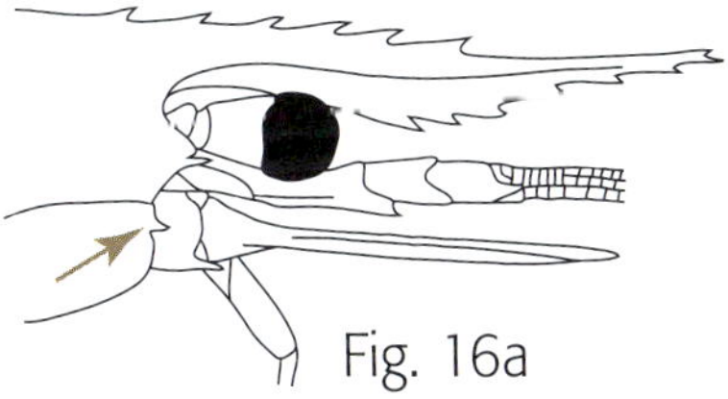
Fig. 16a

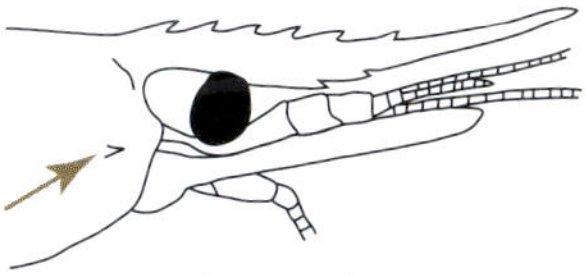
Fig. 16b

17-a : partie commune du flagelle antennulaire supérieur bien développée. Rostre fortement infléchi vers le haut (Fig. 17a) ⟶ ***Palaemon debilis***
17-b : partie commune du flagelle antennulaire supérieur peu importante. Rostre très légèrement infléchi vers le haut (Fig. 17b) ⟶ ***Palaemon concinnus***

18-a : pince de P2 le plus développé du mâle recouverte d'un feutrage important de poils (Fig. 18a) ⟶ **19**
18-b : pince de P2 le plus développé du mâle nue ou portant quelques poils dispersés ⟶ **20**

19-a : pince de P2 chez le mâle adulte plus courte que le carpe (Fig. 19a) ⟶ ***Macrobrachium idae***
19-b : pince de P2 chez le mâle adulte plus longue que le carpe ⟶ ***Macrobrachium equidens***

20-a : carpes des pattes P1 et P2 distinctement plus longs que le mérus (Fig. 20a). 3 rayures verticales de chaque côté du céphalothorax ⟶ ***Macrobrachium australe***
20-b : carpes des pattes P1 et P2 de même taille ou plus courts que le mérus. Pas de rayures verticales de chaque côté du céphalothorax ⟶ **21**

21-a : rostre muni de 7 à 10 dents sur sa face dorsale. Pinces du mâle fines et allongées ⟶ ***Macrobrachium lar***
21-b : rostre muni de 10 à 14 dents sur sa face dorsale. Pinces du mâle massives ou renflées, parfois recouvertes d'épines ⟶ **22**

22-a : face dorsale du rostre avec 10 à 13 dents, la première de celles-ci est placée légèrement avant le milieu du céphalothorax. L'extrémité du rostre atteint rarement l'extrémité du second segment du pédoncule antennulaire. Pinces du mâle couvertes de nombreuses épines (Fig. 22a) ⟶ ***Macrobrachium hirtimanus*** (Mascareignes)
22-b : face dorsale du rostre avec 11 à 14 dents, la première de celles-ci est placée dans le tiers antérieur du céphalothorax. L'extrémité du rostre atteint en général l'extrémité du second segment du pédoncule antennulaire. Pinces du mâle presque lisses ou très finement granuleuses mais sans épines (Fig. 22b) ⟶ ***Macrobrachium lepidactylus***

Crustacés Décapodes

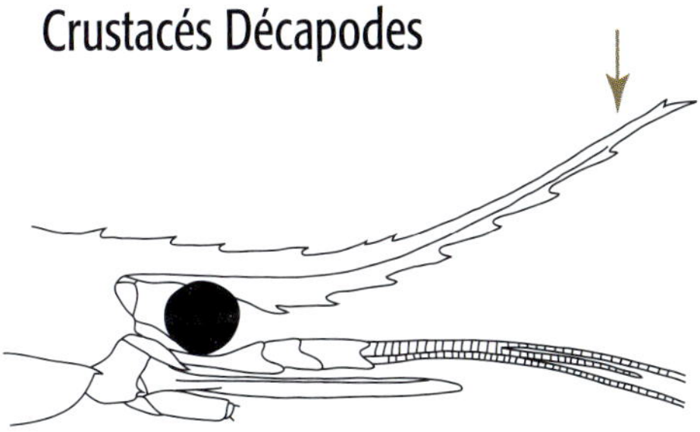

Fig. 17a

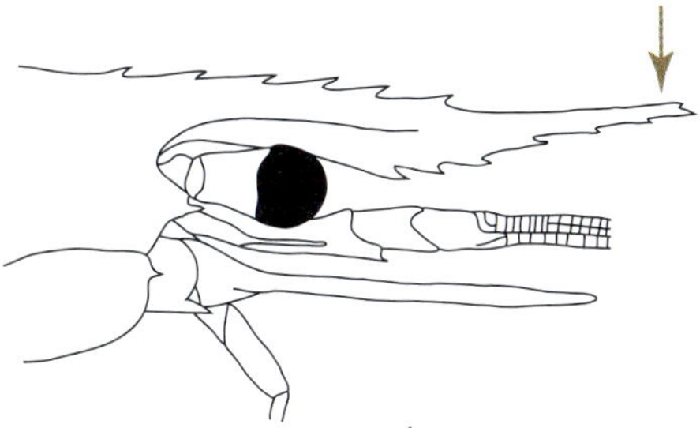

Fig. 17b

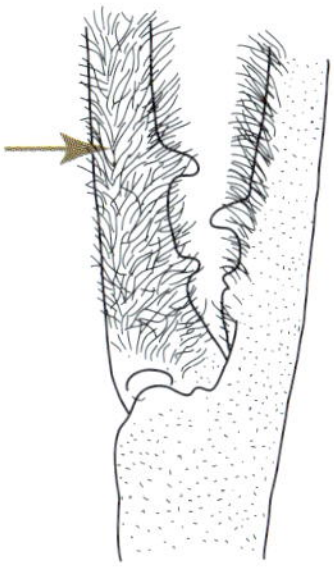

Fig. 18a

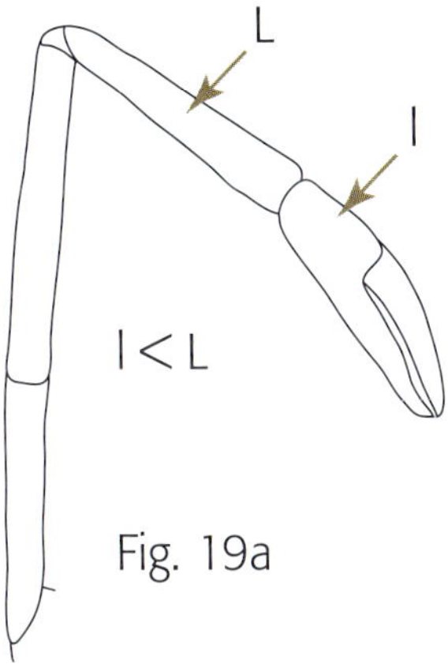

Fig. 19a

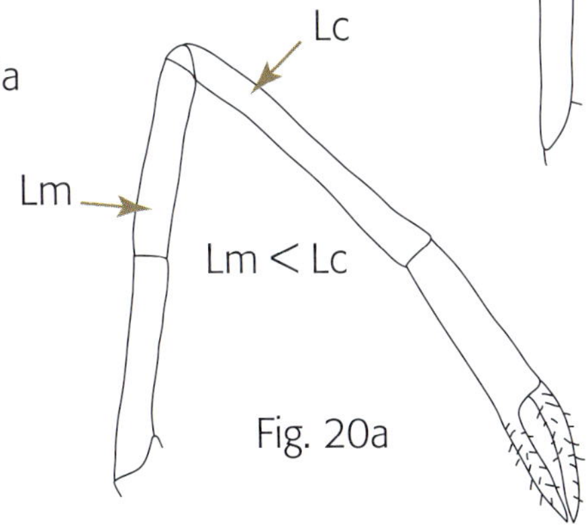

Fig. 20a

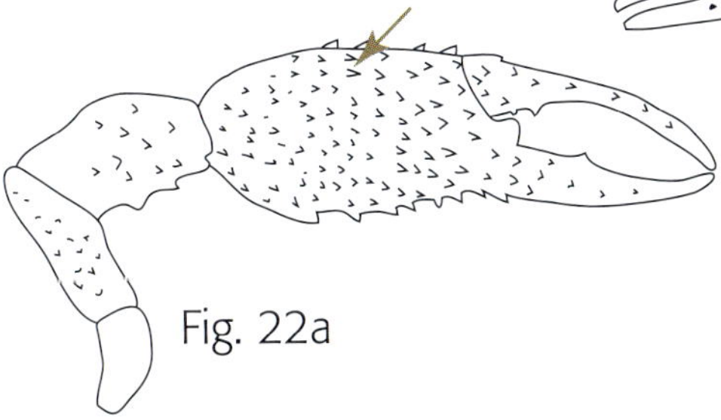

Fig. 22a

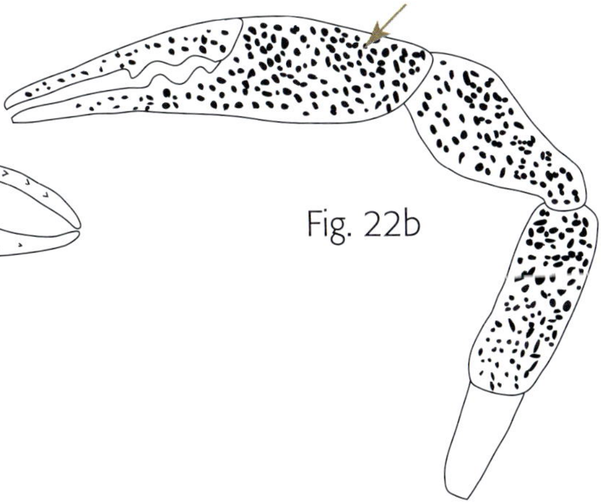

Fig. 22b

ORDRE DES DECAPODES
Les décapodes possèdent une carapace qui recouvre la tête, le thorax et latéralement la chambre branchiale. Les trois premières paires d'appendices thoraciques sont modifiées en appendices buccaux (les maxillipèdes), tandis que les cinq paires suivantes sont de vraies pattes (décapodes=dix pattes). Cet ordre est le plus important de la classe des crustacés, tant par le nombre d'espèces que par la variété des formes et leur taille.

Famille des Atyidae : les espèces ont des allures de crevette, avec un corps allongé et comprimé latéralement. Les deux premières pattes P1 et P2 ont des touffes de soies à l'extrémité de leurs doigts. Les adultes sont confinés presque exclusivement dans les eaux douces.

Atyoida serrata (Bate, 1888)

Crevette bouledogue (F) ; crevette bouledogue (C) ; koros shrimp (E)

Description

Le corps, allongé et comprimé latéralement, a l'allure générale d'une crevette. Le rostre prolonge la face dorsale de la carapace ; il est inerme sur sa face dorsale et porte deux à quatre dents sur sa face ventrale. Le bord antérieur du céphalothorax forme un angle aigu. Les deux premières pattes (P1 et P2) présentent des touffes de soies à l'extrémité de leurs doigts. Les pinces sont trimorphes. Dans un premier cas, les pinces ont des doigts trapus avec des soies très courtes ; elles servent à racler les détritus et les algues. Dans un second cas, les pinces ont des doigts plus allongés avec des soies plus longues que précédemment ; elles servent à la fois à filtrer les particules organiques et à ratisser le substrat. Dans un troisième cas, les pinces sont fendues jusqu'à la base et divisées en deux doigts identiques munis d'un bouquet de très longues soies ; elles servent uniquement à filtrer les particules organiques contenues dans l'eau. Dans les trois cas, les carpes des pattes P1 et P2 sont aussi larges que longs et échancrés en forme de "V". Chez les mâles, la première paire de pléopodes a des endopodes effilés de la base vers l'extrémité. La coloration du corps est variable : de hyalin à gris-bleu avec des petits points rouges et violets. La taille varie de 2 à 3 cm pour les mâles et de 4 à 5 cm pour les femelles.

Biologie

Cette espèce préfère les eaux fraîches très bien oxygénées. On la trouve du cours inférieur des rivières jusqu'à plus de 1 200 m d'altitude. Son biotope est souvent caractérisé par des cours d'eau de 2 à 3 m de large s'écoulant à la vitesse de 1 à 2 m/s, parfois avec de larges mares et des cascades, sur un lit sableux, de graviers ou de roches. Le régime alimentaire est de type détritivore. Les pinces modifiées et trimorphes servent à racler et à ratisser les détritus et les algues ou à filtrer les particules organiques contenues dans l'eau. L'espèce serait protandre. D'après Bordage, le développement se ferait en eau douce : les œufs donnent naissance au bout de quelques jours à des larves zoé de 2 mm environ, puis six jours après à des larves mysis de 5 à 6 mm qui se transforment en adultes de 9 mm, 12 à 15 jours plus tard.

Distribution

Cette espèce est connue des îles de l'océan Indien : Madagascar, Comores, Maurice et la Réunion. Elle semble absente des Seychelles.

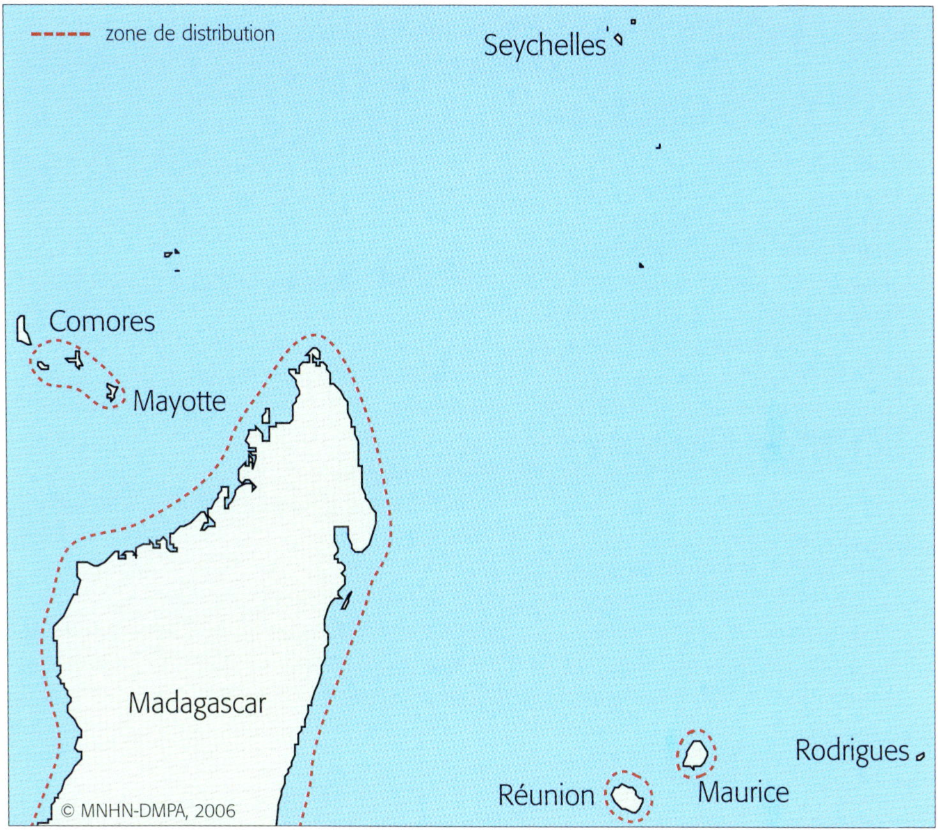

© Érick Vigneux

Caridina longirostris H. Milne-Edwards, 1837

Caridine à long rostre (F) ; chevaquine (C)

Famille des Atyidae

Description

Le corps est allongé et comprimé latéralement. L'allure générale est celle d'une crevette. Les deux premières pattes P1 et P2 présentent des touffes de soies à l'extrémité de leurs doigts. Le carpe des pattes P1 est de 1,7 à 3 fois plus long que large, celui des pattes P2 est de 4,3 à 6 fois plus long que large. L'épine antennaire est située au-dessous de l'angle infraorbitaire qui est très distinct. L'appendice interne sur l'endopode du premier pléopode, plus ou moins long, est présent chez le mâle mais parfois absent. Le rostre est souvent très long, effilé et recourbé vers le haut. Il porte 15 à 30 dents sur sa face dorsale dont 1 à 3 en arrière de l'orbite oculaire. Il existe une partie non dentée de taille variable qui possède à son extrémité une à trois dents. La face ventrale porte 2 à 22 dents. Cette espèce peut avoir un rostre large, plus court, armé de dents au-dessus jusqu'à la pointe. Cette forme est fréquente en altitude. La partie postérieure du telson porte une dent médiane. La carène préanale se prolonge par une forte épine. Les épines uropodiales sont peu nombreuses (8 à 15). La coloration du corps est variable : de hyaline à bleutée. Une bande rouge-carmin oblique sur le céphalothorax est très caractéristique. L'espèce peut atteindre 30 à 35 mm.

Biologie

Cette espèce vit dans les rivières du cours inférieur au cours supérieur. Elle est en général peu rhéophile. Son régime alimentaire est de type détritivore. Elle se nourrit de détritus et d'algues fixées sur les rochers, qui sont raclés et ramassés grâce à ses deux pinces terminées par de longues soies. Les œufs sont petits et très nombreux.

Distribution

Cette espèce a une répartition Indo-Pacifique de l'Afrique de l'Est, Madagascar, les Seychelles, les Mascareignes et les Comores, jusqu'à Fidji, la Nouvelle-Calédonie, en passant par les Philippines et l'Indonésie.

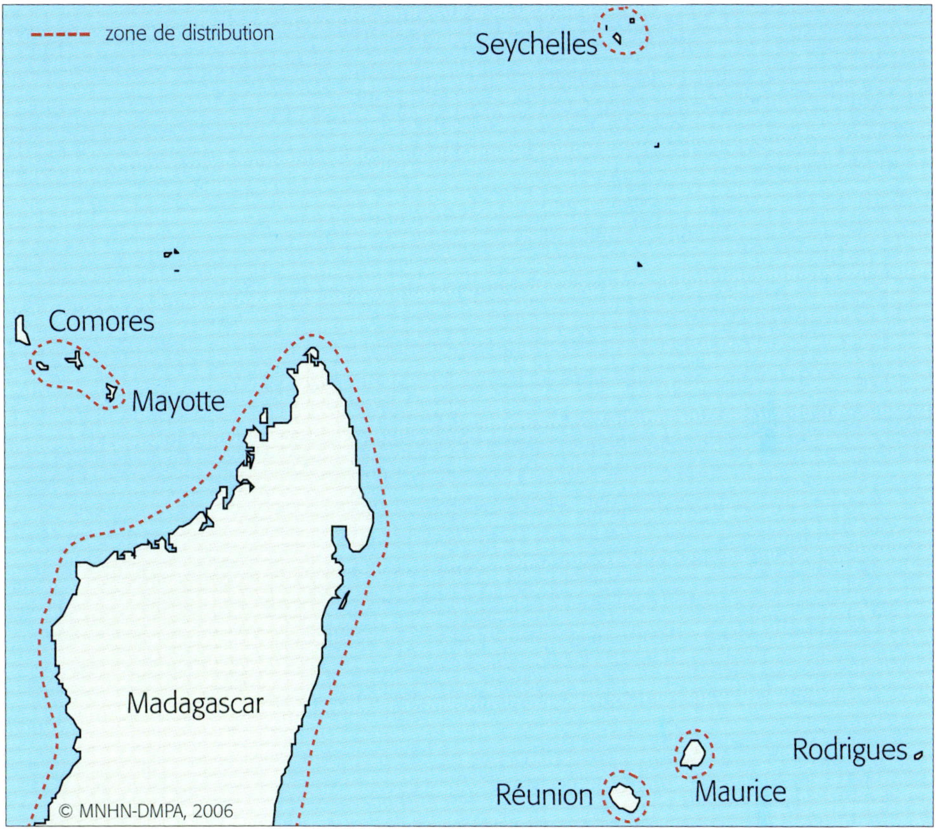

© Philippe Keith

Caridina mauritii Bouvier, 1912

Caridine mauricienne (F) ; petite chevrette (C)

Famille des Atyidae

Description

Le corps est allongé et comprimé latéralement. L'allure générale est celle d'une crevette. Les deux premières pattes P1 et P2 présentent des touffes de soies à l'extrémité de leurs doigts. Les pinces des pattes P1 sont ovoïdes ; leurs doigts sont bien plus longs que les paumes et le carpe est deux fois plus long que large. Les pinces des pattes P2 sont plus allongées, les doigts de celles-ci sont deux fois aussi longs que la paume et le carpe est de même longueur que la pince. Ce dernier est six fois plus long que large. L'angle orbitaire inférieur est obtus, sans épine antennaire. Il est séparé du bord antérieur du céphalothorax, qui est très arrondi, par une échancrure peu accusée. Le rostre large, triangulaire est inerme. Il s'atténue en pointe courte au niveau de la cornée. L'extrémité du telson est arrondi avec trois paires de soies assez longues, surtout celles de la paire externe. Le prolongement préanal du sixième segment abdominal est sans carène. Les épines uropodiales fortes sont peu nombreuses (8 à 10). La coloration du corps est variable: de hyaline à orange ou carmin. Les pattes locomotrices possèdent une alternance d'anneaux rouges et hyalins. La taille, petite, fait de 10 à 15 mm.

Biologie

Cette espèce vit dans les rivières du cours inférieur au cours supérieur. Son régime alimentaire est de type détritivore. Elle se nourrit en effet de détritus et d'algues fixées sur les rochers ou sur les plantes. Ceux-ci sont raclés et ramassés au moyen de deux pinces prolongées par de longues soies. Les œufs sont assez gros et très peu nombreux ; leur diamètre maximum atteint 0,75 mm.

Distribution

Cette espèce, peu commune, est endémique à l'île Maurice.

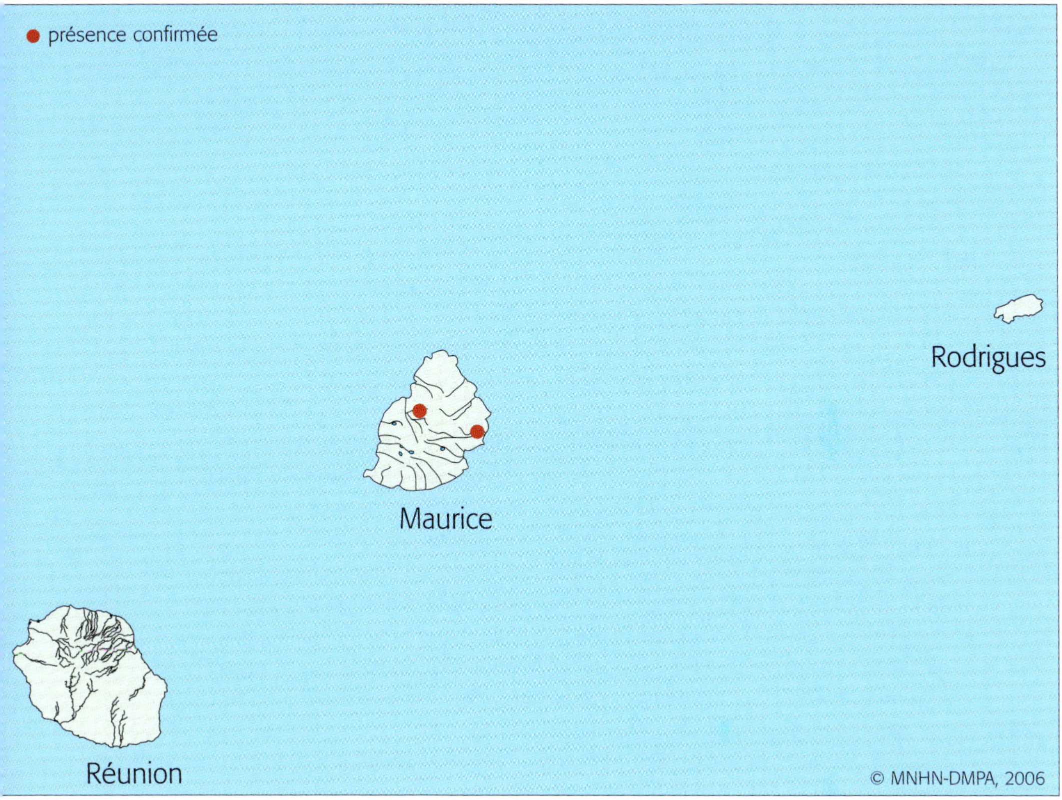

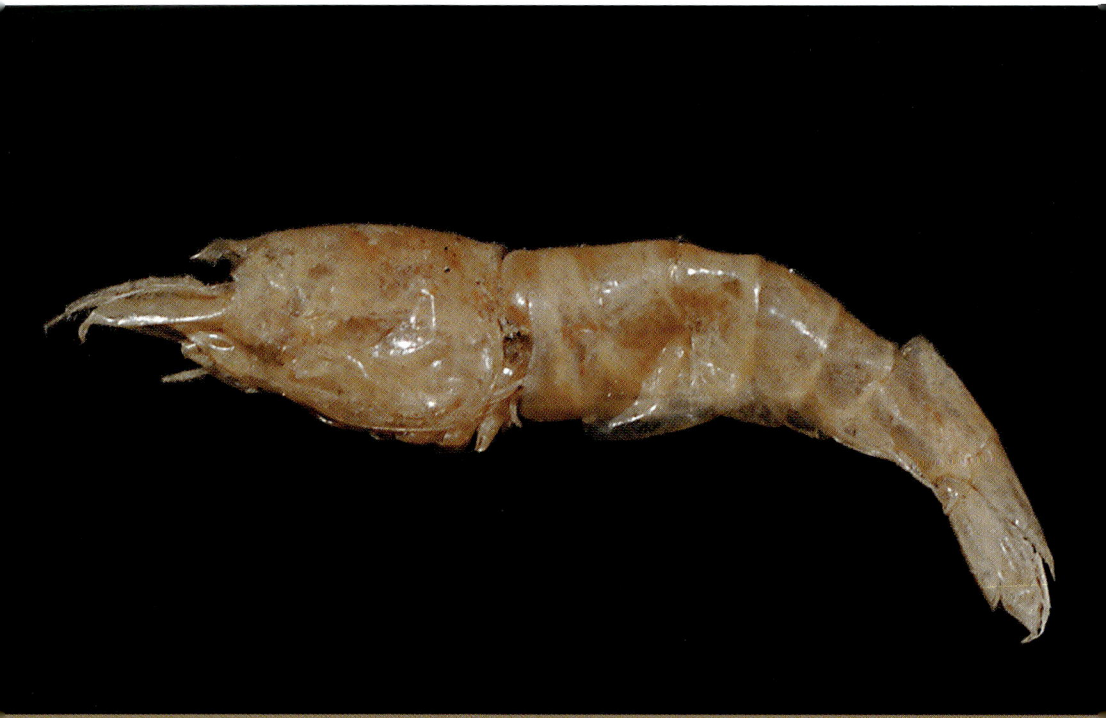

© Claude Ferrara - spécimen conservé

Caridina richtersi Thallwitz, 1891

Caridine de Richters (F) ; petite chevrette (C)

Famille des Atyidae

Description

Le corps est allongé et comprimé latéralement. L'allure générale est celle d'une crevette. Les deux premières pattes P1 et P2 présentent des touffes de soies à l'extrémité de leurs doigts. Les pinces sont dimorphes. Dans un premier cas, les doigts des pinces des deux premières pattes sont aussi longs ou plus allongés que la paume. Le carpe des pattes P1 est peu échancré en avant et deux fois plus long que large. Le carpe des pattes P2 est grêle, aussi allongé ou plus allongé que les pinces et cinq fois plus long que large. Dans un second cas, les doigts des pinces des pattes P1 sont plus courts que la paume qui est bien plus large près du carpe. Les deux pinces sont ovoïdes, le carpe des pattes P1 est muni d'une échancrure assez profonde et il est aussi large que long. Le carpe des pattes P2 est à peine aussi long ou plus court que la pince et 2,5 fois plus long que large. L'angle orbitaire inférieur se prolonge en une épine plus ou moins développée. Le bord antérieur du céphalothorax est court et presque rectangulaire. Le rostre rectiligne est un peu incliné vers le bas. Il peut atteindre et dépasser le deuxième article des pédoncules antennulaires. Il porte 2 à 19 dents sur sa face dorsale, dont toutes ou presque sont postorbitaires. Sa face ventrale est le plus souvent rectiligne et inerme. Parfois elle porte des dents qui peuvent s'élever au nombre de quatre. L'extrémité du rostre forme un angle obtus avec quatre paires de longues soies. Les épines uropodiales, fortes, sont peu nombreuses (11 à 14). L'appendice interne sur l'endopode du premier pléopode est absent chez le mâle. La coloration du corps est variable : de hyaline à orange ou carmin. Les pattes locomotrices possèdent une alternance d'anneaux rouges et hyalins. La taille est de 10 à 25 mm.

Biologie

Cette espèce vit dans les rivières du cours inférieur au cours supérieur. Son régime alimentaire est de type détritivore. Elle se nourrit en effet de détritus et d'algues fixées sur les rochers ou sur les plantes. Ceux-ci sont raclés et ramassés au moyen de deux pinces prolongées par de longues soies. Les œufs sont gros et mesurent plus de 1 mm de longueur. Ils donnent naissance, non pas à des larves, mais à des jeunes peu différents de la forme définitive qu'ils atteignent en trois stades successifs.

Distribution

Cette espèce, très commune, est endémique à l'île Maurice.

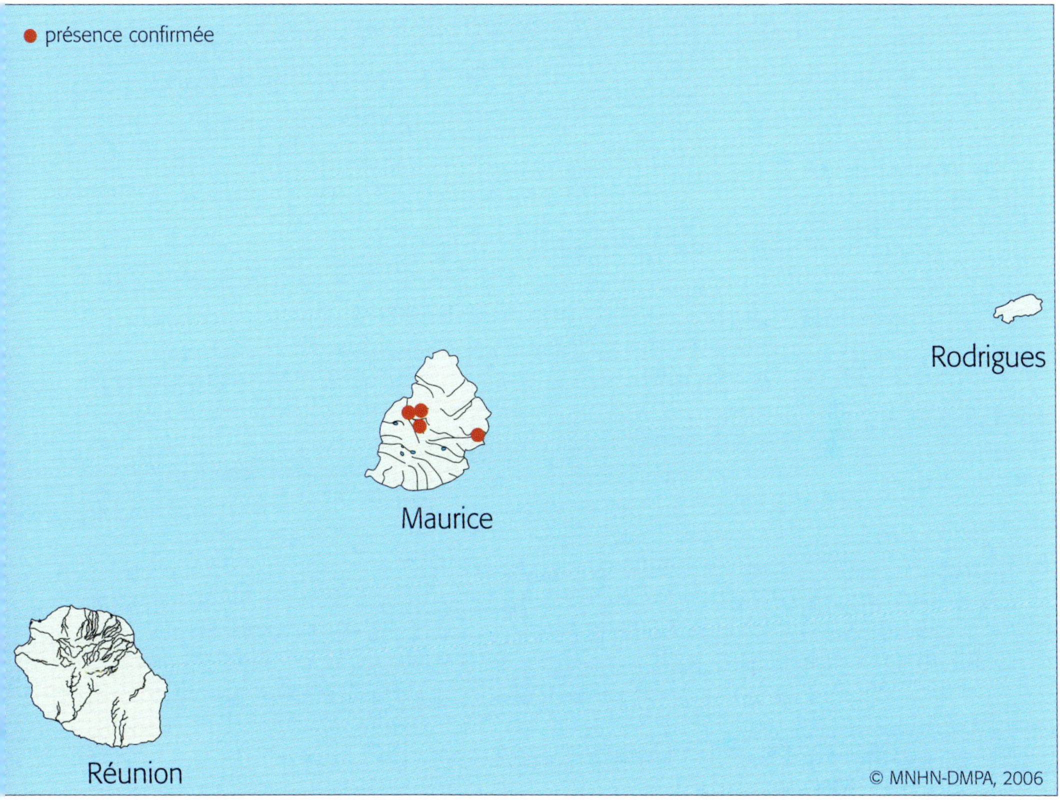

© Thierry Hoareau

Caridina serratirostris De Man, 1892

Caridine serratulée (F) ; sevret tas blan, chevaquine (C)

Famille des Atyidae

Description

Le corps est allongé et comprimé latéralement. L'allure générale est celle d'une crevette. Les deux premières pattes P1 et P2 présentent des touffes de soies à l'extrémité de leurs doigts. Le carpe des pattes P1 est 4 fois plus long que large, celui des pattes P2 est 10 fois plus long que large. L'épine antennaire est visible et placée sous l'angle orbitaire inférieur. Le second segment du pédoncule antennulaire est très long et fin. Le stylocérite est très long et dépasse le premier segment du pédoncule antennulaire. L'appendice interne sur l'endopode du premier pléopode est absent chez le mâle. Le rostre rectiligne est légèrement incurvé vers le haut. Il porte 19 à 26 dents sur sa face dorsale, dont 6 à 8 sont placées derrière l'orbite oculaire ; il y a 6 à 8 dents sur sa face ventrale. Les épines uropodiales sont nombreuses (15 à 18). Les œufs sont petits et nombreux. La coloration du corps est variable : de hyaline à orange ou carmin. Les pattes locomotrices possèdent une alternance d'anneaux rouges et hyalins. Le nom d'espèce vient du latin *serratus* (denté) et de *rostris* (rostre), en raison du nombre important de dents sur la face dorsale du rostre. Taille : 10 à 20 mm.

Biologie

Cette espèce vit dans les eaux saumâtres des estuaires et dans le cours inférieur des rivières. Son régime alimentaire est de type détritivore. Elle se nourrit en effet de détritus et d'algues fixées sur les rochers ou sur les plantes. Ceux-ci sont raclés et ramassés au moyen de deux pinces prolongées par de longues soies. Les œufs sont petits et nombreux.

Distribution

Cette espèce, bien répandue sur les îles de l'océan Indien, fréquente la zone Indo-Pacifique de Madagascar, des Comores, des Seychelles et des Mascareignes, jusqu'en Polynésie française et en Nouvelle-Calédonie. L'espèce a été décrite à partir de spécimens des îles Lesser Sunda en Indonésie.

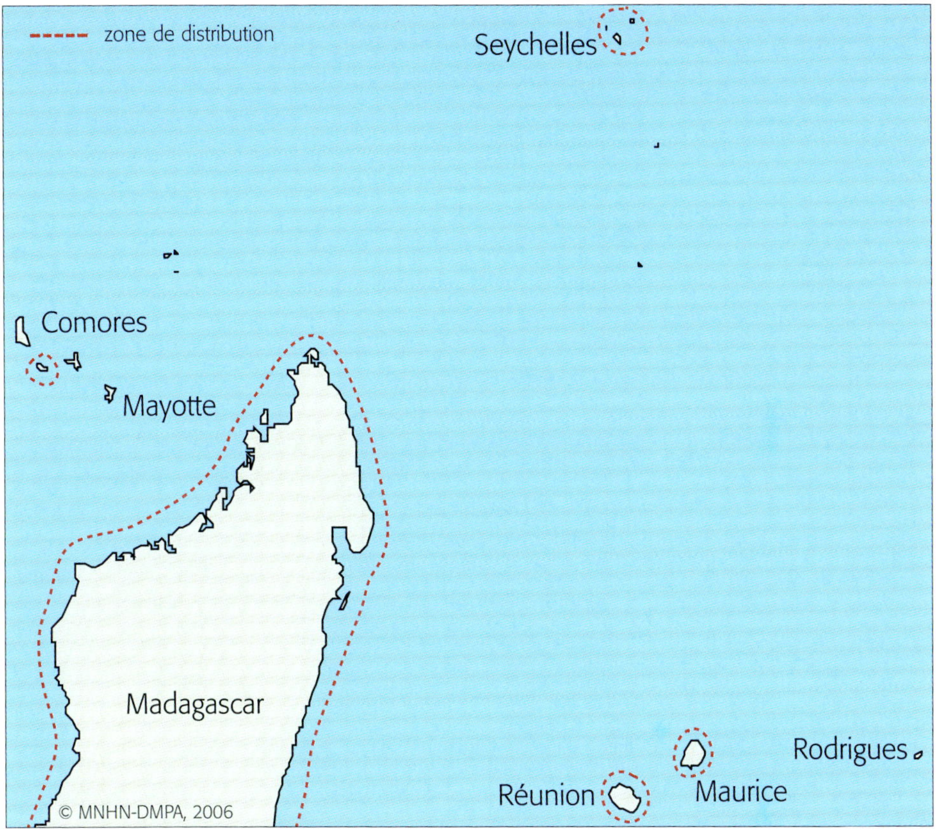
zone de distribution
Seychelles
Comores
Mayotte
Madagascar
© MNHN-DMPA, 2006
Réunion
Maurice
Rodrigues

Caridina similis Bouvier, 1904

Caridine seychelloise (F) ; sevret labek kourt (C)

Famille des Atyidae

Description

Dans un premier temps, cette espèce seychelloise a été déterminée par certains auteurs comme *Caridina brevirostris* Stimpson, 1860, espèce décrite du Japon. Dans un deuxième temps, *C. brevirostris* a été changée de genre et nommée *Neocaridina brevirostris*. Néanmoins, dans le genre *Neocaridina*, l'endopode du premier pléopode du mâle est élargi or l'espèce présente aux Seychelles n'est pas de ce genre, mais bien du genre *Caridina* car l'endopode n'est pas élargi. Après comparaison avec l'ensemble des espèces présentes dans la région, nous avons donc replacé la caridine des Seychelles dans *C. similis*, espèce décrite de cette région par Bouvier en 1904. Le corps est allongé et comprimé latéralement. L'allure générale est celle d'une crevette. Les deux premières pattes P1 et P2 présentent des touffes de soies à l'extrémité de leurs doigts. Ils sont dimorphes. Dans un premier cas, les doigts des pinces des pattes P1 sont plus longs que les paumes, le carpe est deux fois plus long que large. Les doigts des pattes P2 sont beaucoup plus longs que les paumes, le carpe est étroit, de 4,6 à 6 fois plus long que large. Dans un second cas, les pinces des pattes P1 sont ovoïdes avec les paumes plus longues que les doigts ; le carpe est plus large que long avec une profonde échancrure. Les pinces des pattes P2 sont ovoïdes mais notablement moins fortes ; le carpe est assez large, de 2,3 à 6 fois plus long que large. L'épine antennaire est située en dessous de l'angle infraorbitaire. Le bord antérieur du céphalothorax est arrondi et obtus. L'appendice interne sur l'endopode du premier pléopode est absent chez le mâle. Le rostre, comme les péréiopodes, présente lui aussi de grandes variations. Dans certains cas, il peut atteindre ou dépasser légèrement l'extrémité distale des pédoncules antennulaires, avec au maximum 13 dents sur la face dorsale et 7 dents sur la face ventrale. Dans d'autres cas, il peut se réduire à une simple expansion frontale très peu saillante et totalement inerme. Les épines uropodiales sont nombreuses (15 à 20). Le corps est vert pâle à jaune avec de nombreux petits points rouges plus ou moins espacés. La taille est de 10 à 20 mm.

Biologie

Cette espèce vit dans les rivières du cours inférieur au cours supérieur. Son régime alimentaire est de type détritivore. Elle se nourrit en effet de détritus et d'algues fixées sur les rochers ou sur les plantes. Ceux-ci sont raclés et ramassés au moyen de deux pinces prolongées par de longues soies. Les œufs sont gros et mesurent près de 1 mm de longueur.

Distribution

Cette espèce, très commune, est endémique aux Seychelles et fréquente les îles de Mahé, Praslin et Silhouette.

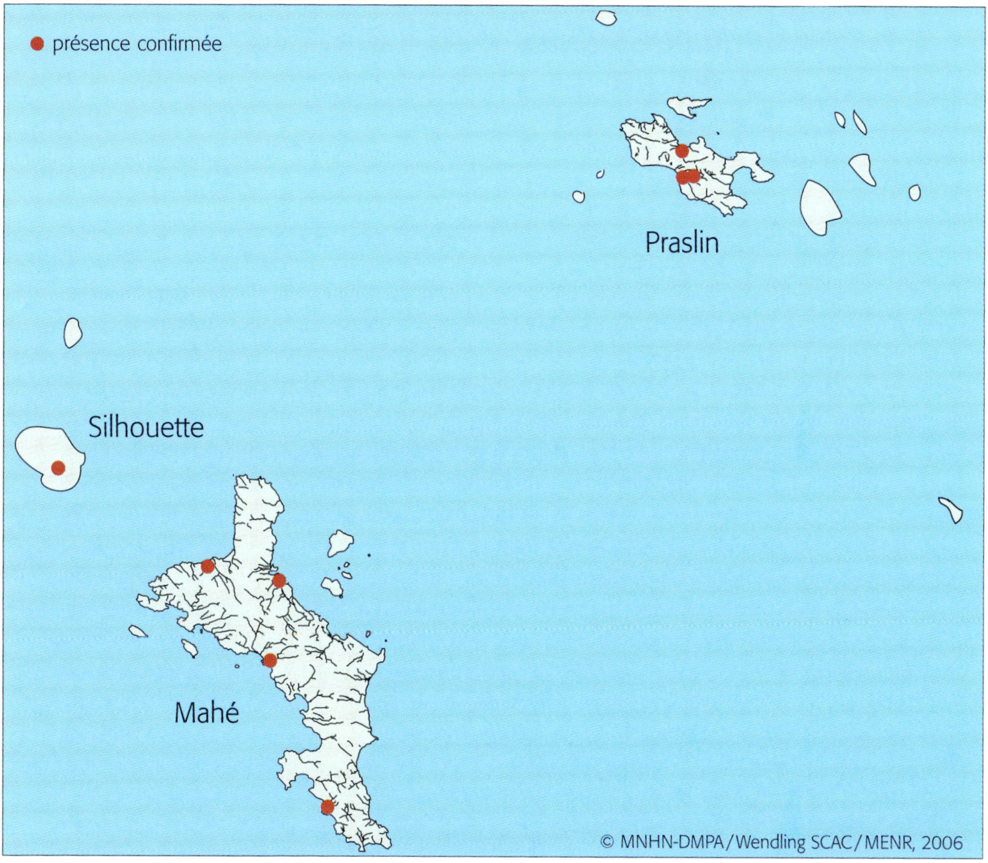

© Yannick Zitte - ARDA

Caridina spathulirostris Richters, 1880

Caridine spatulée (F) ; petite chevrette (C)

Famille des Atyidae

Description

Le corps est allongé et comprimé latéralement. L'allure générale est celle d'une crevette. Les deux premières pattes P1 et P2 présentent des touffes de soies à l'extrémité de leurs doigts. Les pinces des deux premières pattes sont à peu près de même longueur que le carpe. Celui-ci est nettement échancré vers l'avant dans les pattes P1 et est deux fois plus long que large. Dans les pattes P2, il est au plus quatre fois aussi long que large. Les doigts des mêmes pinces sont à peu près aussi longs que les paumes dans les pattes P1, un peu plus longs dans les pattes P2. L'angle orbitaire inférieur est distinct de l'épine infraorbitaire qui est forte mais émoussée. Le bord antérieur du céphalothorax est obtus et arrondi. Le rostre, horizontal, est court (il n'atteint pas le troisième article du pédoncule antennulaire) et spatuliforme. Il porte 11 à 30 dents sur sa face dorsale dont 1 à 3 sont postorbitaires. Sa face ventrale porte trois à neuf denticules. L'extrémité du telson est arrondie et porte le plus souvent quatre paires de soies. Les plus internes sont les plus longues. Les épines uropodiales sont peu nombreuses (9 à 15). L'appendice interne sur l'endopode du premier pléopode est parfois présent chez le mâle. La coloration du corps est bleutée et marbrée de blanc. La taille peut atteindre et dépasser légèrement 30 mm pour les femelles.

Biologie

Cette espèce vit dans les rivières du cours inférieur au cours supérieur. Son régime alimentaire est de type détritivore. Elle se nourrit en effet de détritus et d'algues fixées sur les rochers ou sur les plantes. Ceux-ci sont raclés et ramassés au moyen de deux pinces prolongées par de longues soies. Les œufs, moyennement gros, mesurent moins de 1 mm de longueur.

Distribution

Cette espèce, peu commune, est endémique de l'île Maurice.

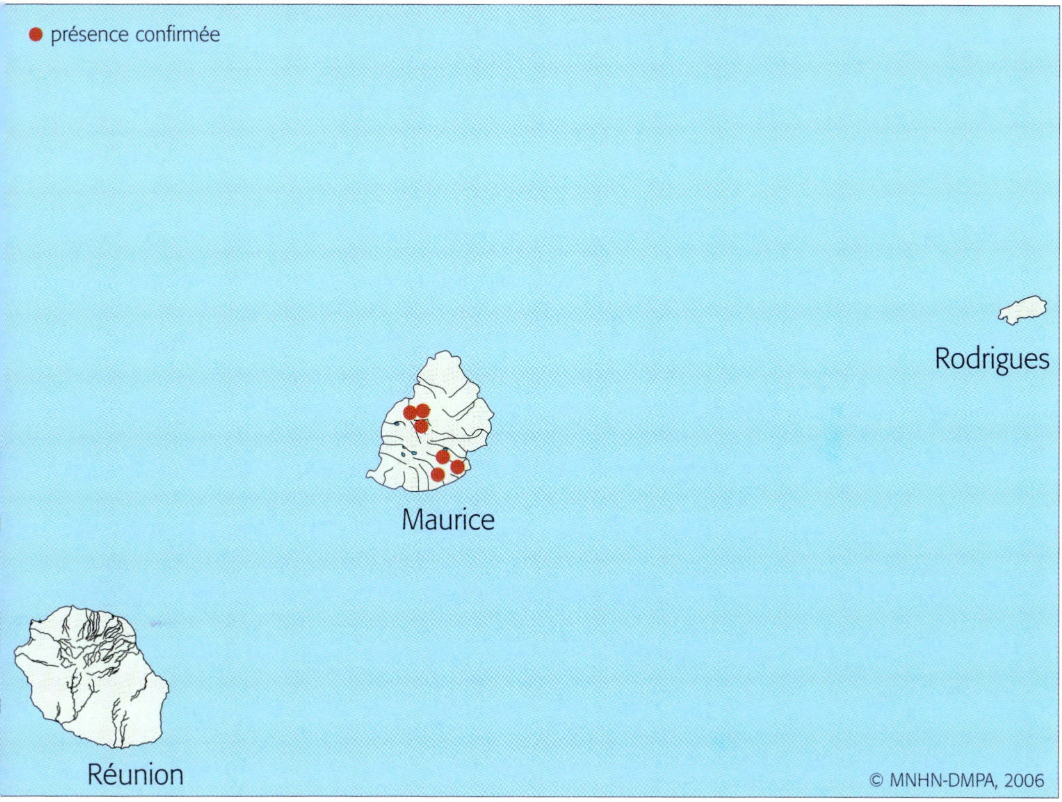

© Claude Ferrara - spécimen conservé

Caridina typus H. Milne-Edwards, 1837

Caridine type (F) ; chevaquine (C)

Famille des Atyidae

Description

Le corps est allongé et comprimé latéralement. L'allure générale est celle d'une crevette. Les deux premières pattes P1 et P2 présentent des touffes de soies à l'extrémité de leurs doigts. Le carpe des pattes P1 est 1,5 fois plus long que large, celui des pattes P2 est 5 fois plus long que large. L'épine antennaire est fusionnée avec l'angle infraorbitaire. Le bord antérieur du céphalothorax est court et presque rectangulaire. L'appendice interne sur l'endopode du premier pléopode est présent chez le mâle. Le rostre est court et ne dépasse pas le second segment du pédoncule antennulaire. Il ne porte aucune dent sur sa face dorsale et une à trois sur sa face ventrale. Les épines uropodiales sont nombreuses (20 à 23). Les soies intermédiaires sur le bord postérieur du telson sont plus longues que les externes. La coloration du corps est variable, rose-orange à noire avec parfois une large bande brunâtre sur le dos. L'espèce peut atteindre 40 à 45 mm.

Biologie

Cette espèce fréquente le cours inférieur et moyen des rivières. On la trouve aussi bien dans les zones de faible courant (inférieur à 30 cm/s) riches en débris végétaux, que dans les eaux rapides (0,25 à 2 m/s). Son régime alimentaire est de type détritivore. Elle se nourrit de détritus et d'algues fixées sur les rochers, qui sont raclés et ramassés grâce à ses deux pinces terminées par de longues soies. Les œufs sont petits et très nombreux.

Distribution

Cette espèce, largement répandue sur les îles de l'océan Indien, fréquente la zone Indo-Pacifique de Madagascar jusqu'à Fidji en passant par le Japon et la Nouvelle-Calédonie. Elle était signalée aussi à Rodrigues par Miers (1879), mais n'y existe plus en raison de la disparition des rivières suite aux sécheresses des années 1970.

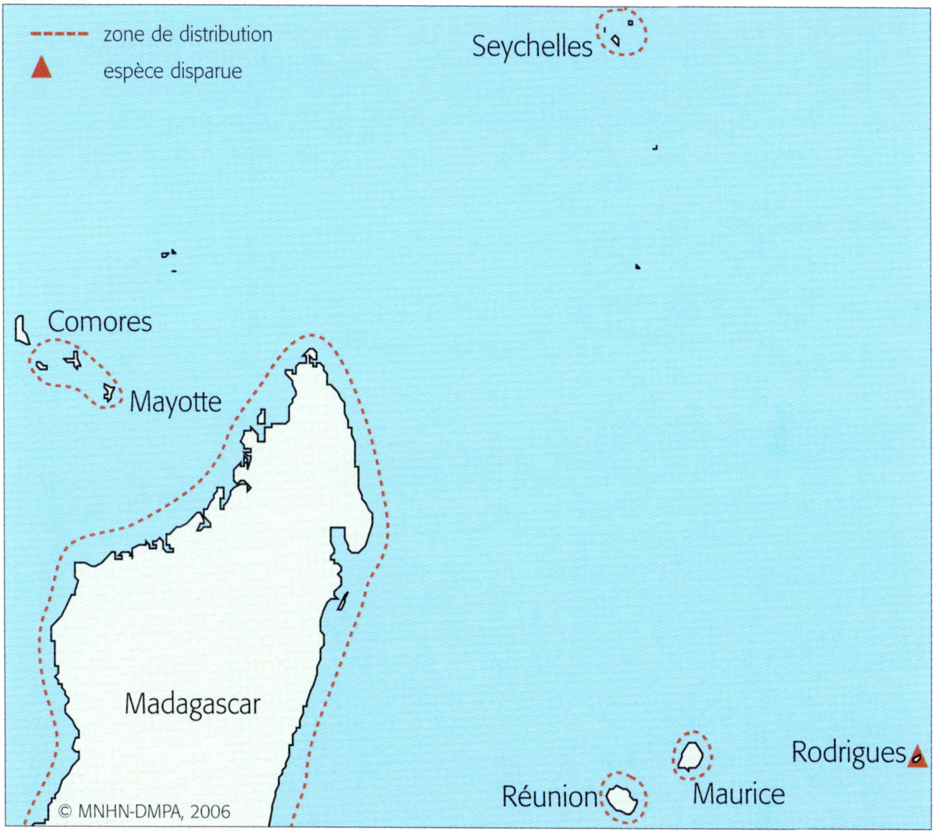

© Érick Vigneux

Famille des Palaemonidae :
Les espèces de cette famille possèdent une petite pince sur la première patte (P1), tandis que la seconde, plus longue, possède une pince plus forte et plus grande. Sur le céphalothorax, des épines hépatiques ou branchiostèges sont présentes. À l'état adulte, certaines espèces peuvent dépasser 15 à 20 cm de longueur totale (sans les pinces). Deux genres incluant huit espèces sont présents dans les petites îles de l'océan Indien.

Palaemon concinnus Dana, 1852

Crevette charmante (F)

Description

La forme générale du corps est celle d'une crevette. Le rostre, denté, est légèrement incurvé vers le haut. Sa face dorsale comporte de cinq à huit dents et sa face ventrale de trois à sept dents. La première dent de la rangée dorsale se trouve derrière la limite de l'orbite oculaire. Les dents placées ventralement sont dans les deux tiers antérieurs du rostre. L'extrémité de la face dorsale du rostre est lisse à l'exception d'une petite dent subapicale. Le céphalothorax est pourvu, de chaque côté, d'une épine branchiostège forte, située sur sa marge antérieure. Les deuxième et troisième segments antennulaires sont plus courts que le premier. Le flagelle antennulaire supérieur a ses deux ramifications fusionnées sur 6 à 10 articles et la partie libre du rameau le plus court est composé de 21 à 30 articles. Les doigts des premières pattes (P1) sont minces et d'une longueur égale ou supérieure à celle de la paume. Le carpe est long d'environ 2,5 à 3 fois la longueur de la pince. Les secondes pattes (P2) sont minces et élancées, mais plus fortes que la première paire. Le telson est allongé et triangulaire. La couleur du corps est translucide avec une bande longitudinale noire sur le céphalothorax et des points noirs sur le dernier segment abdominal. Taille : 60 à 65 mm.

Biologie

Cette crevette fréquente les eaux saumâtres des estuaires ou des eaux stagnantes ainsi que la partie basse du cours inférieur des rivières. Son régime alimentaire est de type opportuniste : elle se nourrit notamment de détritus organiques, de cadavres et de débris végétaux.

Distribution

Palaemon concinnus fréquente toute la zone Indo-Pacifique depuis la côte est de l'Afrique, jusqu'à la Nouvelle-Calédonie et la Polynésie française.

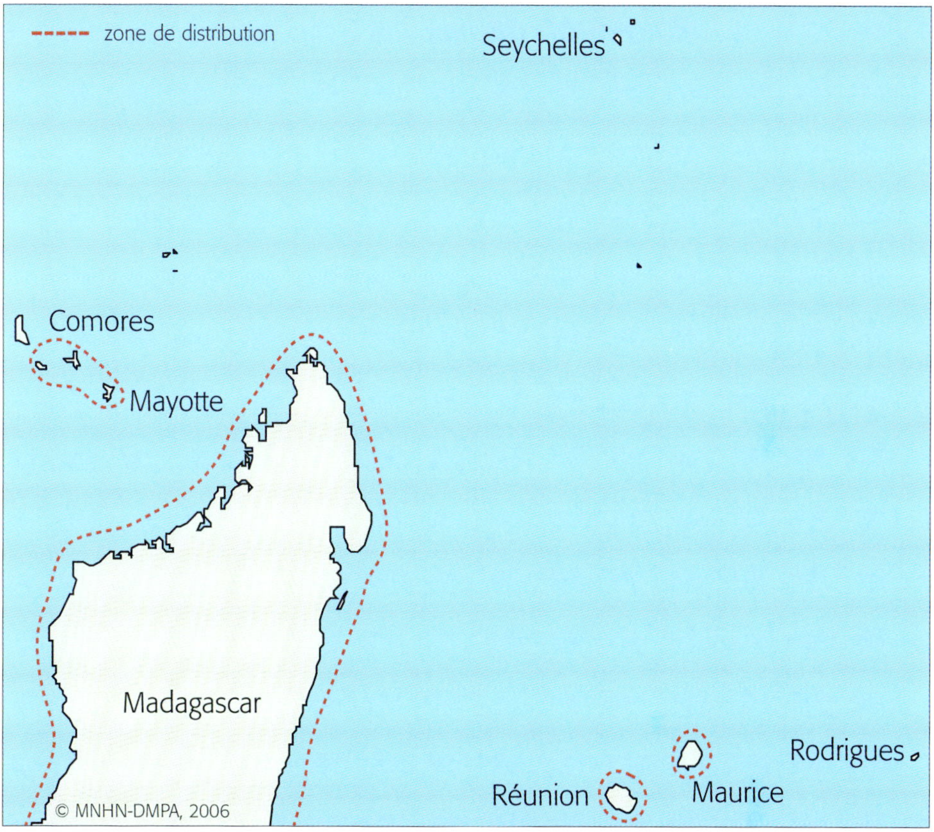

© Érick Vigneux

Palaemon debilis Dana, 1852

Crevette faible, crevette de mangrove (F)

Famille des Palaemonidae

Description

La forme générale est celle d'une petite crevette. L'espèce est caractérisée par un rostre très long et fortement incurvé vers le haut. Au niveau dorsal, les dents du rostre sont séparées par de grands espaces, sauf pour les seconde et troisième dents postérieures qui sont proches l'une de l'autre. L'extrémité de la face dorsale du rostre est lisse, à l'exception d'une petite dent subapicale. Sur la face inférieure, les dents ont une double rangée de soies. Le bord supérieur du rostre porte, dans sa moitié postérieure, de deux à huit dents, généralement cinq. La première est placée derrière la limite de l'orbite oculaire et la seconde légèrement en avant. Le bord inférieur porte de 3 à 10 dents, généralement 6, réparties sur les trois quarts antérieurs. Le flagelle antennulaire supérieur a ses deux ramifications fusionnées sur 7 à 14 articles et la partie libre du rameau le plus court est d'une taille équivalente à celle de la partie soudée. Le céphalothorax est pourvu d'une épine branchiostège plus courte que l'épine antennaire. La première paire de pattes atteint, et peut même dépasser, l'extrémité du scaphocérite. Les doigts égalent ou excèdent la longueur de la paume. Le carpe est élancé, d'une longueur comprise entre le simple et le double de celle de la pince. Le mérus est bien plus court que le carpe. La deuxième paire de pattes est plus grande et les pinces dépassent le scaphocérite. Les doigts ne sont pas armés et se ferment sur toute leur longueur ; ils mesurent les deux tiers de la paume. Le telson a deux paires d'épines dorsales placées respectivement au milieu et aux trois quarts de la longueur. *Palaemon debilis* est totalement transparente avec une bordure rouge sur la face ventrale du rostre. L'espèce peut mesurer jusqu'à 25 mm de long.

Biologie

Cette espèce est rencontrée principalement le long des côtes, en eau saumâtre dans les estuaires, les mangroves, et parfois dans la partie basse du cours inférieur des rivières (mais moins haut que *P. concinnus*). Son régime alimentaire est de type opportuniste : elle se nourrit notamment de détritus organiques, de débris végétaux et de cadavres.

Distribution

L'espèce a une répartition Indo-Pacifique, elle est présente de la mer Rouge et des îles de l'océan Indien jusqu'aux îles Hawaï et à la Polynésie française (îles Australes, Tuamotu, Gambier) en passant par la Nouvelle-Calédonie. Elle était signalée aussi à Rodrigues par Miers (1879).

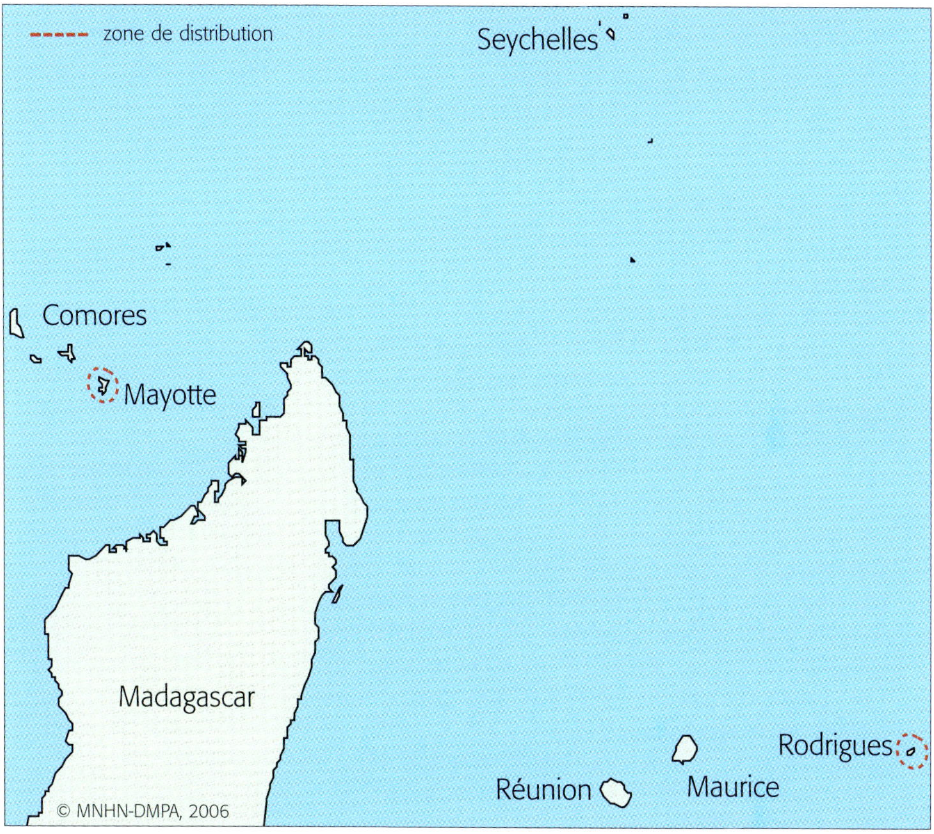

© Érick Vigneux

Macrobrachium australe (Guérin-Méneville, 1838)

Chevrette australe (F) ; chevrette, grand bras, chevrette de songe (C) ; koua river prawn (E)

Famille des Palaemonidae

Description

Le corps est allongé et comprimé latéralement. L'allure générale est celle d'une crevette. Les deux premières pattes P1 et P2 ne présentent pas de touffes de soies à l'extrémité de leurs doigts. Chaque côté du céphalothorax est pourvu d'une épine hépatique forte, située à proximité de l'épine antennaire ; il n'y a pas d'épine branchiostège. L'espèce se caractérise par un rostre long dont l'extrémité est dirigée vers le haut. Celui-ci dépasse largement l'extrémité du pédoncule antennulaire. La face dorsale du rostre possède de 9 à 13 dents, dont 2 ou 3 derrière l'orbite oculaire. La partie ventrale du rostre possède de deux à huit dents, le plus souvent quatre. Les pinces, longues et effilées, sont nettement inégales chez le mâle adulte. Les doigts sont denticulés des deux côtés sur toute leur longueur. Le carpe, plus long que le mérus, est aussi long que la pince. La femelle, moins grande, a ses deux pinces de la même longueur et plus courtes que celles des mâles. Les doigts sont minces. Le corps, gris-brun, est plutôt transparent avec, sur les côtés du céphalothorax, trois rayures rougeâtres et sur tout le corps, des points rougeâtres à noirs. Les rayures sur le céphalothorax, bien visibles chez les jeunes spécimens et les femelles, sont parfois estompées chez les mâles adultes. Taille : 60 à 70 mm pour la femelle et 80 à 90 mm pour le mâle.

Biologie

L'espèce vit dans le cours inférieur des rivières. Elle se réfugie dans les cavités rocheuses ou dans les vasques. Son habitat varie tout au long du cycle biologique. On la trouve aussi en zone d'estuaire sous les berges et dans les herbiers. C'est une espèce amphidrome. La reproduction s'effectue en eau douce ou saumâtre. La période d'incubation est d'environ 18 jours. Comme pour les autres *Macrobrachium*, les larves sont phototropes et planctoniques. Elles ne survivent pas plus de quatre à cinq jours dans l'eau douce et migrent rapidement en eau saumâtre ou marine. Les juvéniles mesurant de 25 à 30 mm effectuent ensuite une migration de la mer vers l'intérieur des terres. Ils se nourrissent de petits vers, de petits crustacés, d'algues et de détritus organiques. Plutôt active la nuit, cette espèce passe la journée à l'abri sous les pierres.

Distribution

Cette espèce a une très large distribution dans les océans Indien et Pacifique. Elle se rencontre de Madagascar, des Comores, de Maurice et la Réunion, jusqu'à Taiwan, les Philippines, l'Indonésie, la Nouvelle-Calédonie et la Polynésie française. Elle était signalée aussi à Rodrigues par Miers (1879), mais n'y existe plus en raison de la disparition des rivières suite aux sécheresses des années 1970.

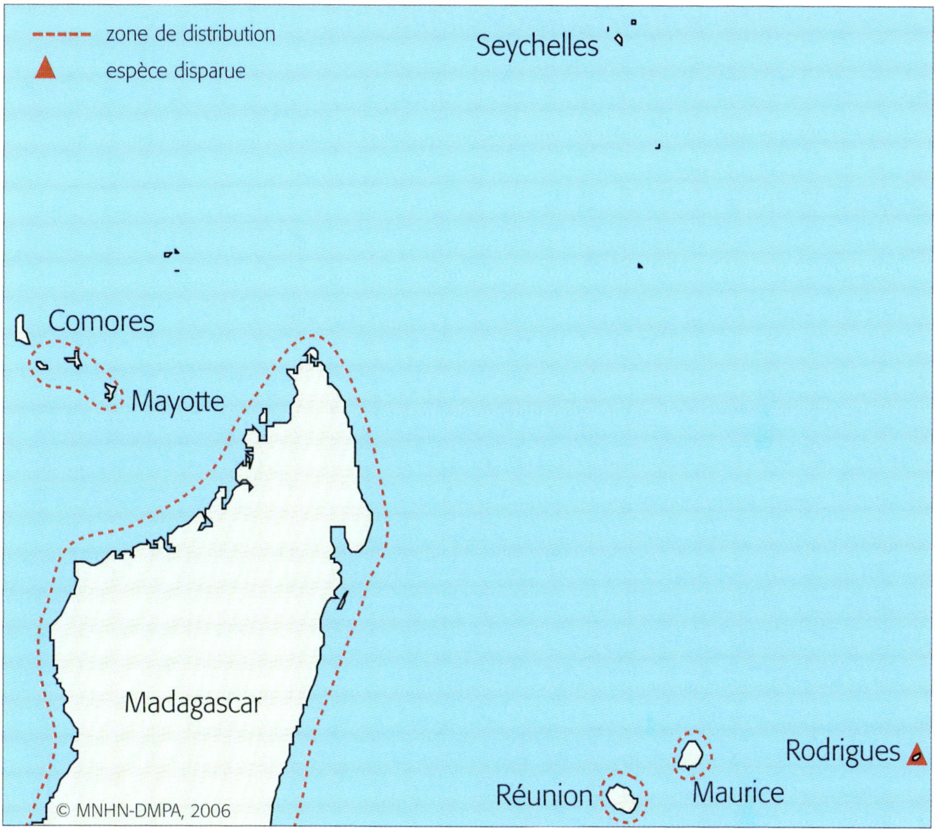

© Érick Vigneux

Macrobrachium equidens (Dana, 1852)

Crevette à pinces bleues (F) ; kanmaron pitakle (C) ; rough river prawn (E)

Famille des Palaemonidae

Description

Le corps est allongé et comprimé latéralement. L'allure générale est celle d'une crevette. Les deux premières pattes P1 et P2 ne présentent pas de touffes de soies à l'extrémité de leurs doigts. Chaque côté du céphalothorax est pourvu d'une épine hépatique forte, située à proximité de l'épine antennaire ; il n'y a pas d'épine branchiostège. L'espèce possède un rostre dirigé vers le haut. Il dépasse l'extrémité de l'écaille antennaire. Il porte de 9 à 13 dents sur sa face dorsale, dont 2 à 4 en arrière de l'orbite oculaire et 4 à 7 dents sur sa face ventrale, le plus souvent 5. Chez le mâle adulte, les chélipèdes sont de forme et de taille identiques. Le carpe, plus long que le mérus, est moins long que la pince. Le doigt est moins long que la palme. Il est recouvert d'un feutrage important de poils. Le corps est jaune-verdâtre et parfois marron clair. Des marbrures brunes et jaunâtres sont visibles sur les chélipèdes. L'espèce peut atteindre 90 mm pour les mâles et 70 mm pour les femelles.

Biologie

Macrobrachium equidens vit dans les eaux saumâtres des estuaires à la limite des eaux douces. La reproduction s'effectuerait en eau saumâtre. Le développement larvaire dure 36 à 53 jours pour une température de 26-29 °C, dans une eau dont la salinité est de 35 ‰ et comprend 11 stades larvaires (10 larves de type zoé et 1 larve mégalope). Plutôt active la nuit, cette espèce passe la journée à l'abri de la végétation. Elle a un régime alimentaire de type omnivore, plutôt opportuniste (détritus organiques, algues, petits crustacés).

Distribution

Cette espèce a une large répartition dans la région Indo-Pacifique des côtes est de l'Afrique, des Seychelles et de Mayotte jusqu'à Fidji en passant par les Philippines, les îles Salomon et la Nouvelle-Calédonie.

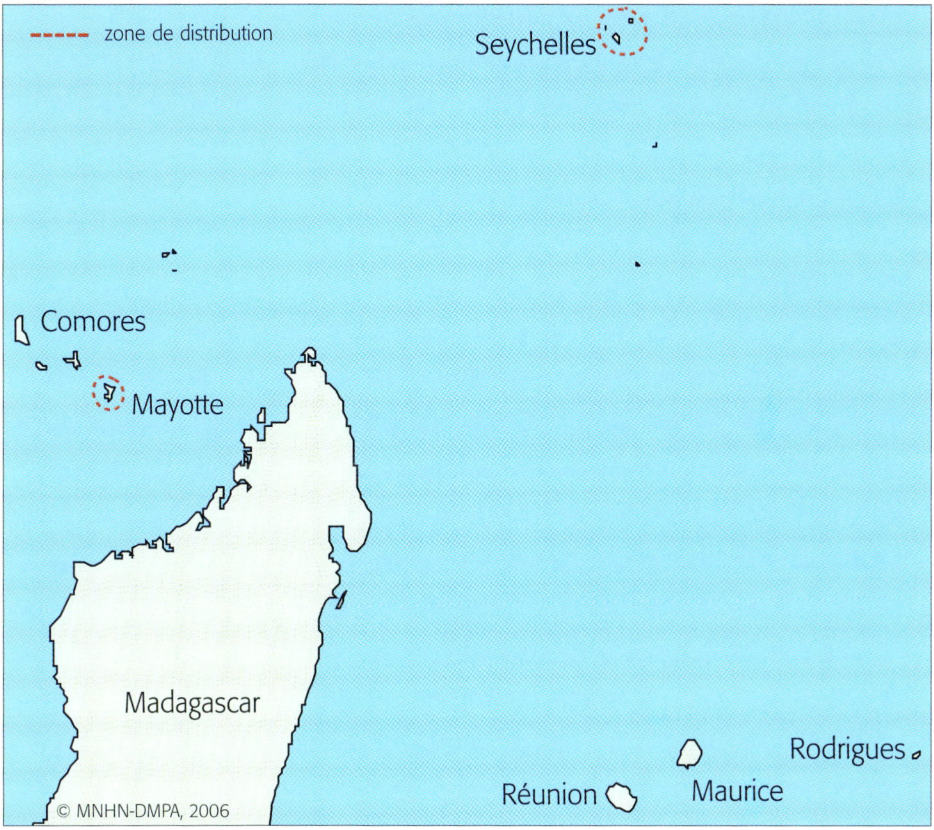

© Philippe Keith

Macrobrachium hirtimanus (Olivier, 1811)

Chevrette des Mascarins (F) ;
chevrette lecroc, chevrette gros crocs, écrevisse, bétangue (C)

Famille des Palaemonidae

Description

Le corps est allongé et comprimé latéralement. L'allure générale est celle d'une crevette. Les deux premières pattes P1 et P2 ne présentent pas de touffes de soies à l'extrémité de leurs doigts. Chaque côté du céphalothorax est pourvu d'une épine hépatique forte, située à proximité de l'épine antennaire ; il n'y a pas d'épine branchiostège. L'espèce se caractérise par un rostre dont l'extrémité est plutôt dirigée vers le bas. Sa face dorsale porte 10 à 13 dents, la première de celles-ci est placée légèrement avant le milieu du céphalothorax. L'extrémité du rostre atteint rarement l'extrémité du second segment du pédoncule antennulaire. Cette espèce est aussi caractérisée par une disparité au niveau de la taille des pinces : l'une est assez grosse rappelant celle d'une écrevisse (d'où son nom) et l'autre plus petite est beaucoup plus mince. Le carpe des deux premieres pattes, moins de deux fois plus long que large, est de même taille ou plus court que le mérus. Chez le mâle adulte la totalité de la surface externe du carpe et de la paume est couverte par de fortes épines. Des tubercules squamiformes sont présents sur les doigts et sur la surface interne de la pince. Les doigts portent une double rangée de trois à quatre dents et s'entrecroisent. L'espèce est de couleur brun-orangé. La taille moyenne est comprise entre 8 et 10 cm.

Biologie

L'espèce semble avoir disparu dans les années 1980. On la trouvait dans les eaux fortement remuées et oxygénées ainsi que près des embouchures. Son habitat aurait varié selon son cycle biologique et l'espèce aurait été plutôt nocturne. La reproduction s'effectuait en eau douce et dans les estuaires. Il semblerait qu'après l'éclosion, les larves allaient vivre en mer. Les juvéniles effectuaient ensuite une migration vers les eaux douces où ils se sédentarisaient. L'espèce se nourrissait de vers, de crustacés, d'algues et de divers détritus organiques.

Distribution

Macrobrachium hirtimanus était présente uniquement à l'île de la Réunion, à l'île Maurice et peut être à Rodrigues. Elle était donc endémique de la région. Elle semble aujourd'hui avoir disparu de l'archipel des Mascareignes parallèlement à l'apparition de *M. lepidactylus*, sans que l'on en connaisse les raisons.

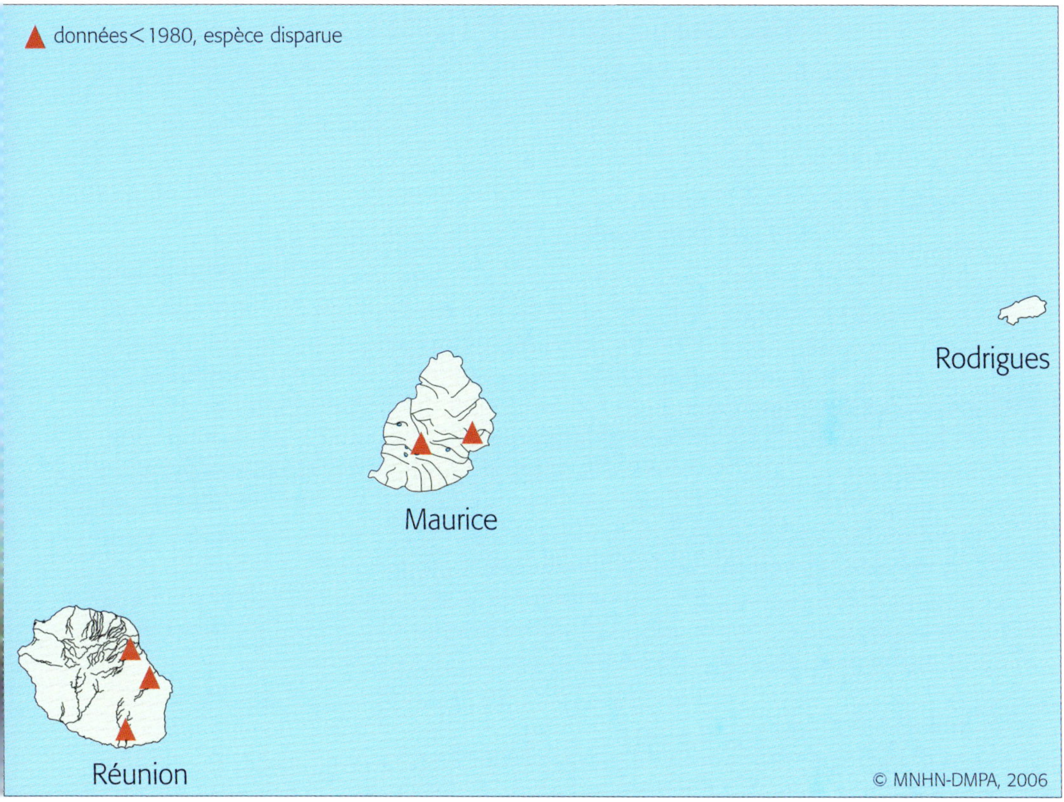

© Philippe Keith - spécimen conservé

Macrobrachium idae (Heller, 1862)

Chevrette d'Ida (F) ; kanmaron zonn (C) ; Ida's river prawn (E)

Famille des Palaemonidae

Description

Le corps est allongé et comprimé latéralement. L'allure générale est celle d'une crevette. Les deux premières pattes P1 et P2 ne présentent pas de touffes de soies à l'extrémité de leurs doigts. L'épine antennaire est plutôt forte. En arrière, mais au même niveau qu'elle, se trouve l'épine hépatique ; il n'y a pas d'épine branchiostège. L'espèce possède un rostre atteignant l'extrémité de l'écaille antennaire. Il porte de 8 à 11 dents sur sa face dorsale, dont 2 à 3 en arrière de l'orbite oculaire, et 3 ou 4 dents sur sa face ventrale. Chez le mâle adulte, les pattes de la deuxième paire sont de longueur inégale et de forme semblable. Les doigts sont pubescents surtout au niveau des bords internes ; ils ont environ la moitié de la longueur de la paume. Les pinces sont plus courtes que le carpe et le carpe est plus de deux fois plus long que le mérus. Chez les femelles et les jeunes mâles, les pinces sont aussi longues que le carpe. La paume est enflée. Le corps est jaune-orange à marron avec trois bandes rougeâtres au niveau du céphalothorax. L'espèce peut atteindre 11 cm pour les mâles et 9 cm pour les femelles.

Biologie

Macrobrachium idae est une espèce qui colonise les estuaires et le cours inférieur des rivières. Elle a un régime alimentaire de type omnivore, plutôt opportuniste (détritus organiques, algues, petits crustacés). Les œufs sont petits et nombreux (500 à 3 000). Le développement larvaire comprend 12 stades planctoniques.

Distribution

Cette espèce, très commune aux Seychelles, a une répartition Indo-Pacifique de Madagascar jusqu'en Australie en passant par l'Indonésie et les Philippines.

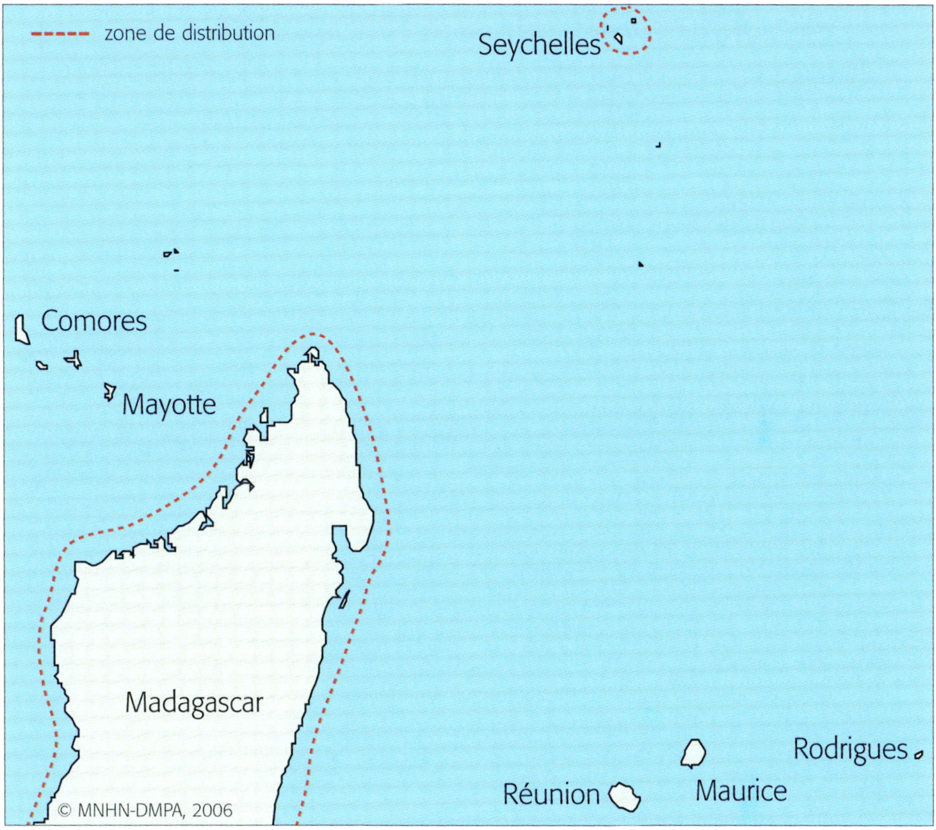

© Philippe Keith

Macrobrachium lar (Fabricius, 1798)

Bouquet singe (F) ; chevrette, kamaron, kanmaron gran lebra (C) ; monkey river prawn (E)

Famille des Palaemonidae

Description

Le corps est allongé et comprimé latéralement. L'allure générale est celle d'une crevette. Les deux premières pattes P1 et P2 ne présentent pas de touffes de soies à l'extrémité de leurs doigts. Chaque côté du céphalothorax est pourvu d'une épine hépatique forte, située à proximité de l'épine antennaire ; il n'y a pas d'épine branchiostège. Cette chevrette a un rostre fusiforme légèrement concave dans sa partie dorsale, atteignant ou dépassant le pédoncule antennulaire. Sa face dorsale est munie de 7 à 10 dents (dont 2 ou 3 dents en arrière de l'orbite oculaire). La face ventrale du rostre porte le plus souvent trois dents. Chez le mâle adulte, les chélipèdes sont de forme et de taille à peu près identiques. La seconde paire de pattes est mince et élancée, ses doigts sont aussi longs que sa paume. Le carpe est en général un peu moins long que le mérus. La couleur du corps est uniforme mais très variable allant du marron au gris et au rougeâtre. Les femelles ovigères ont souvent une teinte bleu sombre. Cette chevrette est le plus grand crustacé d'eau douce existant dans les îles étudiées dans cet ouvrage. Le mâle est plus grand et plus élancé que la femelle qui est plus trapue. Le corps peut parfois dépasser 20 cm (30-35 cm avec les pinces), mais en général le mâle ne dépasse pas 16 cm et la femelle 13,5 cm.

Biologie

Macrobrachium lar vit dans les rivières du cours inférieur jusqu'au bas du cours supérieur. Il colonise les cavités rocheuses dans les cours d'eau oxygénés, les vasques recevant des cascades, les herbiers, mais aussi les embouchures. C'est une espèce amphidrome. La reproduction s'effectue en eau douce ou saumâtre. La copulation intervient à l'issue d'une parade nuptiale. Les œufs sont relativement petits et plus de 40 000 peuvent être portés par une même femelle. La période d'incubation est d'environ 20 jours. Le développement larvaire dure 89 jours à une température de 23-26 °C dans une eau dont la salinité est de 35 ‰ et comprend 10 stades larvaires de type zoé. À l'éclosion, les larves sont entraînées vers la mer. Les juvéniles effectuent une migration vers les eaux douces lorsqu'ils atteignent une taille de 30 à 35 mm. Ils remontent alors le courant et franchissent les chutes en rampant sur les substrats humides. L'alimentation de cette espèce est variée et plutôt de type omnivore.

Distribution

Macrobrachium lar possède une très large répartition dans la zone Indo-Pacifique des côtes est-africaines, aux Seychelles, à Madagascar, aux Comores, à l'île Maurice, à la Réunion et jusqu'en Polynésie française et en Nouvelle-Calédonie, en passant par les Philippines, l'Indonésie et Fidji. Elle était signalée aussi à Rodrigues par Miers (1879), mais n'y existe plus en raison de la disparition des rivières suite aux sécheresses des années 1970.

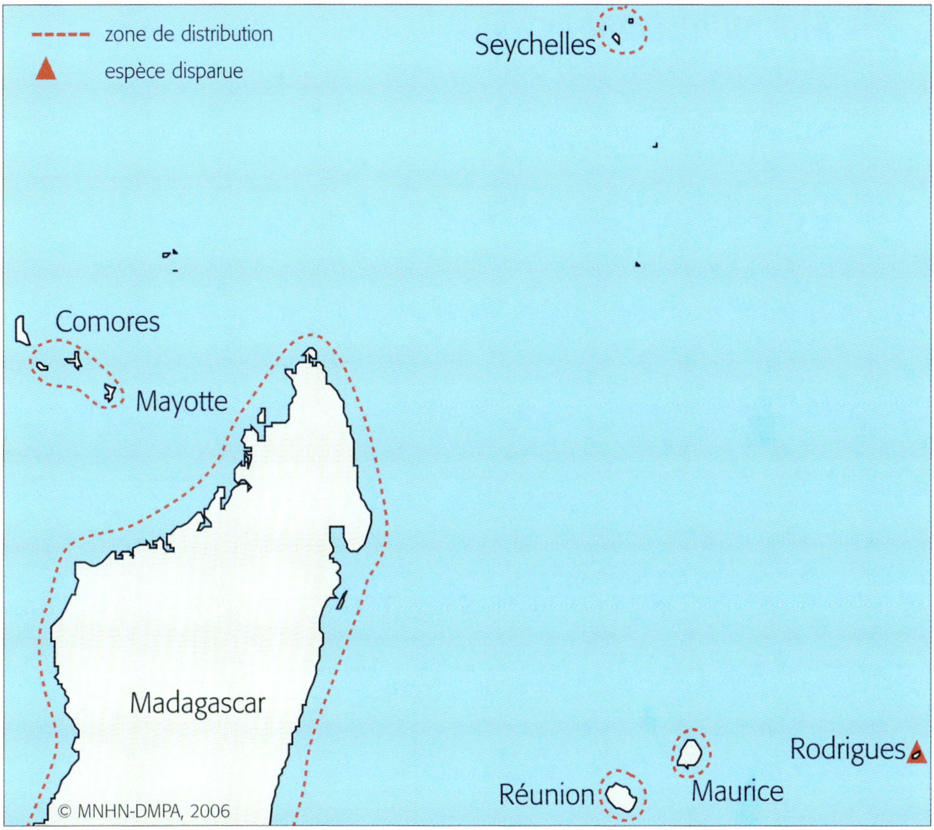

© Érick Vigneux

Macrobrachium lepidactylus (Hilgendorf, 1879)

Écrevisse, bétangue (C) ; Madagascar scale prawn (E)

Famille des Palaemonidae

Description

Le corps est allongé et comprimé latéralement. L'allure générale est celle d'une crevette. Les deux premières pattes P1 et P2 ne présentent pas de touffes de soies à l'extrémité de leurs doigts. Chaque côté du céphalothorax est pourvu d'une épine hépatique forte, située à proximité de l'épine antennaire ; il n'y a pas d'épine branchiostège. Le rostre de cette espèce est légèrement orienté vers le bas. L'extrémité de celui-ci atteint en général l'extrémité du pédoncule antennulaire. Sa face dorsale est munie de 11 à 14 dents dont 3 à 5 dents en arrière de l'orbite oculaire. La première de celles-ci est placée dans le tiers antérieur du céphalothorax. La face ventrale du rostre porte deux à quatre dents. Cette espèce est aussi caractérisée par une disparité au niveau de la taille des pinces : l'une est assez grosse rappelant celle d'une écrevisse (d'où son nom) et l'autre, plus petite, est beaucoup plus mince. Le carpe des deux premières pattes est de même taille ou plus court que le mérus. La paire de pinces la plus grande chez le mâle adulte est presque lisse ou finement granuleuse mais ne possède pas d'épines. L'espèce est de couleur brun-orangé, avec une ligne bleutée le long de l'abdomen et sur le céphalothorax. Les pinces sont brun-noir avec une bande orangée au niveau des articulations. La taille moyenne est comprise entre 8 et 10 cm.

Biologie

Cette espèce fréquente le cours inférieur et moyen des rivières. La reproduction s'effectuerait en eau douce et dans les estuaires. Après l'éclosion, les larves vivent en mer. Les juvéniles migrent ensuite vers les eaux douces où ils se sédentarisent. L'espèce se nourrit de vers, de crustacés, d'algues et de divers détritus organiques. Elle semble être active plutôt au crépuscule et la nuit.

Distribution

Cette espèce fréquente les cours d'eau du Kenya, du Mozambique, d'Afrique du Sud, de Madagascar, des Comores, de la Réunion et de l'île Maurice. Elle semble être apparue seulement à la fin du XXe siècle dans les rivières des Mascareignes.

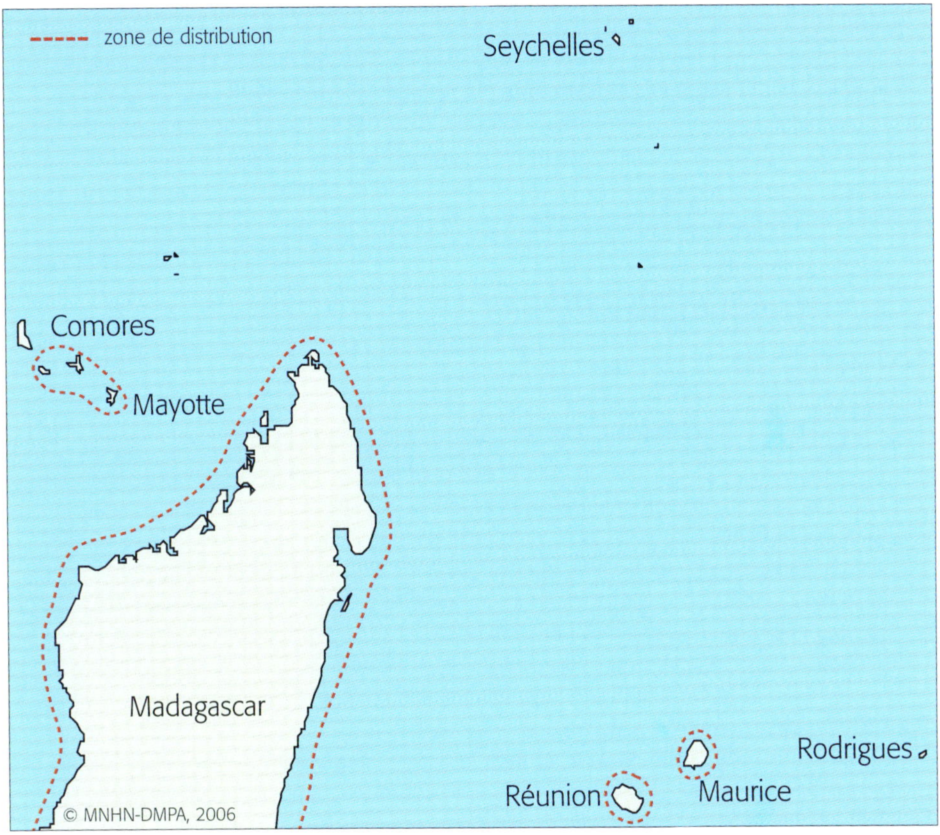

© Érick Vigneux

Famille des Grapsidae :
Les espèces de cette famille possèdent une carapace plus ou moins carrée, à bord frontal large et bords latéraux rectilignes. La dernière paire de pattes n'est pas aplatie pour nager mais elle est adaptée pour grimper et courir sur les rochers. Ce sont des crabes très agiles généralement marins et littoraux. Ils peuvent toutefois se rencontrer dans les estuaires, les lagunes et le cours inférieur voire moyen des rivières. Ils vivent entre les rochers ou parmi les détritus déposés sur le sable ou la vase.

Ptychognathus barbatus (A. Milne-Edwards, 1873)

Crabe barbu (F)

Description

La carapace est plate, grossièrement carrée ou à peine un peu plus large que haute. Le front est large et sinueux. Les lobes postfrontaux médians sont à peine marqués. Les bords antérolatéraux sont lisses et découpés en trois dents bien visibles. La première, à bord externe arrondi, est la plus grande. La seconde est à bord externe droit. La troisième est la plus petite et elle est moins marquée que les deux dents précédentes. Le mâle est plus grand que la femelle. Chez le mâle, les chélipèdes sont de taille et de forme identiques. La moitié proximale des doigts fixes et mobiles porte du côté externe de nombreuses soies formant des touffes noirâtres bien visibles. Les doigts mobiles portent 8 à 10 dents coniques, les doigts fixes 5 à 6 dents plus fortes. L'extrémité et l'intérieur des pinces est blanchâtre. Chez la femelle, les doigts ne portent pas de touffes de poils. Les pattes thoraciques portent des touffes de poils sur les propodes et les dactyles. Les dactyles sont minces et sont à peu près aussi longs ou plus longs que les propodes. Le propode et le dactyle de la cinquième paire de pattes sont légèrement aplatis. Le corps est jaune clair à orange. L'extrémité des pattes est grise à noire. La taille maximale est de 5 à 15 mm de large.

Biologie

L'espèce vit dans les eaux saumâtres proche des embouchures et en eau douce dans le cours inférieur des rivières. Elle un régime alimentaire détritivore. On la trouve en général à l'abri des blocs et des cailloux.

Distribution

Sa répartition est Indo-Pacifique. Elle est connue de l'océan Indien (Madagascar, Anjouan, Mohéli) et de l'océan Pacifique (Indonésie, Japon...). Aux Comores elle est plus rare que *P. pusillus*.

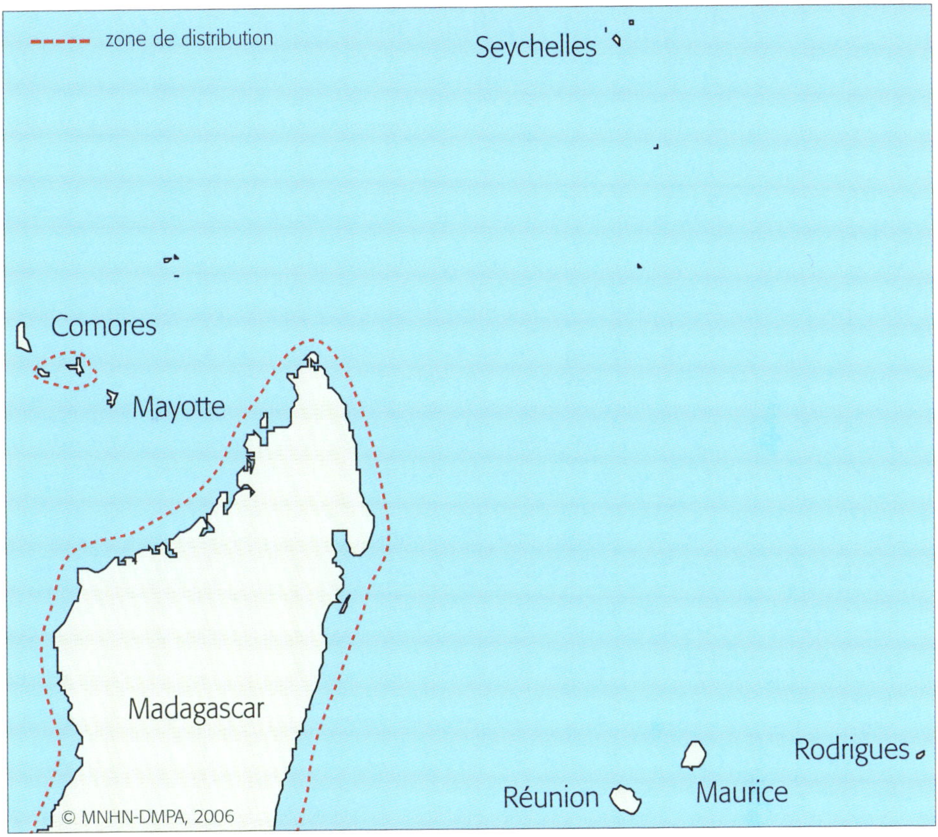

© Philippe Keith

Ptychognathus hachijyoensis Sakaï, 1955

Crabe d'Hachijyo (F)

Famille des Grapsidae

Description

Le corps épais est aplati dorsoventralement. Sa forme générale est celle d'un crabe. La carapace est carrée, à peine un peu plus haute que large, aplatie et glabre. Les bords latéraux divergent vers l'arrière et portent chacun deux dents émoussées et parfois estompées. La bordure frontale antérieure est sinueuse. Les lobes postfrontaux et médians sont absents. Au milieu du céphalothorax, les régions gastrique et cardiaque sont bien délimitées. L'exopodite des troisièmes maxillipèdes est plus large que l'ischion. Les chélipèdes sont de taille et de forme identiques. Les mérus et les carpes ne portent ni épines ni dents bien individualisées. Chez les mâles, la partie proximale des doigts fixes et mobiles des P1 portent, du coté externe, de nombreuses soies formant des touffes. Le doigt mobile porte neuf petites dents émoussées ; le doigt fixe porte quatre dents plus fortes mais émoussées elles aussi. L'extrémité des deux doigts est crochue. Les propodes et les dactyles des pattes P2 à P5 portent une frange de soies. Les dactyles sont minces et à peu près aussi longs ou plus longs que les propodes. Le corps est rouge-brunâtre, parfois jaunâtre dans sa partie antérieure tout comme les chélipèdes. Taille : 7 à 12 mm de large.

Biologie

Ptychognathus hachijyoensis se rencontre dans les estuaires et le cours inférieur des rivières, entre les cailloux, dans les eaux calmes. Il a un régime alimentaire plutôt détritivore.

Distribution

Ce crabe est originaire d'une île du Japon, l'île d'Hachijyo. Présent et introduit depuis au moins 1974 à la Réunion, puisqu'il figure dans la collection Monod, il a été récemment recapturé dans trois rivières de la Réunion par l'Office de l'eau et déterminé par le Muséum d'Histoire naturelle de Saint-Denis-de-la-Réunion.

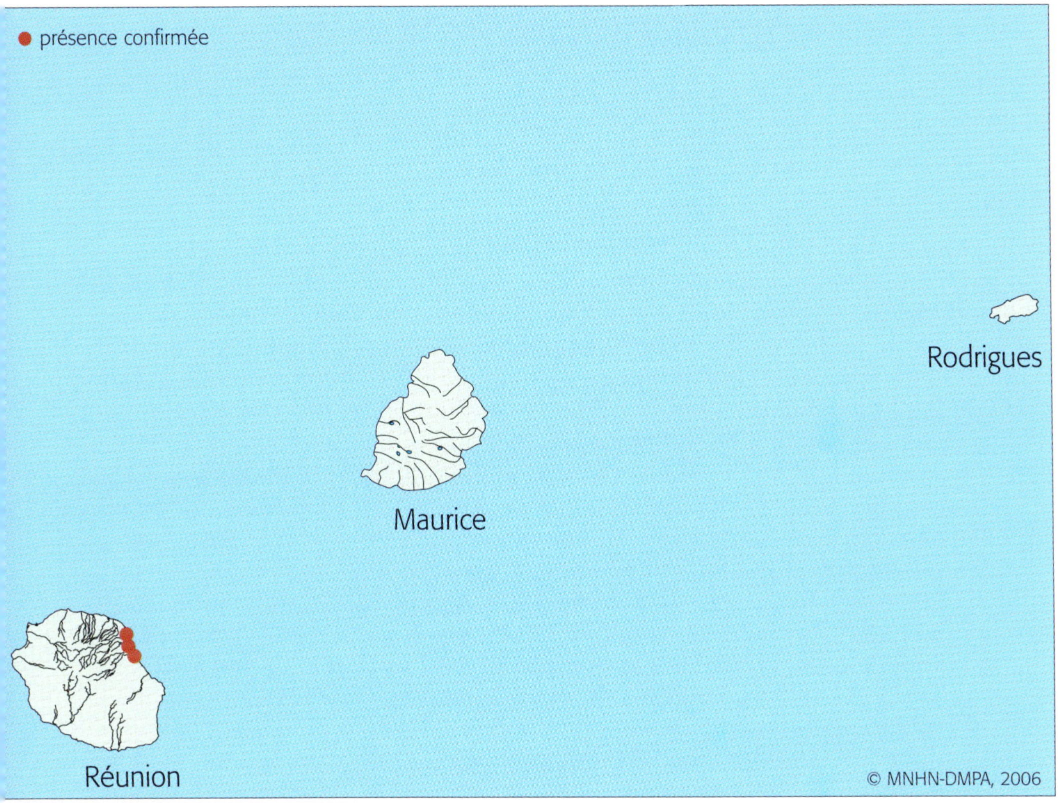
présence confirmée
Rodrigues
Maurice
Réunion
© MNHN-DMPA, 2006

Ptychognathus pusillus Heller, 1865

Petit crabe (F)

Famille des Grapsidae

Description

La carapace de cette espèce est plate, grossièrement carrée, à peine un peu plus large que haute. Le front est large et légèrement sinueux. Les lobes postfrontaux médians sont bien visibles. Les bords antérolatéraux sont granuleux et découpés en trois dents soulignées par des entailles peu marquées. Le mâle est plus grand que la femelle. Chez le mâle, les chélipèdes sont de taille et de forme identiques. La moitié proximale des doigts fixes et mobiles porte du côté externe de nombreuses soies formant des touffes grisâtres à noirâtres bien visibles. Les doigts mobiles portent sept à huit dents coniques, les doigts fixes cinq à six dents plus fortes. Chez la femelle, les doigts ne portent pas de touffes de poils mais leur extrémité cornée présente des soies plus nombreuses et plus longues sur le doigt fixe. Les doigts mobiles portent six à sept dents et les doigts fixes quatre à cinq. Une ligne granuleuse longitudinale est bien visible sur les doigts fixes. Les pattes ambulatoires portent de nombreuses soies noires au niveau de leur articulation avec le céphalothorax. Les dactyles sont minces et à peu près aussi longs ou plus longs que les propodes. La dernière paire de pattes n'est pas aplatie pour nager mais elle est adaptée pour grimper et courir sur les rochers et les cailloux. Le corps est jaunâtre ou verdâtre avec de nombreux points violets à bruns. L'intérieur des pinces est blanchâtre. Certains individus sont verdâtres avec quelques ponctuations blanchâtres. La taille maximale est de 10 à 25 mm de large.

Biologie

L'espèce fréquente les rivières du cours inférieur au cours moyen. Elle vit de préférence dans les zones où il existe du courant, sous les cailloux qui lui procurent des abris. *Ptychognathus pusillus* possède un régime alimentaire détritivore.

Distribution

L'espèce a une répartition Indo-Pacifique. Elle est connue de l'océan Indien aux îles Andaman, à l'île de Christmas et aux Comores (Mohéli et Anjouan). *Ptychognathus pusillus* est aussi connu de l'océan Pacifique (Indonésie et Fidji).

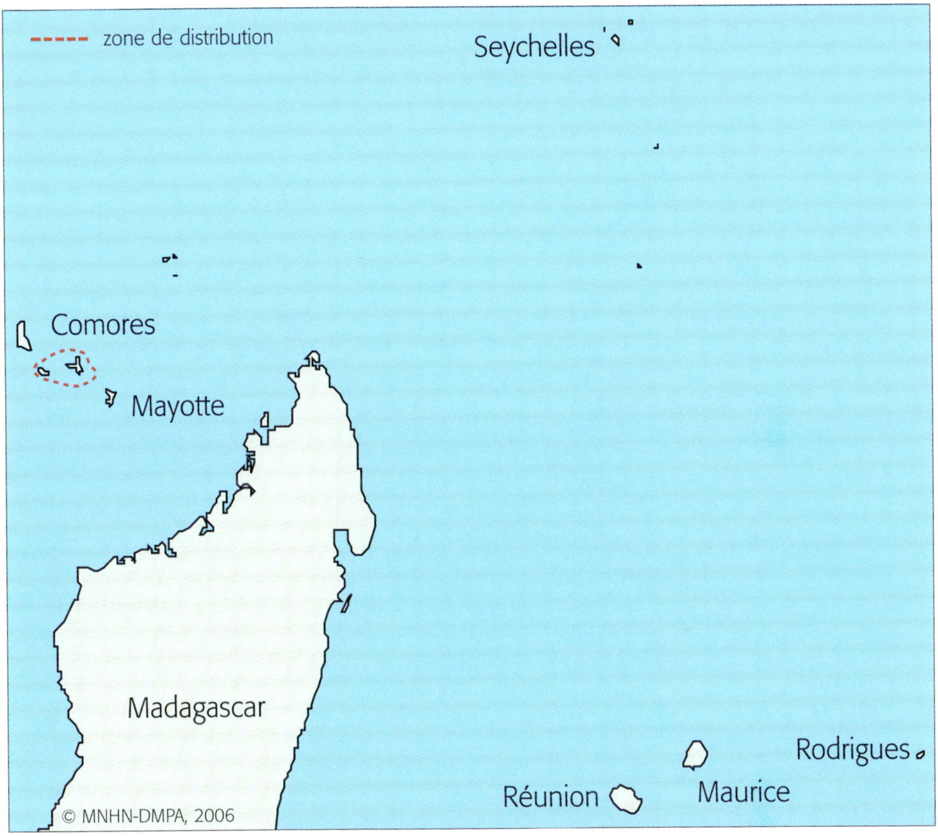

© Philippe Keith

Sesarmops impressum (H. Milne-Edwards, 1837)

Krab larivyer (C)

Famille des Grapsidae

Description

Le corps épais est aplati dorsoventralement. Sa forme générale est celle d'un crabe. La hauteur de la carapace est sensiblement supérieure ou égale à la distance séparant les extrémités des dents orbitaires externes. La carapace est convexe et glabre à l'exception de quelques petites touffes de poils dans sa partie antérieure. Les bords latéraux divergent vers l'arrière et portent chacun deux dents assez aiguës. La bordure frontale antérieure présente une concavité médiane profonde. Les lobes postfrontaux sont en relief et disposés sur une même ligne. Les lobes médians sont deux fois plus larges que les latéraux. Au milieu du céphalothorax, les régions gastrique et cardiaque sont bien délimitées. Les chélipèdes sont de taille et de forme identiques. Ils sont très granuleux mais sans épines ni dents bien individualisées. La paume est couverte entièrement de granules et porte sur le long du bord interne de sa face supérieure une côte granuleuse. Les mérus des pattes locomotrices sont larges tout comme les carpes et les propodes mais dans des proportions moindres. Les dactyles sont minces et à peu près aussi longs que les propodes. Les articles des pattes P2 à P5 ne portent pas de franges de soies. Le corps est rouge-brunâtre, parfois jaunâtre dans sa partie antérieure tout comme les chélipèdes. La taille varie de 20 à 45 mm de large.

Biologie

Sesarmops impressum se rencontre dans les mangroves, dans les estuaires et le cours inférieur des rivières, entre les cailloux. On le trouve souvent à l'interface de la berge et de l'eau.

Distribution

Ce crabe a une répartition Indo-Pacifique, il se rencontre de l'Afrique de l'Est, les Seychelles, les Comores et Madagascar jusqu'aux Samoa en passant par Formose, l'Indonésie et les Philippines.

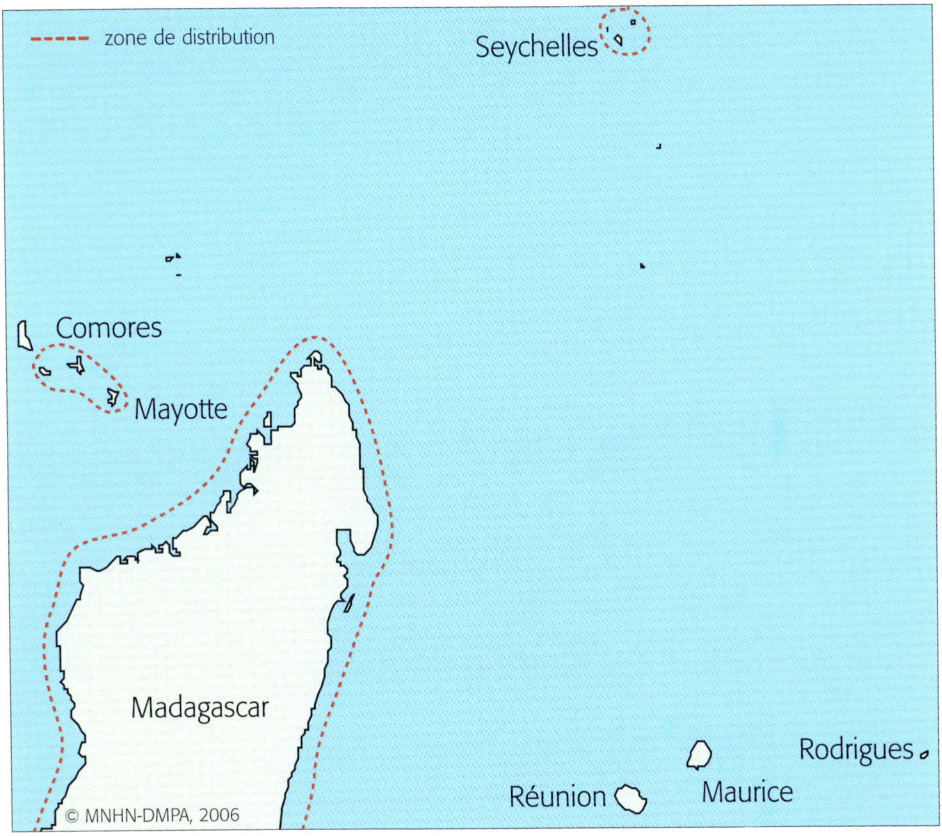
zone de distribution
Seychelles
Comores
Mayotte
Madagascar
Rodrigues
Maurice
Réunion
© MNHN-DMPA, 2006

© Philippe Keith

Varuna litterata (Fabricius, 1798)

Crabe lisible (F) ; krab mangliye (C)

Famille des Grapsidae

Description

Le corps est aplati dorsoventralement. Sa forme générale est celle d'un crabe. La carapace est carrée, à peine un peu plus large que haute, aplatie et sans granules. Les bords latéraux sont convexes et portent chacun trois dents de taille décroissante de la dent 1 à la dent 3. La bordure frontale est étroite et droite. Les lobes postfrontaux latéraux sont absents et les médians sont à peine marqués. Les sillons entre les régions gastrique et cardiaque forment une figure en forme de "H" au milieu du céphalothorax, bien visible chez les adultes. Un bord anguleux, partant de la troisième dent antéro-latérale, jusqu'à la coxa de la cinquième paire de pattes, délimite une surface presque plane et très inclinée dans la région branchiale de la carapace. L'exopodite des troisièmes maxillipèdes est moins large que l'ischion. Les chélipèdes sont de taille et de forme identiques. Ils sont de grande taille chez le mâle adulte. Le propode et le dactyle de toutes les pattes P2 à P5 sont très aplatis et équipés d'une frange de soies. Elles servent à la nage. Le corps est brun-rouge, parfois verdâtre. La taille varie de 50 à 55 mm de large.

Biologie

Varuna litterata se rencontre sur le littoral, dans les estuaires et dans le cours inférieur des rivières, au niveau des berges entre 0 et 50 m d'altitude. Au moment de la reproduction, au tout début de la saison des pluies, les adultes se rassemblent le long des rives, sur le littoral ou dans les estuaires. Après la ponte, les larves sont entraînées vers la mer par les courants. Les jeunes se développent dans les estuaires et dans la partie des rivières soumises à l'influence de la marée. La colonisation des différents milieux d'eau douce se fait grâce aux courants, surtout pour les jeunes, et en traversant la terre ferme durant la nuit pour les adultes. *Varuna litterata* est phytophage et se nourrit surtout de diatomées et de divers débris organiques.

Distribution

Ce crabe se rencontre dans la zone Indo-Pacifique, de l'Est des côtes africaines, les Seychelles, les Comores et l'île de la Réunion jusqu'au Japon, la Nouvelle-Calédonie, la Polynésie française et Fidji. Il est pêché en Inde et aux Philippines.

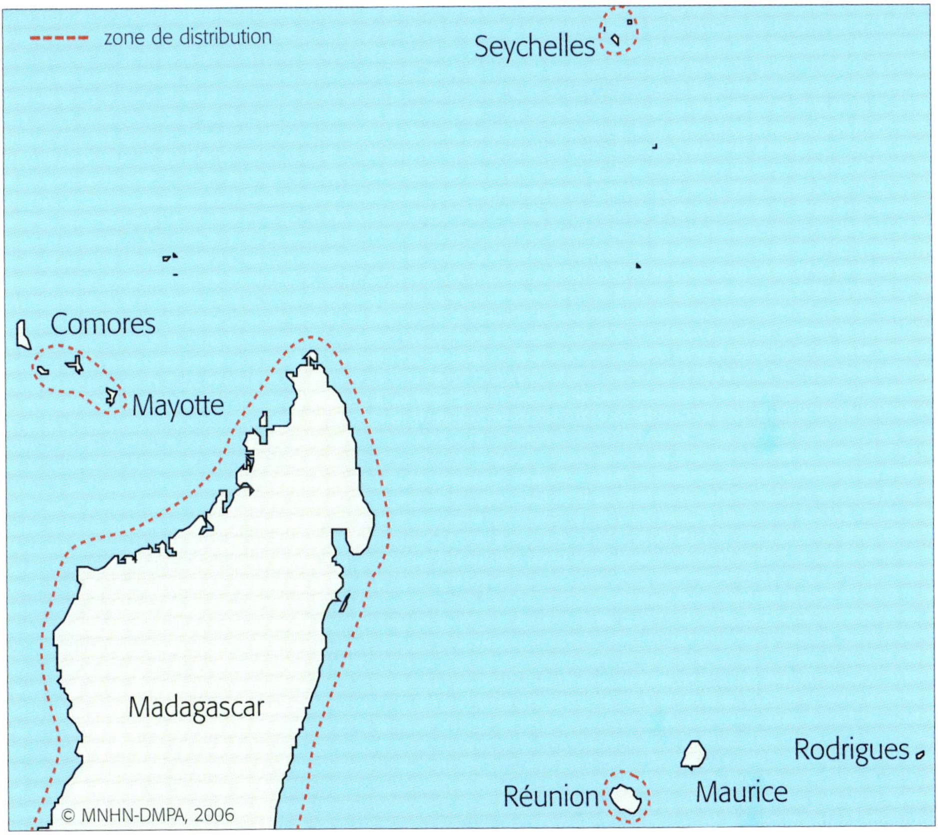

zone de distribution
Seychelles
Comores
Mayotte
Madagascar
Rodrigues
Réunion
Maurice
© MNHN-DMPA, 2006

Famille des Gecarcinucidae :
Chez cette famille, la carapace est rectangulaire, plus large que haute, les bords latéraux antérieurs sont peu ou distinctement convexes avec une seule dent, les bords latéraux postérieurs sont peu ou fortement convergents et le palpe de la mandibule comporte deux segments dont le terminal est bilobé. Le cycle de reproduction s'effectue entièrement dans l'eau douce. Les œufs sont gros et peu nombreux. Les différents stades larvaires sont réduits. Les jeunes crabes éclosent directement des œufs et sont retenus par les pléopodes dans la poche abdominale de la femelle.

Seychellum alluaudi (A. Milne-Edwards & Bouvier, 1893)

Krab montanny (C)

Description

Le corps est aplati dorsoventralement. Sa forme générale est celle d'un crabe. La carapace est rectangulaire, plus large que haute. Les bords latéraux antérieurs sont faiblement arqués et portent une dent. Les bords latéraux postérieurs sont presque parallèles. Les sillons entre les différentes régions du céphalothorax sont bien visibles. La partie antérieure du céphalothorax porte des tubercules, sa partie postérieure six à sept stries obliques bien visibles. Le front est vaguement trilobé. Les chélipèdes du mâle sont asymétriques et leur surface est granuleuse. La pince gauche est plus forte que la droite. Le doigt y est plus court que la paume, ce qui n'est pas le cas de la pince droite. Il porte de nombreuses dents. Les bords du mérus sont soulignés par des granules pointus. Le carpe des deux chélipèdes possède une large épine sur son bord distal et une rangée de petits granules pointus en arrière de celle-ci. Les pattes P2 à P5 sont relativement longues avec des propodes et des dactyles non distinctement aplatis latéralement. Les dactyles sont étroits et allongés, plus longs que les propodes. Le corps est jaunâtre à brunâtre. La taille est de 30 à 50 mm.

Biologie

Ce crabe se rencontre du cours inférieur des rivières jusqu'à 250 m d'altitude. Comme tous les représentants de la famille des Gecarcinucidae, le cycle de reproduction s'effectuerait entièrement dans l'eau douce. Le mâle attirerait la femelle par son "chant". Les œufs sont gros (3 mm) et peu nombreux. Les différents stades larvaires sont réduits. Les jeunes crabes éclosent directement des œufs et sont retenus par les pléopodes dans la poche abdominale de la femelle.

Distribution

S. alluaudi est endémique des Seychelles. Il est signalé de la vallée de Mai à Praslin, du Morne seychellois, de la rivière Cascade et de la montagne Brulée à Mahé, et de la Digue.

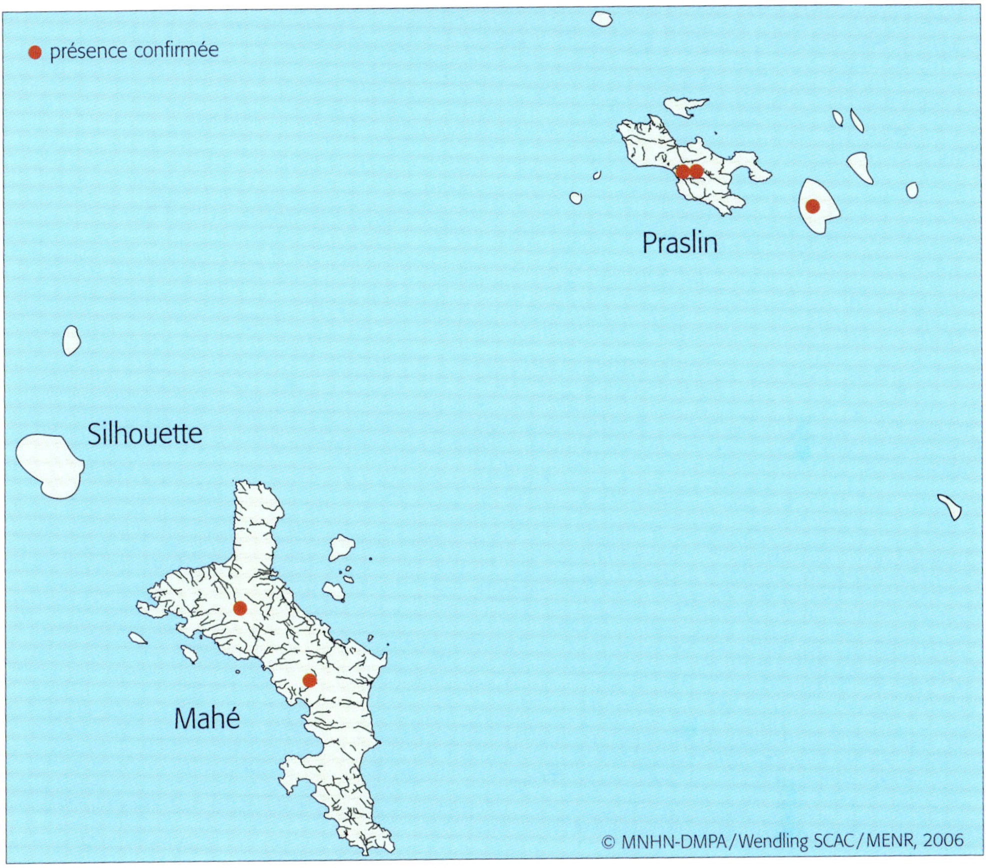

© Philippe Keith

Les fiches

espèces
des poissons
d'eau douce

clé de détermination des poissons d'eau douce

1-a: poisson très allongé, filiforme. La hauteur du corps est comprise plus de 12 fois dans la longueur totale (Figs 1a1, 1a2, 1a3) → **2**
1-b: poisson peu allongé, non filiforme. La hauteur du corps est comprise moins de 10 fois dans la longueur totale → **11**

2-a: poisson filiforme avec les nageoires dorsale, caudale et anale soudées et continues (Fig. 1a1) → **3**
2-b: poisson filiforme avec les nageoires dorsale, caudale et anale non soudées ou avec la nageoire caudale absente (Figs 1a2, 1a3) → **4**

3-a: nageoire dorsale courte située en arrière de l'anus (Fig. 3a). Pas d'écailles sur le corps → ***Moringua microchir***
3-b: nageoire dorsale longue située en avant ou au même niveau que l'anus (Fig. 1a1). Corps avec des petites écailles → **8**

4-a: poisson lisse, cylindrique, sans anneaux osseux. Museau pointu. Nageoire caudale absente (Fig. 1a3) → **5**
4-b: poisson entouré d'anneaux osseux. Museau en forme de tube. Nageoire caudale lancéolée (Fig. 1a2) → **6**

5-a: hauteur du corps contenue 41 à 45 fois et longueur de la tête 13 à 15 fois dans la longueur totale → ***Yirrkala tenuis***
5-b: hauteur du corps contenue 27 à 38 fois et longueur de la tête 8 à 9 fois dans la longueur totale → ***Lamnostoma polyophthalma***

6-a: crête operculaire longitudinale vestigiale ou absente (Fig. 6a). 36 à 39 anneaux sur la queue. Spécimens > 100 mm avec des ocelles sur les flancs → ***Microphis argulus***
6-b: crête operculaire longitudinale distincte et complète (Fig. 6b). 20 à 33 anneaux sur la queue → **7**

7-a: opercule avec en général plusieurs crêtes supplémentaires sous la crête longitudinale (Fig. 7a1). Nez long et épais, sa hauteur comprise 4,3 à 10,6 fois dans sa longueur (Fig. 7a2) → ***Microphis brachyurus***
7-b: opercule sans crêtes supplémentaires sous la crête longitudinale (Fig. 6b). Nez court et fin, sa hauteur comprise entre 3,2 et 4,8 fois dans sa longueur (7b) → ***Microphis fluviatilis***

Poissons

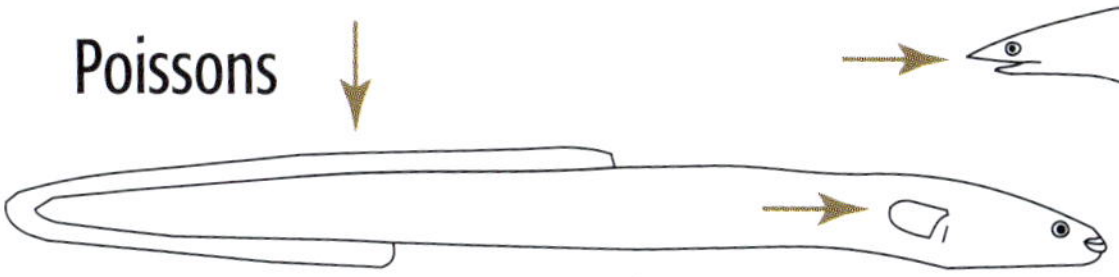

Fig. 1a1

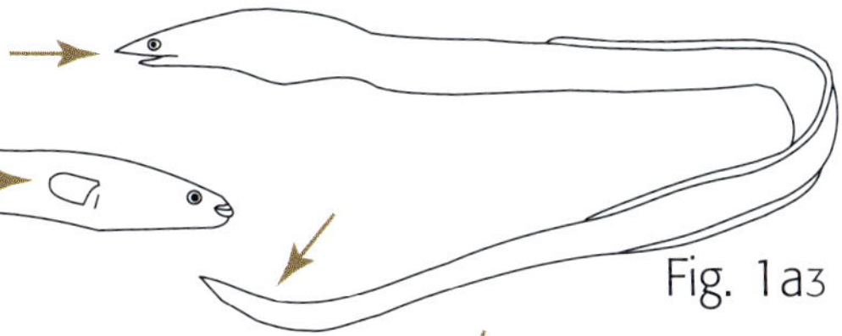

Fig. 1a3

Fig. 1a2

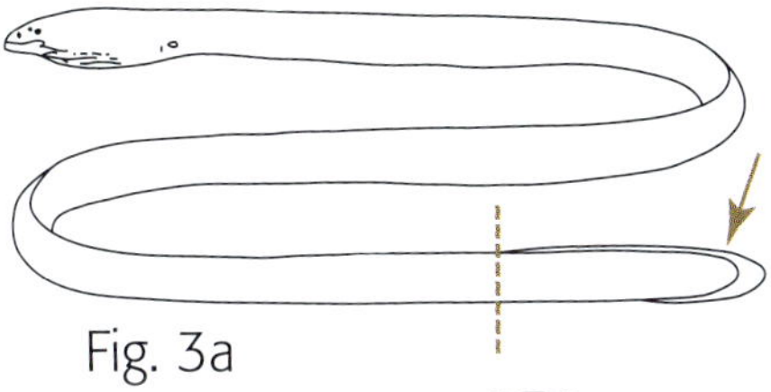

Fig. 3a

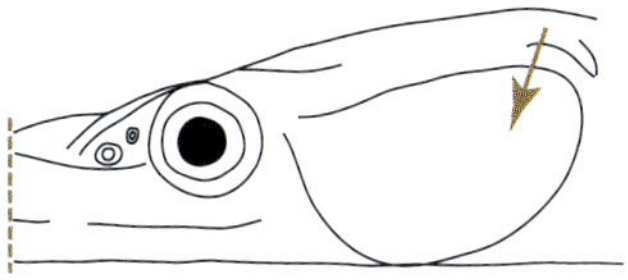

Fig. 6a

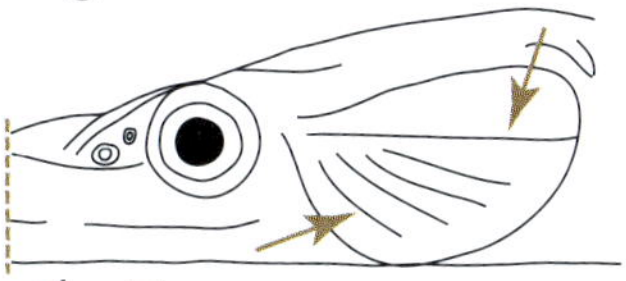

Fig. 7a1

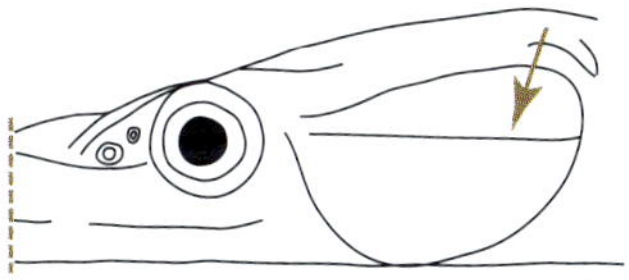

Fig. 6b

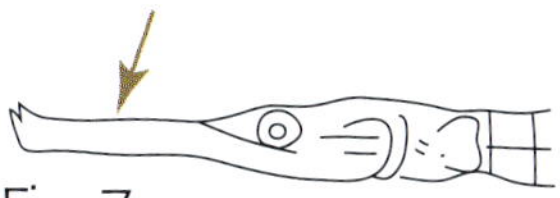

Fig. 7a2

Fig. 7b

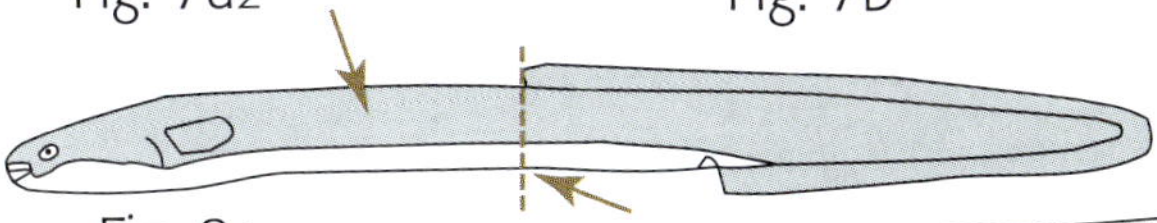

Fig. 8a

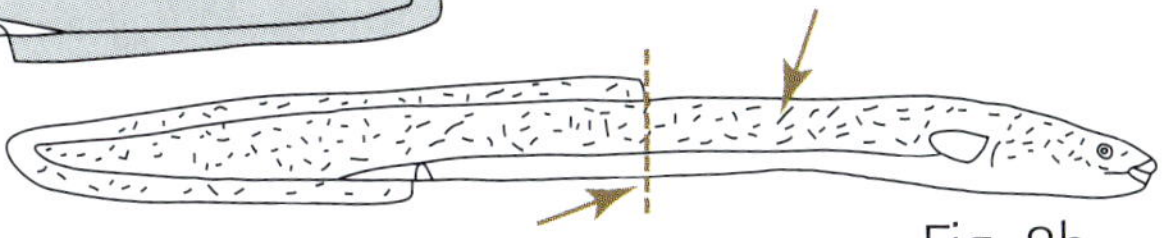

Fig. 8b

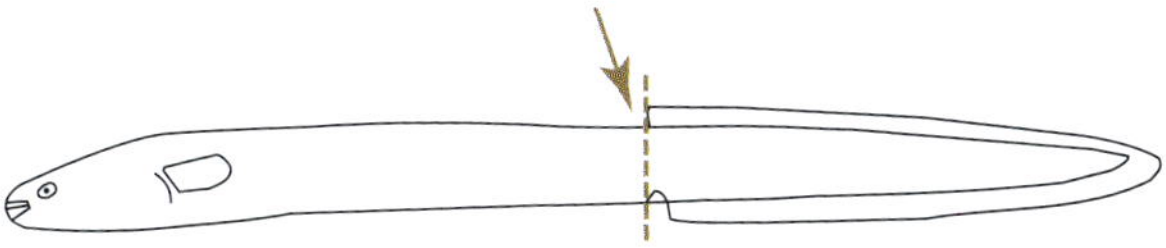

Fig. 9a

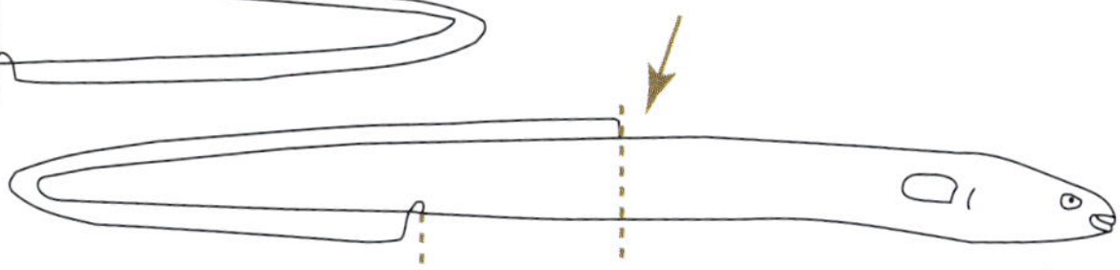

Fig. 9b

8-a : coloration uniforme de la peau. Nageoire dorsale en avant de l'anus ou au même niveau (Fig. 8a) ⟶ **9**
8-b : présence de taches ou de marbrures sur la peau. Nageoire dorsale nettement en avant de l'anus (Fig. 8b) ⟶ **10**

9-a : la nageoire dorsale est courte et commence exactement au-dessus de l'anus ou légèrement en avant (Fig. 9a). Dos vert-olive ⟶ ***Anguilla bicolor bicolor***
9-b : la nageoire dorsale est longue et commence nettement en avant de l'anus (Fig. 9b). Dos gris, ventre clair ⟶ ***Anguilla mossambica***

10-a : l'origine de la dorsale est plus proche de la fente branchiale que de l'anus (Fig. 10a). La distance entre l'origine de la dorsale et l'anus est supérieure à 16 % de la longueur totale ⟶ ***Anguilla marmorata***
10-b : l'origine de la dorsale est plus proche de l'anus que de la fente branchiale (Fig. 10b). La distance entre l'origine de la dorsale et l'anus est inférieure ou égale à 15 % de la longueur totale ⟶ ***Anguilla bengalensis***

11-a : 1 seule nageoire dorsale, parfois divisée en 2 parties distinctes mais jointes (Fig. 11a1 et Fig. 11a2) ⟶ **12**
11-b : 2 nageoires dorsales séparées (Fig. 11b1 et Fig. 11b2) ⟶ **31**

12-a : nageoires dorsale et anale sans rayons épineux (Fig. 11a1) ⟶ **13**
12-b : nageoires dorsale et anale avec des rayons épineux (Fig. 11a2) ⟶ **17**

13-a : nageoire dorsale courte et ronde (Fig. 14a et Fig. 14b). Gonopode du mâle plus long que la tête ⟶ **14**
13-b : nageoire dorsale haute et rectangulaire (Fig. 15a et Fig. 15b). Gonopode du mâle plus court que la tête ou absent ⟶ **15**

14-a : nageoire dorsale directement au-dessus de la nageoire anale chez la femelle (Fig. 14a) ; celle-ci ne possède pas de tache abdominale. Mâles tachetés de plusieurs couleurs vives ⟶ ***Poecilia reticulata***
14-b : nageoire dorsale en arrière de la nageoire anale chez la femelle ; celle-ci possède une tache abdominale (Fig. 14b). Mâles de couleur uniforme jaune-vert ⟶ ***Gambusia affinis***

15-a : nageoire anale courte, plus petite que la dorsale et au même niveau que celle-ci ou en arrière (Fig. 15a). Corps plutôt ovale ⟶ **16**
15-b : nageoire anale longue, plus grande que la dorsale et en avant de celle-ci (Fig. 15b). Corps plutôt allongé ⟶ ***Pachypanchax playfairii*** (Seychelles)

16-a : hauteur du corps comprise plus de 4 fois dans la longueur standard. La nageoire caudale se prolonge chez le mâle en un appendice long en forme d'épée (Fig. 16a) ⟶ ***Xiphophorus hellerii***
16-a : hauteur du corps comprise moins de 3 fois dans la longueur standard. Pas d'appendice long en forme d'épée chez le mâle ⟶ ***Xiphophorus maculatus***

17-a : 14 rayons épineux ou plus à la nageoire dorsale. 1 seule paire de narines ⟶ **18**
17-b : Moins de 14 rayons épineux à la nageoire dorsale. 2 paires de narines ⟶ **20**

18-a : 3 rayons épineux à la nageoire anale (Fig. 18a) ⟶ **19**
18-b : 8 à 9 rayons épineux à la nageoire anale ⟶ ***Archocentrus nigrofasciatus***

19-a : 16 à 20 branchiospines sur le limbe inférieur du premier arc branchial. Nageoire caudale avec des stries verticales ⟶ ***Oreochromis mossambicus***

Poissons

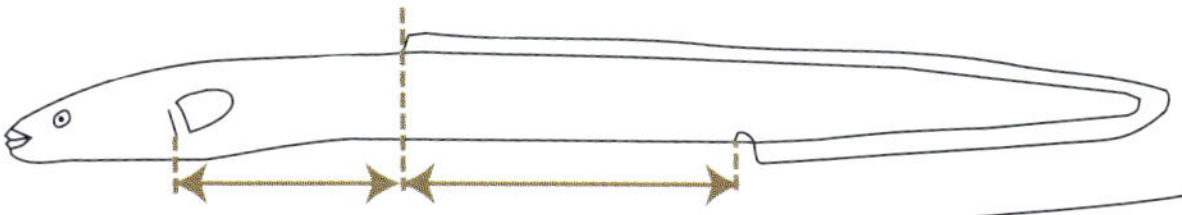

Fig. 10a

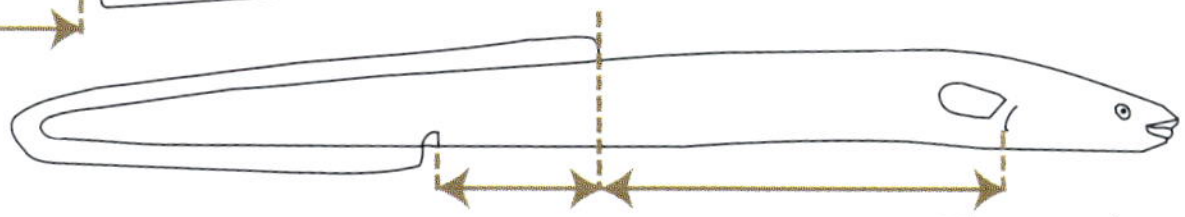

Fig. 10b

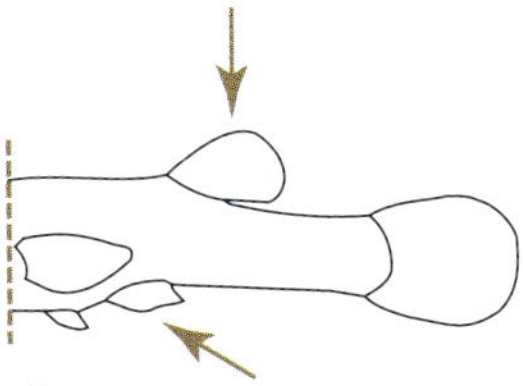

Fig. 11a1

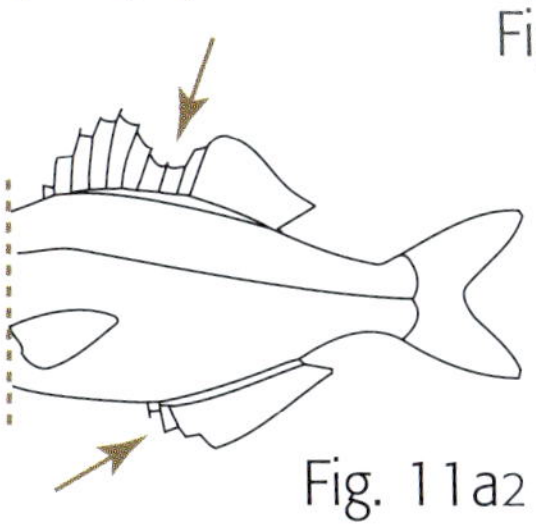

Fig. 11a2

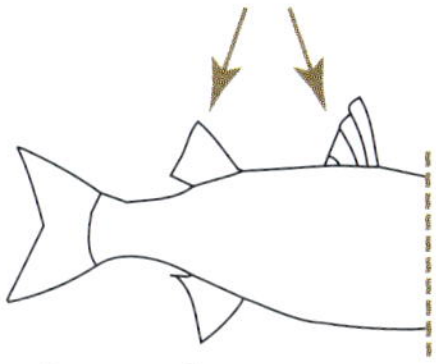

Fig. 11b1

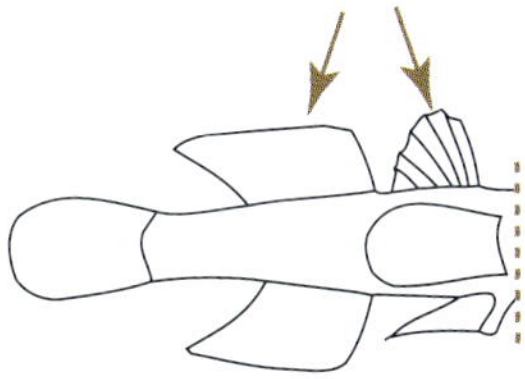

Fig. 11b2

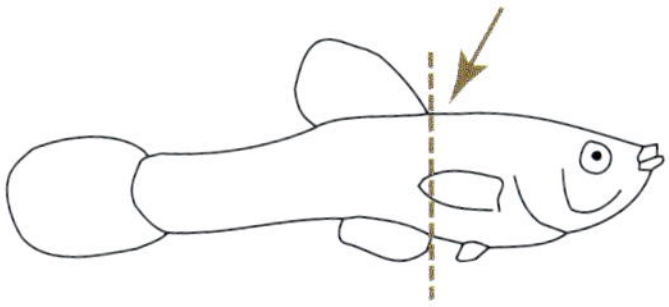

Fig. 14a

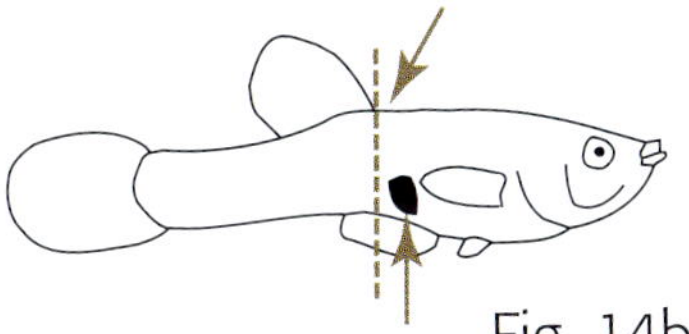

Fig. 14b

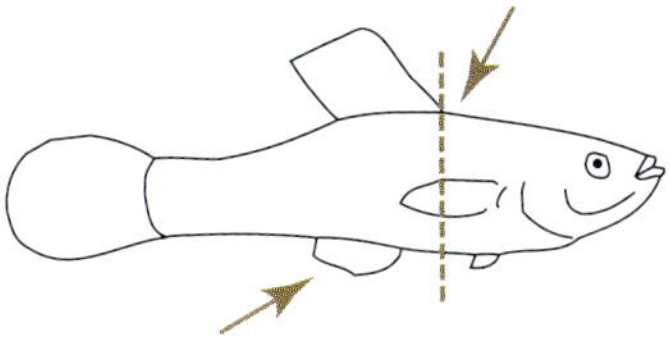

Fig. 15a

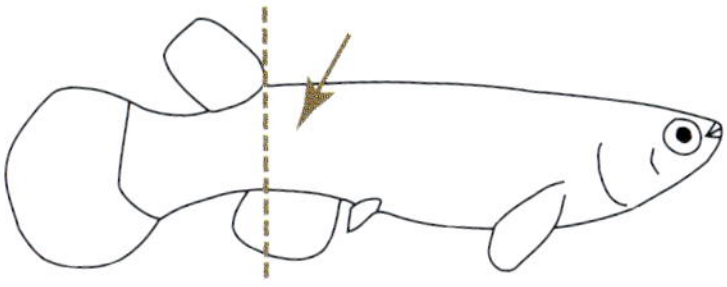

Fig. 15b

Fig. 16a

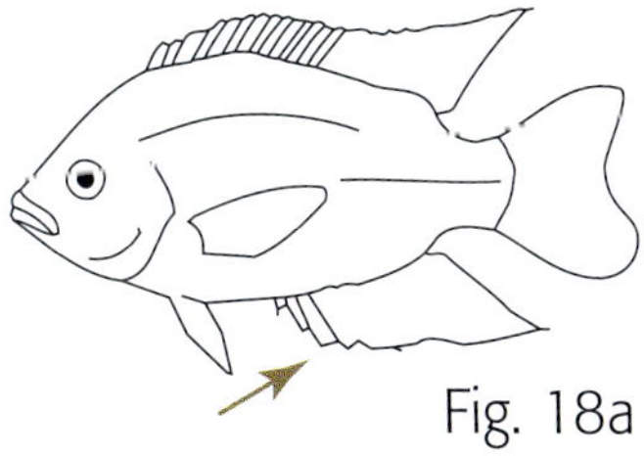

Fig. 18a

19-b: 20 à 27 branchiospines sur le limbe inférieur du premier arc branchial. Nageoire caudale sans stries verticales → ***Oreochromis niloticus***

20-a: 1er rayon des nageoires pelviennes très développé et filamenteux (Fig. 20a) → **21**
20-b: 1er rayon des nageoires pelviennes non développé → **22**

21-a: 12 à 13 rayons épineux et 11 à 13 rayons mous à la nageoire dorsale. 9 à 11 rayons épineux et 19 à 21 rayons mous à la nageoire anale → ***Osphronemus goramy***
21-b: 6 à 8 rayons épineux et 7 à 10 rayons mous à la nageoire dorsale. 9 à 12 rayons épineux et 30 à 38 rayons mous à la nageoire anale → ***Trichogaster trichopterus***

22-a: 2 à 4 rayons épineux à la dorsale. Corps avec écailles → **23**
22-b: au moins 7 rayons épineux à la dorsale. Corps avec écailles → **24**
22-c: 5 rayons épineux à la dorsale. Corps sans écailles (Fig. 22c) ; Seychelles → ***Kraemeria samoensis***

23-a: présence de barbillons sur les lèvres (Fig. 23a). 33 à 40 écailles en série longitudinale → ***Cyprinus carpio***
23-b: absence de barbillons sur les lèvres (Fig. 23b). 26 à 33 écailles en série longitudinale → ***Carassius auratus***

24-a: 7 à 8 rayons épineux à la nageoire dorsale suivis de 8 à 11 rayons mous (Fig. 24a). Corps transparent → **25**
24-b: 10 rayons épineux à la nageoire dorsale suivis de 9 à 14 rayons mous (Fig. 24b). Corps non transparent → **28**

25-a: ligne latérale interrompue sur 2 à 6 écailles sous la deuxième nageoire dorsale (Fig. 25a1). Présence d'une épine rostrale sous la narine antérieure (Fig. 25a2) → ***Ambassis dussumieri***
25-b: ligne latérale continue (Fig. 25b). Pas d'épine rostrale → **26**

26-a: joue avec 2 à 3 rangées d'écailles. Partie supérieure du préopercule serratulée ou lisse (Fig. 26a) → **27**
26-b: joue avec une seule rangée d'écailles. Partie supérieure du préopercule lisse ou légèrement crénelée (Fig. 26b) → ***Ambassis urotaenia***

27-a: 9 à 11 écailles prédorsales. Crête préoperculaire lisse à l'exception de 1 à 5 épines situées dans l'angle (Fig. 27a) → ***Ambassis natalensis***
27-b: 13 à 18 écailles prédorsales. Crête du préopercule serratulée (Fig. 27b) → ***Ambassis ambassis***

28-a: maxillaire dépassant le bord postérieur de l'œil (Fig. 28a). Plus de 62 écailles en série longitudinale. Opercule sans épines → ***Micropterus salmoides***
28-b: maxillaire ne dépassant pas le bord postérieur de l'œil (Fig. 28b). Moins de 56 écailles en série longitudinale. Opercule avec 2 épines → **29**

Poissons

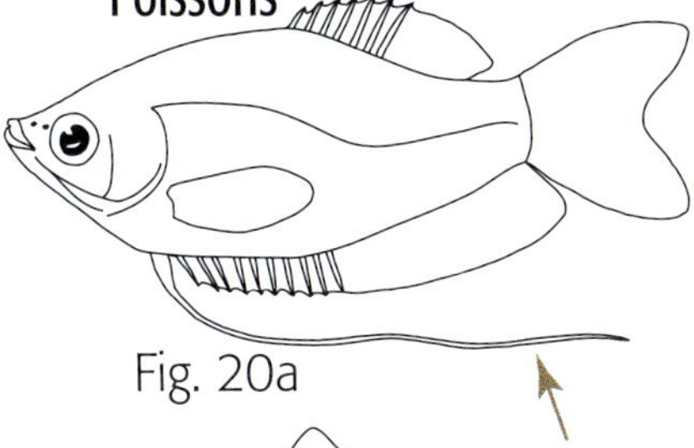

Fig. 20a

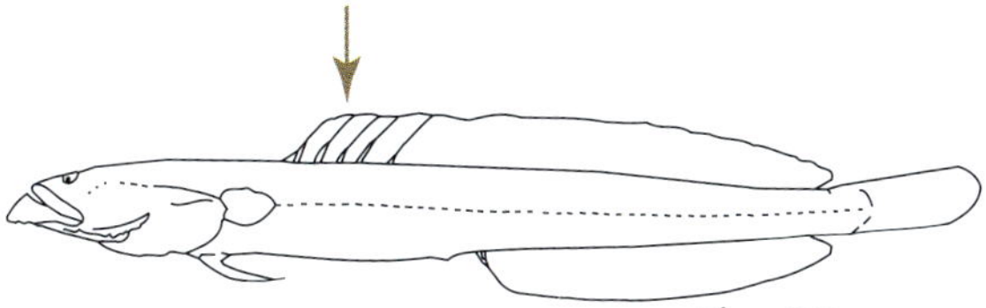

Fig. 22c

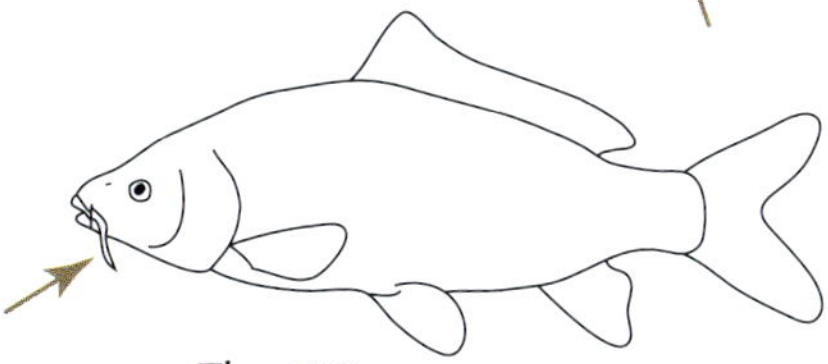

Fig. 23a

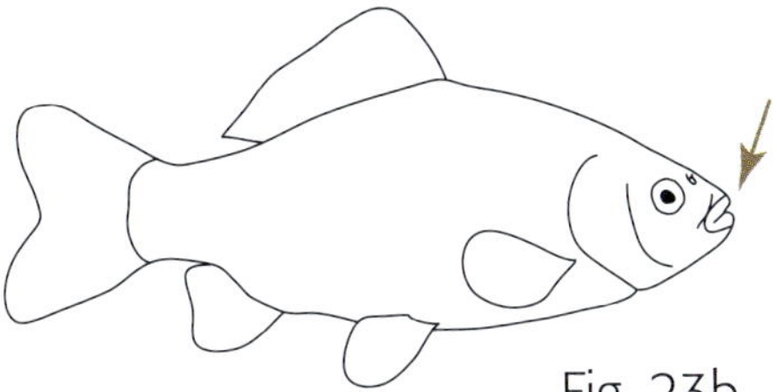

Fig. 23b

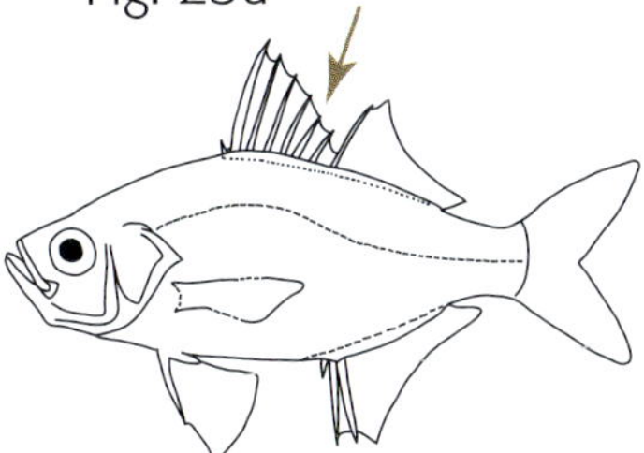

Fig. 24a

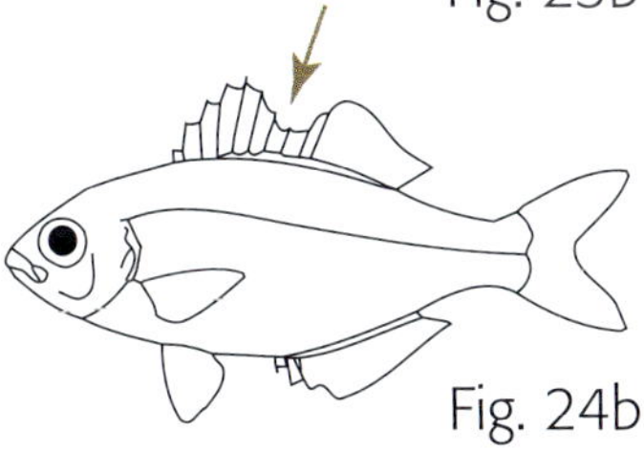

Fig. 24b

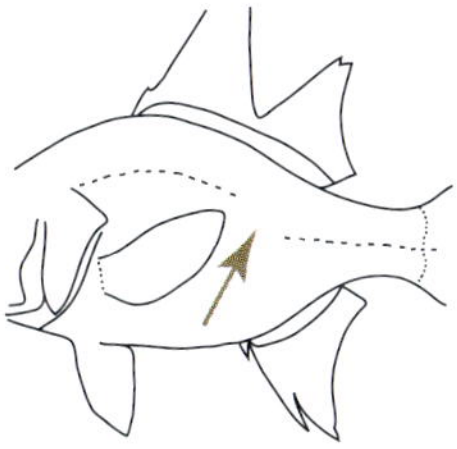

Fig. 25a1

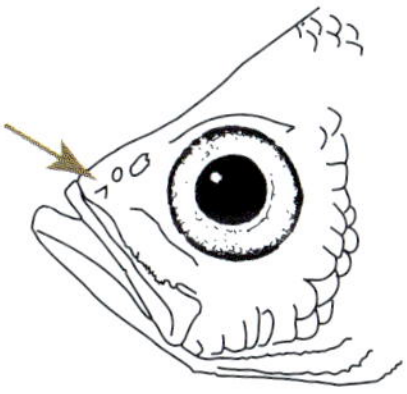

Fig. 25a2

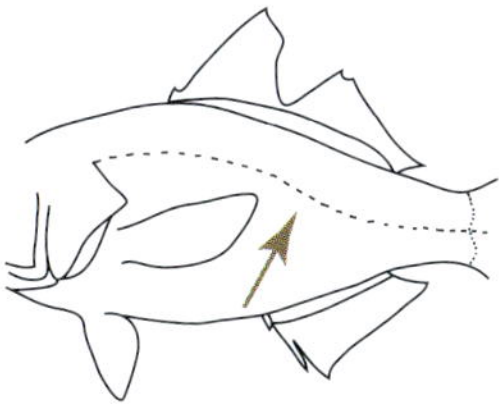

Fig. 25b

Fig. 26a

Fig. 27a

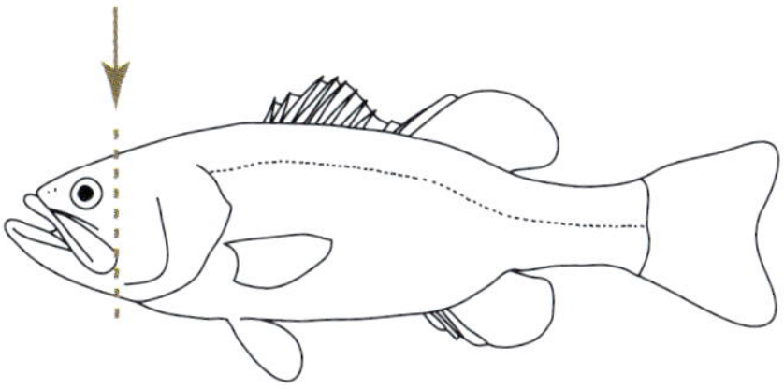

Fig. 28a

Fig. 26b

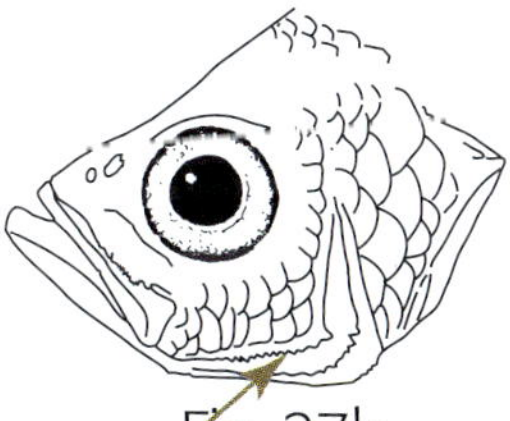

Fig. 27b

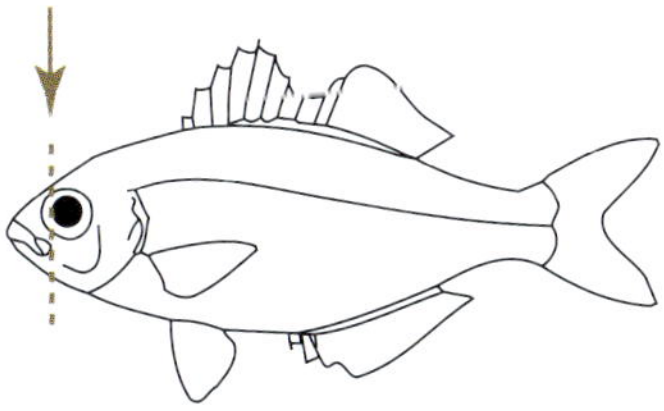

Fig. 28b

29-a: 39 à 41 écailles en ligne latérale. Nageoire caudale ponctuée, bordé d'une bande sombre à sa marge ou de 2 taches noires (Fig. 29a) → ***Kuhlia rupestris***
29-b: 48 à 55 écailles en ligne latérale. Nageoire caudale striée de plusieurs bandes sombres (Fig. 29b1 et 29b2) → **30**

30-a: nageoire caudale striée de bandes noires et blanches obliques ou horizontales (Fig. 29b1) → ***Kuhlia mugil***
30-b: nageoire caudale striée de bandes noires et blanches verticales (Fig. 29b2) → ***Kuhlia caudavittata***

31-a: la distance entre les deux nageoires dorsales est supérieure à la longueur de la base de la première dorsale (Fig. 31a) → **32**
31-b: la distance entre les deux nageoires dorsales est inférieure à la longueur de la base de la première dorsale (Fig. 31b) → **41**

32-a: 2e nageoire dorsale courte réduite à une nageoire adipeuse, sans rayons épineux (Fig. 32a) → ***Oncorhynchus mykiss***
32-b: 2e nageoire dorsale bien développée avec 1 rayon épineux (Fig. 32b) → **33**

33-a: nageoire anale à 2 rayons épineux et 10 rayons mous. Branchiospines courts → **34**
33-b: nageoire anale à 2 à 3 rayons épineux et 8 à 9 rayons mous (chez l'adulte). Branchiospines longs → **35**

34-a: la hauteur de la lèvre supérieure en son milieu est égale à 20-22% de la longueur de la tête. La mâchoire supérieure atteint la verticale du bord antérieur de l'œil (adulte) (Fig. 34a) → ***Agonostomus catalai***
34-b: la hauteur de la lèvre supérieure en son milieu est égale à 12-15% de la longueur de la tête. La mâchoire supérieure dépasse la verticale du bord antérieur de l'œil (adulte) (Fig. 34b) → ***Agonostomus telfairii***

35-a: présence de papilles sur les lèvres (Fig. 35a) → **36**
35-b: absence de papilles sur les lèvres (Fig. 35b) → **37**

36-a: longue écaille axillaire au niveau de la nageoire pectorale (Fig. 36a). 38 à 40 écailles en série longitudinale → ***Crenimugil crenilabis***
36-b: écaille axillaire rudimentaire au niveau de la nageoire pectorale. 33 à 35 écailles en série longitudinale → ***Chelon macrolepis***

37-a: nageoire anale à 3 rayons épineux et 8 rayons mous (Fig. 37a1). La paupière adipeuse recouvre la plus grande partie de la pupille (Fig. 37a2) → ***Mugil cephalus***
37-b: nageoire anale à 2 ou 3 rayons épineux et 9 rayons mous. La paupière adipeuse atteint au plus le milieu de l'iris (Fig. 37b) → **38**

38-a: la nageoire pectorale n'atteint pas la verticale passant par l'origine de la première dorsale (Fig. 38a). La longueur de la nageoire pectorale est inférieure à 75% de la longueur de la tête → ***Valamugil robustus***

Poissons

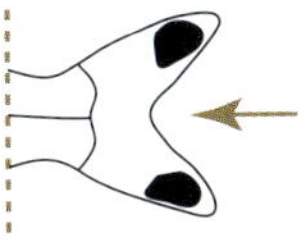
Fig. 29a

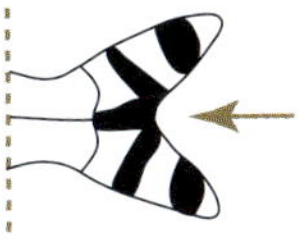
Fig. 29b1

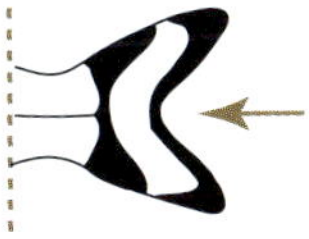
Fig. 29b2

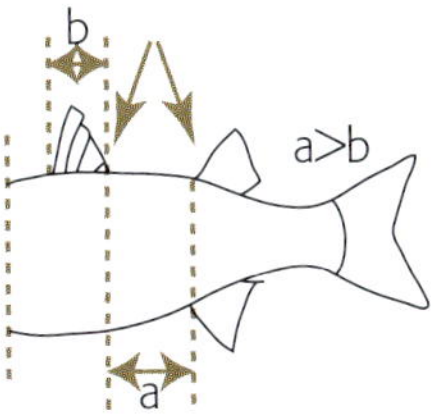

Fig. 31a

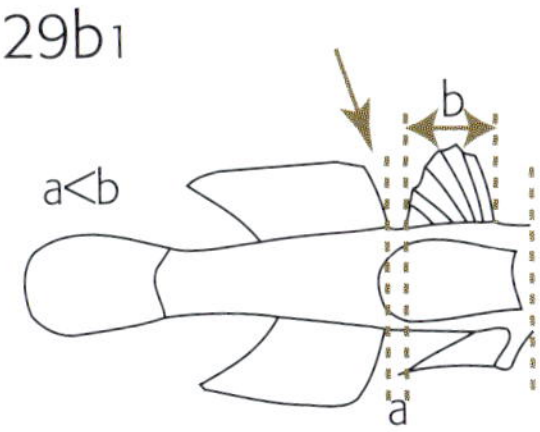

Fig. 31b

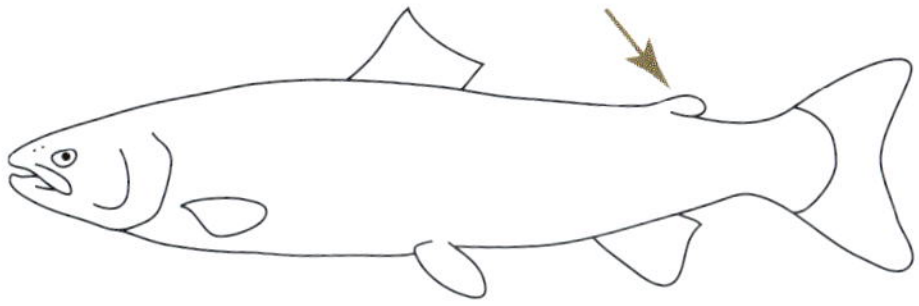
Fig. 32a

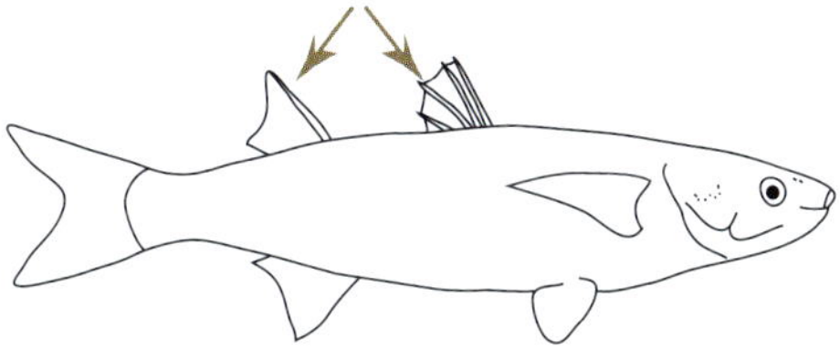
Fig. 32b

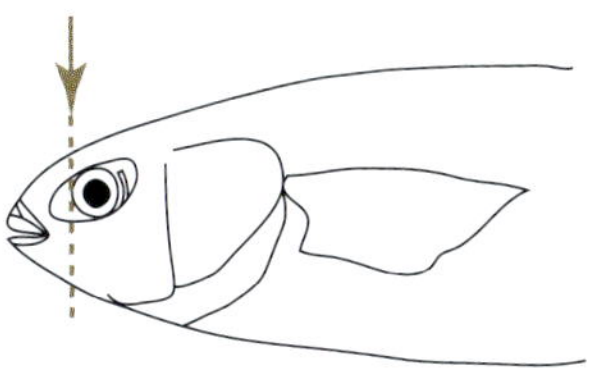
Fig. 34a

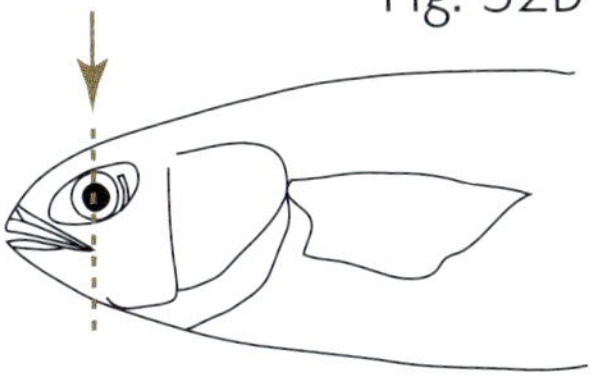
Fig. 34b

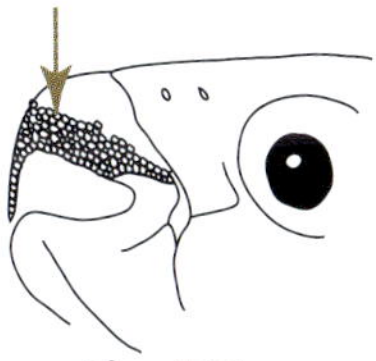
Fig. 35a

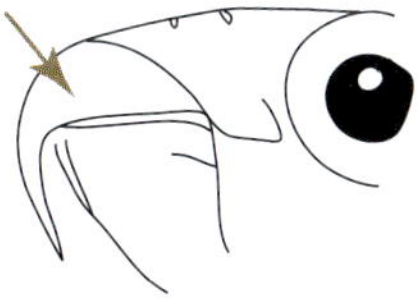
Fig. 35b

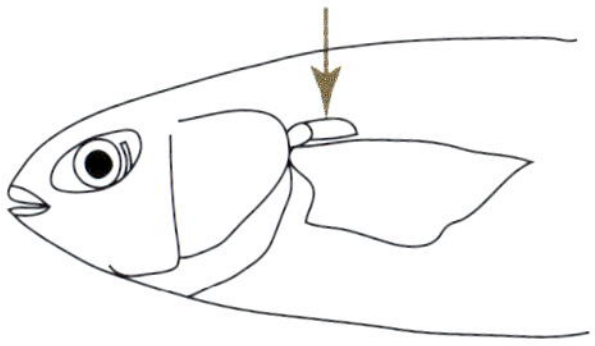
Fig. 36a

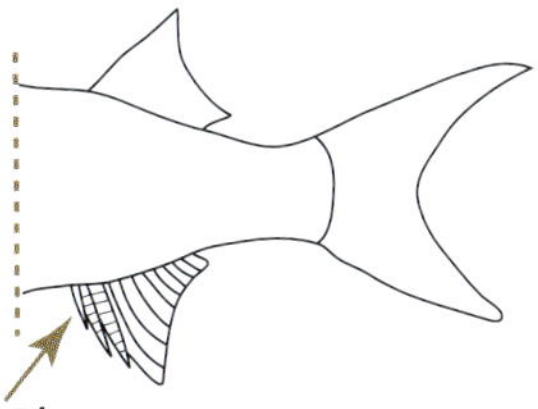
Fig. 37a1

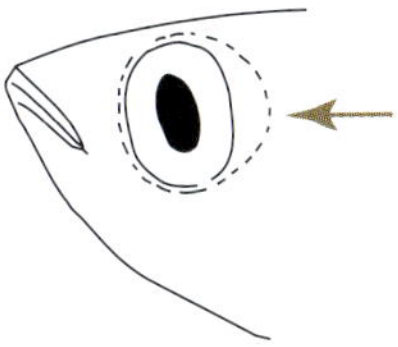
Fig. 37a2

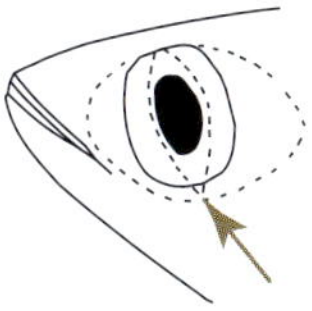
Fig. 37b

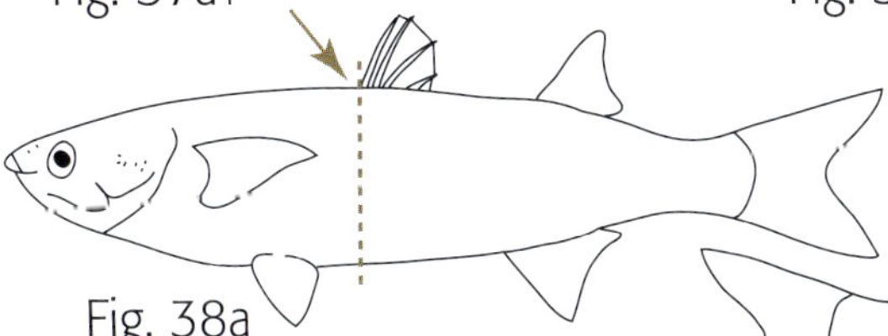
Fig. 38a

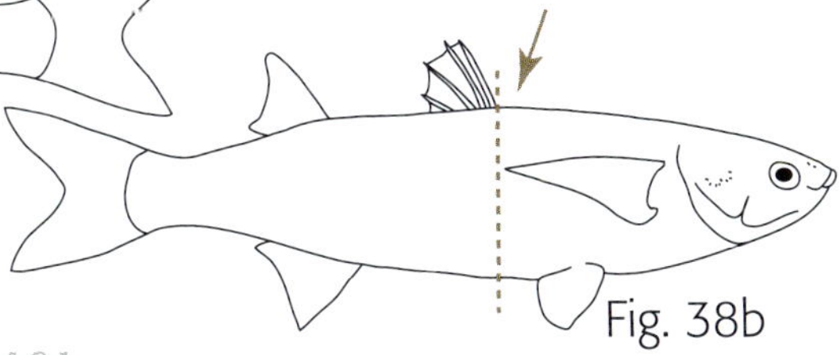
Fig. 38b

38-b: la nageoire pectorale atteint la verticale passant par l'origine de la première dorsale (Fig. 38b). La longueur de la nageoire pectorale est supérieure à 84 % de la longueur de la tête → **39**

39-a: la nageoire anale compte 2 rayons épineux et 9 rayons mous. Le tissu adipeux atteint le milieu de l'iris → ***Valamugil cunnesius***
39-b: la nageoire anale compte 3 rayons épineux et 9 rayons mous. Le tissu adipeux borde l'œil → **40**

40-a: 38 à 42 écailles en série longitudinale → ***Valamugil seheli***
40-b: 32 à 35 écailles en série longitudinale → ***Valamugil buchanani***

41-a: nageoires pelviennes libres (Fig. 41a). 5 à 6 rayons branchiostèges → **42**
41-b: nageoires pelviennes soudées entre elles (Fig. 41b1 et 41b2). 5 rayons branchiostèges → **49**

42-a: plus de 72 écailles en série longitudinale. 2e dorsale avec 1 épine et 14 à 17 rayons mous. La largeur de la base de la nageoire anale et de la deuxième dorsale est voisine du double de celle de la première dorsale (Fig. 42a). 5 rayons branchiostèges → **43**
42-b: moins de 70 écailles en série longitudinale. 2e dorsale avec 1 épine et 7 à 9 rayons mous. La largeur de la base de la nageoire anale et de la deuxième dorsale est voisine de celle de la première dorsale (Fig. 42b). 6 rayons branchiostèges → **44**

43-a: écailles latérales non imbriquées. Pores préoperculaires absents et pore nasal postérieur présent (Fig. 43a) → ***Parioglossus multiradiatus*** (Seychelles)
43-b: écailles latérales imbriquées. Pores préoperculaires présents et pore nasal postérieur absent (Fig. 43b) → ***Parioglossus taeniatus*** (Seychelles)

44-a: nombre d'écailles, en ligne latérale, inférieure à 40. Absence d'une forte épine au niveau du préopercule → **45**
44-b : nombre d'écailles, en ligne latérale, supérieure à 46. Présence d'une forte épine au niveau du préopercule (Fig. 44b) → **48**

45-a: présence de crêtes osseuses sur la tête. Tête pointue, en forme de "bec de canard" (Fig. 45a) → ***Butis butis***
45-b: absence de crêtes osseuses sur la tête. Tête plutôt arrondie → **46**

46-a: corps haut (Fig. 46a), 9 à 10 écailles en série transverse antérieure et 8 à 9 en série transverse postérieure. Corps et tête latéralement comprimée → ***Hypseleotris cyprinoides***
46-b: corps cylindrique (Fig. 46b), 11 à 17 écailles en série transverse antérieure et 10 à 14 en série transverse postérieure. Tête modérément ou fortement déprimée dorsoventralement → **47**

47-a: l'extrémité de la bouche atteint le bord antérieur de l'œil ; pas de pores céphaliques visibles (Fig. 47a). Narines non tubulaires. 30 à 32 écailles en ligne latérale → ***Ophieleotris* cf. *aporos***

Poissons

Fig. 41a
vue ventrale

Fig. 41b1
vue ventrale

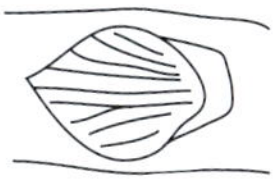

Fig. 41b2
vue ventrale

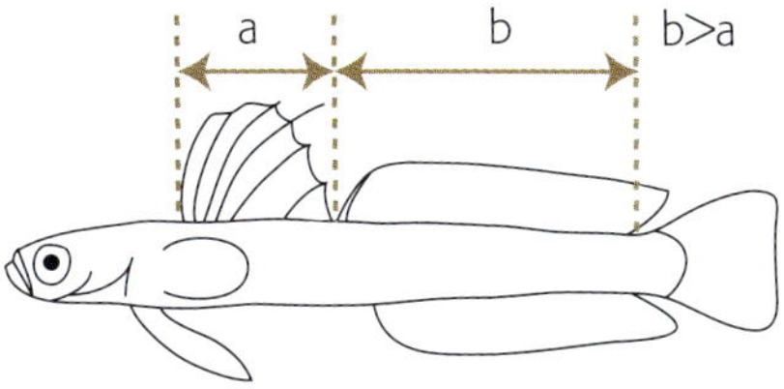

Fig. 42a

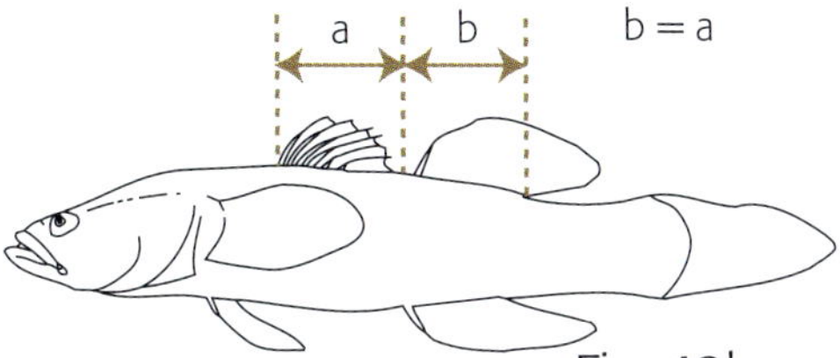

Fig. 42b

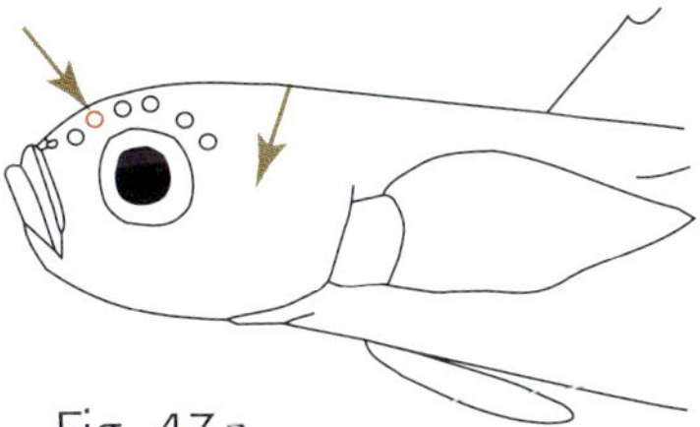

Fig. 43a

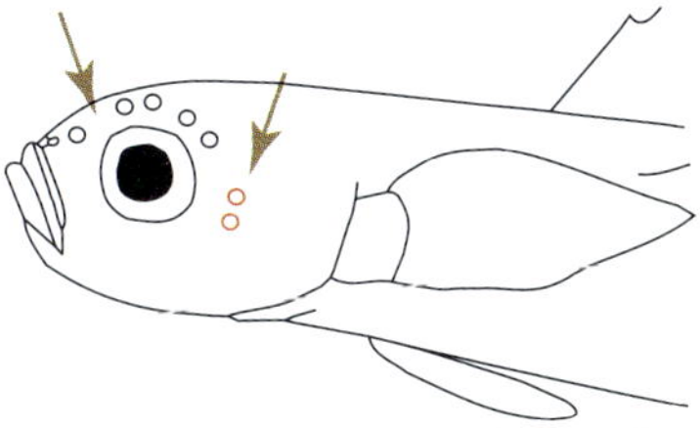

Fig. 43b

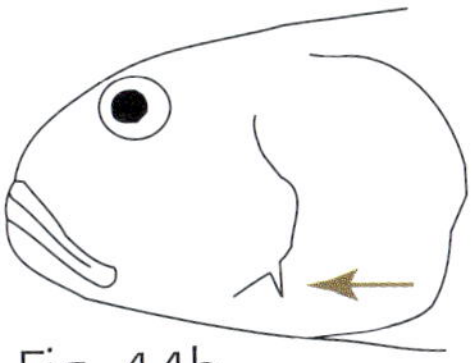

Fig. 44b

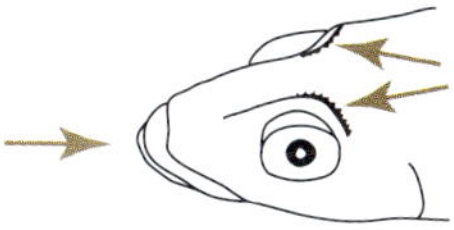

Fig. 45a

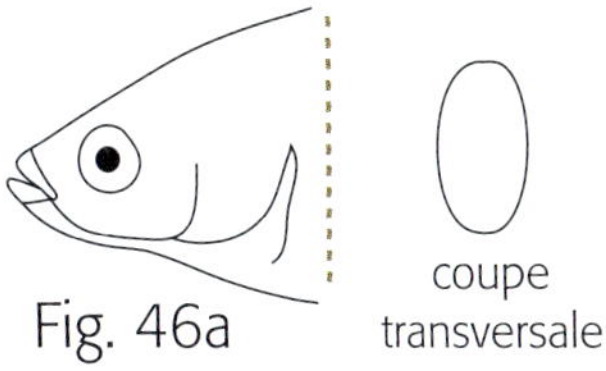

Fig. 46a

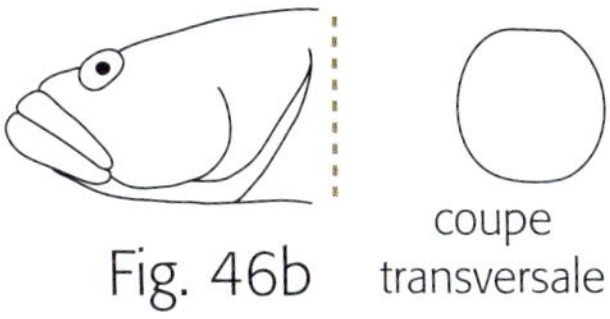

Fig. 46b

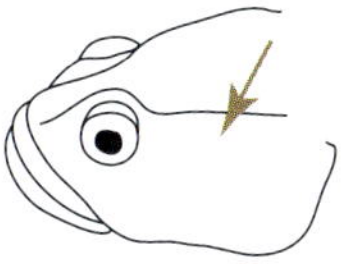

Fig. 47a

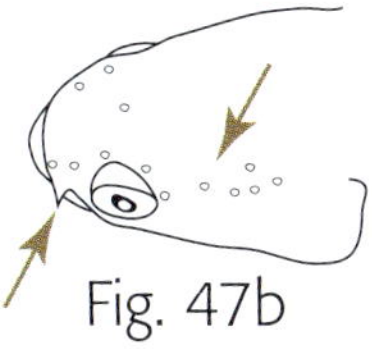

Fig. 47b

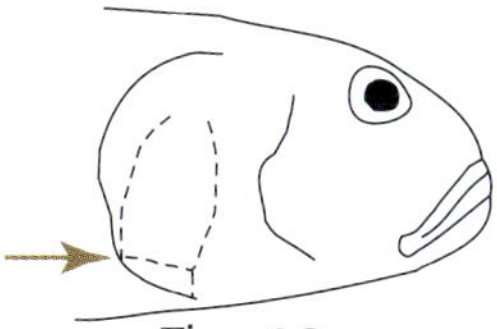

Fig. 48a

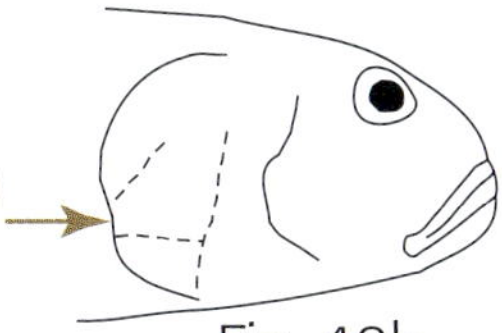

Fig. 48b

Fig. 49a
vue ventrale

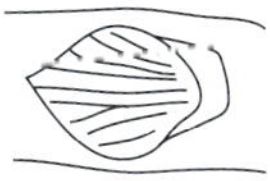

Fig. 49b
vue ventrale

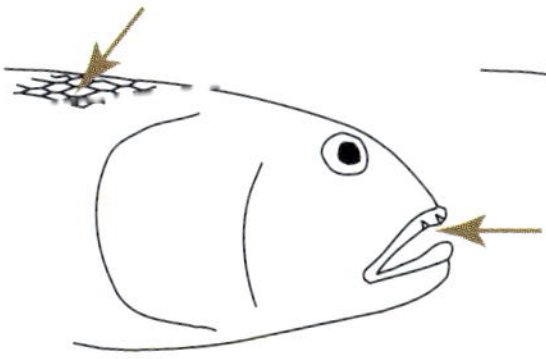

Fig. 50a

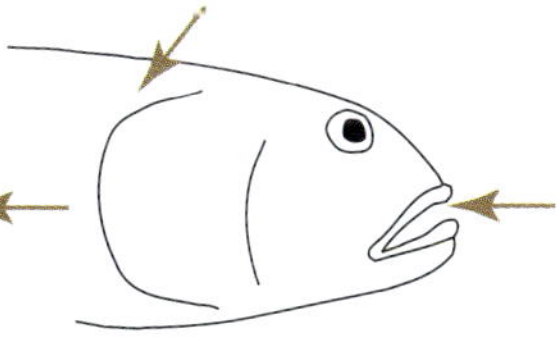

Fig. 50b

47-b: l'extrémité de la bouche atteint le milieu de l'œil ; des pores céphaliques sont visibles. Narines tubulaires (Fig. 47b). 33 à 37 écailles en ligne latérale → ***Ophiocara porocephala***

48-a: les deux rangées longitudinales de papilles sur la tête se rejoignent près du bord supérieur de l'opercule (Fig. 48a). Corps trapu représentant 18 à 20 % de la LS. 8 à 10 branchiospines sur la branche inférieure du premier arc branchial → ***Eleotris fusca***
48-b: les deux rangées longitudinales de papilles sur la tête ne se rejoignent pas près du bord supérieur de l'opercule (Fig. 48b). Corps trapu représentant 22 à 25 % de la LS. 5 à 7 branchiospines sur la branche inférieure du premier arc branchial → ***Eleotris mauritianus***

49-a: nageoires pelviennes soudées en forme de disque attaché à l'abdomen sur toute sa longueur (Fig. 49a) → **50**
49-b: nageoires pelviennes soudées en forme de losange et rattachées au corps seulement dans la partie antérieure (Fig. 49b) → **52**

50-a: présence de 3 encoches sur la lèvre supérieure. Le ventre et la nuque sont écailleux (Fig. 50a). 18 à 21 rayons à la nageoire pectorale → ***Sicyopterus lagocephalus***
50-b: absence d'encoches sur la lèvre supérieure. Le ventre et la nuque sont sans écailles (Fig. 50b). 15 à 17 rayons à la nageoire pectorale → **51**

51-a: 37 à 51 écailles en série latérale ; 6 à 10 en série transverse postérieure et 13 à 16 en série zig-zag. Espèce endémique des Comores → ***Cotylopus rubripinnis***
51-b: 48 à 63 écailles en série latérale ; 7 à 24 en série transverse postérieure et 15 à 26 en série zig-zag. Espèce endémique des Mascareignes → ***Cotylopus acutipinnis***

52-a: les rayons supérieurs des nageoires pectorales sont libres de la membrane (Fig. 52a). Présence d'un lobe charnu sur le menton → ***Bathygobius meggitti***
52-b: les rayons supérieurs des nageoires pectorales ne sont pas libres de la membrane. Absence d'un lobe charnu sur le menton → **53**

53-a: nombre d'écailles en ligne latérale inférieur à 40 → **54**
53-b: nombre d'écailles en ligne latérale supérieur à 46 → **61**

54-a: opercule avec écailles (Fig. 54a1 et Fig. 54a2) → **55**
54-b: opercule sans écailles (Fig. 54b) → **58**

55-a: grosses écailles sur l'opercule (Fig. 54a1) ; 6 à 11 écailles prédorsales → **56**
55-b: petites écailles sur l'opercule (Fig. 54a2) ; 9 à 20 écailles prédorsales → **57**

56-a: corps beige uniforme. 1 bande transversale noire sur le corps et 1 sous l'œil → ***Redigobius balteatus***
56-b: corps brun tacheté sans bande noire → ***Redigobius bikolanus***

57-a: 8 à 30 écailles en série longitudinale. 9 à 10 écailles prédorsales. 12 écailles

Poissons

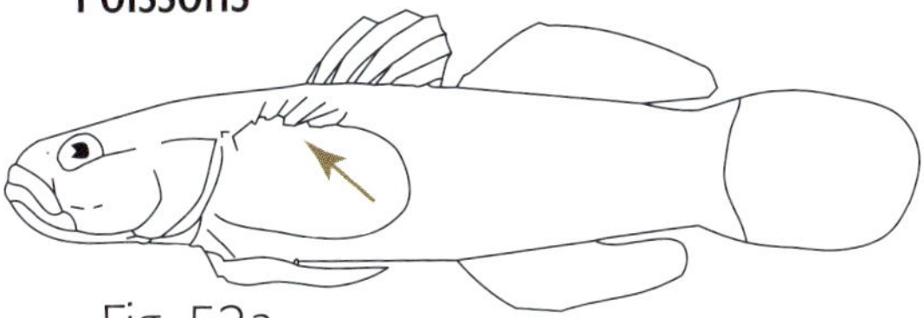
Fig. 52a

Fig. 54a1

Fig. 54a2

Fig. 58b

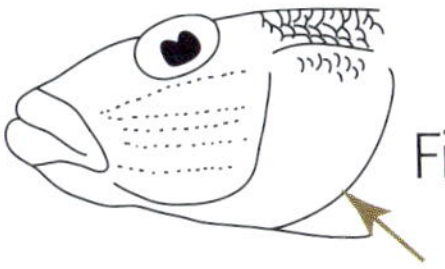
Fig. 54b

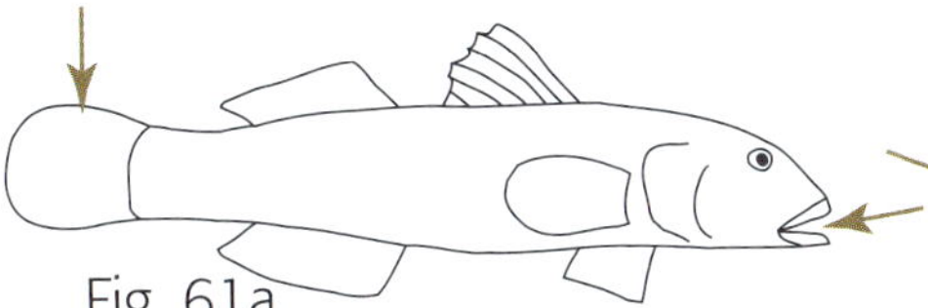
Fig. 61a

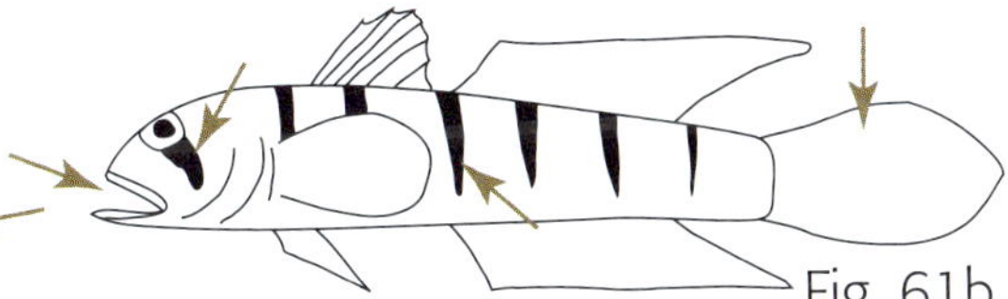
Fig. 61b

autour du pédoncule caudal. Écailles prédorsales et de l'opercule en général cténoïde ⟶ ***Mugilogobius fuscus***
57-b: 26 à 37 écailles en série longitudinale. 9 à 19 écailles prédorsales. 12 à 16 écailles autour du pédoncule caudal. Écailles prédorsales et de l'opercule en général cycloïdes ⟶ ***Mugilogobius mertoni***

58-a: membranes branchiales toujours attachées aux côtés de l'isthme. Iris ne se prolongeant pas dans la pupille ⟶ **59**
58-b: membranes branchiales libres de l'isthme. Ouverture branchiale atteignant presque l'œil. Iris se prolongeant dans la pupille (Fig. 58b) ⟶ ***Psammogobius biocellatus***

59-a: 0 à 13 écailles prédorsales ne dépassant pas le préopercule. Rangées de papilles simples sur la joue, sauf la 5e sous l'œil qui est double ⟶ ***Glossogobius callidus***
59-b: 13 à 30 écailles prédorsales dépassant le préopercule voire atteignant les yeux. Rangées de papilles simples ou double sur la joue ⟶ **60**

60-a: 13 à 17 écailles prédorsales atteignant la marge du préopercule, mais n'atteignant pas les yeux. Les rangées de papilles sur la joue sont simples ⟶ ***Glossogobius kokius***
60-b: 17 à 30 écailles prédorsales atteignant les yeux. Plusieurs rangées de papilles sur la joue sont doubles ⟶ ***Glossogobius giurus***

61-a: lèvres épaisses. Nageoire caudale arrondie. Pas de rayures noires sur les flancs (Fig. 60a) ⟶ ***Awaous commersoni***
61-b: lèvres peu épaisses. Nageoire caudale lancéolée. Rayures noires sur les flancs (Fig. 60b) ⟶ ***Stenogobius polyzona***

ORDRE DES ANGUILLIFORMES

Les Anguilliformes sont des poissons au corps très allongé et dont la ceinture et les nageoires pelviennes sont absentes. Les nageoires dorsale, caudale et anale sont soudées formant une nageoire unique. Les nageoires pectorales et/ou caudale sont parfois absentes. Les écailles sont en général absentes ou de type cycloïde. L'ouverture de la cavité branchiale est réduite. Cet ordre regroupe 15 familles avec 141 genres et 791 espèces dans le monde.

Famille des Anguillidae :

Les Anguillidae ont des nageoires pectorales bien développées, une ligne latérale complète et de petites écailles cycloïdes. La mâchoire inférieure est plus longue que la mâchoire supérieure. Les espèces sont réparties en deux groupes distincts : le groupe Atlantique et le groupe Indo-Pacifique. Il n'existe que 1 seul genre avec 15 espèces.

Anguilla bengalensis (Gray, 1831)

Anguille marbrée africaine (F) ; z'amab, z'anguille (C) ;
African mootled eel (E)

Description

L'anguille marbrée africaine a un corps allongé et serpentiforme. Les nageoires dorsale et anale confluent avec la nageoire caudale. Les nageoires pectorales sont bien développées, les nageoires pelviennes sont absentes. Elle fait partie du groupe d'anguilles à nageoire dorsale longue dont l'origine est située très en avant de l'anus. La distance entre l'origine de la nageoire dorsale et l'anus est comprise entre 7 et 15 % de la longueur totale. Le nombre total de vertèbres est de 107 à 115, ce qui permet de distinguer *A. bengalensis* des deux autres espèces à longue nageoire de la région (*A. marmorata* et *A. mossambica*). Sa nageoire dorsale est plus courte que celle de *A. marmorata*. Sa coloration brun-jaune est voisine de cette dernière. Elle est caractérisée par des marbrures brunes sur le dos. Cette espèce peut atteindre un poids de 20 kg pour une taille maximale de 1,75 m. La longévité est de 10 à 19 ans pour les femelles, 6 à 8 ans pour les mâles.

Biologie

L'anguille marbrée africaine vit dans les eaux courantes surtout dans le cours supérieur. Elle est capable de franchir des obstacles comme les barrages ou des cascades importantes. On la trouve jusqu'à 1 400 m d'altitude à Madagascar. Elle se nourrit la nuit. Les anguilles adultes se nourrissent de poissons et de crustacés. C'est une espèce catadrome. L'aire de ponte, encore hypothétique, serait située à l'est de Madagascar (10 à 20° S, 60 à 65° E). Amenées par le courant sud équatorial, les larves leptocéphales apparaissent au niveau des côtes au bout de trois mois. À l'approche des îles, elles se métamorphosent en civelles qui colonisent les embouchures. Celles-ci mesurent environ 52 mm. Elles commencent ensuite à coloniser les cours d'eau.

Distribution

L'Anguille marbrée africaine fréquente l'Ouest de l'océan Indien et l'Afrique de l'Est. C'est l'espèce dominante au Kenya. Elle est rare à Madagascar et à la Réunion.

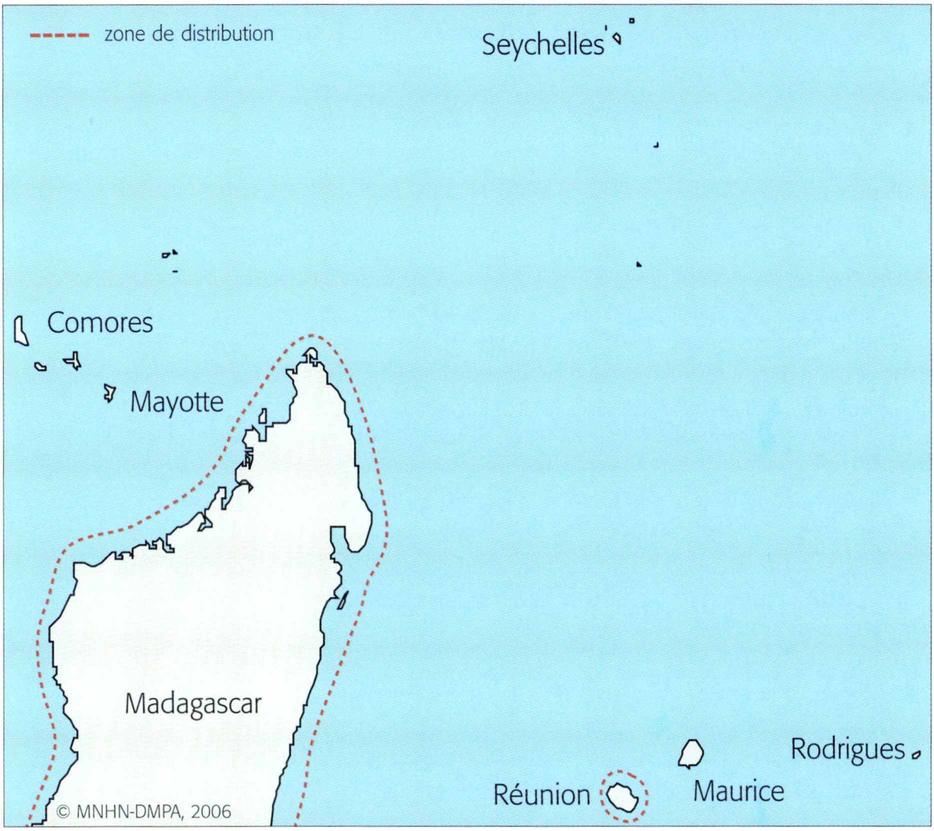
zone de distribution
Seychelles
Comores
Mayotte
Madagascar
Réunion
Maurice
Rodrigues
© MNHN-DMPA, 2006

© Tony Robinet

Anguilla bicolor bicolor Mc Clelland, 1844

Anguille bicolore (F) ; z'amab, z'anguille (C) ;
Indonesian shortfin eel (E)

Famille des Anguillidae

Description

L'anguille bicolore a un corps allongé et serpentiforme. Les nageoires dorsale et anale confluent avec la nageoire caudale. Les nageoires pectorales sont bien développées. Les nageoires pelviennes sont absentes. L'anguille bicolore fait partie du groupe d'anguilles à nageoire dorsale courte dont l'origine est située un peu en avant de l'anus. La distance entre l'origine de la nageoire dorsale et l'anus est comprise entre 0,5 et 3 % de la longueur totale. Le nombre total de vertèbres est de 106 à 115. Le nom de cette espèce se réfère aux motifs de la robe : le dos est brun-vert et le ventre gris clair, souvent jaunâtre lors de la vie en eau douce. Elle devient argentée au moment de la migration catadrome, tout en conservant sa double coloration. C'est une espèce qui dépasse rarement 1 m à 1,20 m de long. La longévité est de 10 à 20 ans pour les femelles, 5 à 10 ans pour les mâles.

Biologie

L'anguille bicolore vit dans les eaux courantes depuis les estuaires jusqu'au cours moyen, mais aussi dans les eaux stagnantes. Elle se nourrit la nuit. Les anguilles adultes se nourrissent de petits poissons, de crustacés et de mollusques. C'est une espèce catadrome. L'aire de ponte est encore hypothétique, située à l'est de Madagascar (10 à 20° S, 60 à 65° E). Amenées par le courant sud équatorial, les larves leptocéphales apparaissent au niveau des côtes au bout de deux mois. À l'approche des îles, elles se métamorphosent en civelles qui colonisent les embouchures. Les civelles ont une tache caudale développée et une ligne médiolatérale riche en mélanophores. L'arrivée des civelles dans les embouchures des rivières se produit entre novembre et avril avec un pic en mars. Celles-ci mesurent de 48 à 59 mm. Elles commencent ensuite à coloniser les cours d'eau.

Distribution

L'anguille bicolore est largement répartie dans l'océan Indien. On la trouve le long de la côte africaine, du Kenya jusqu'à l'Afrique du Sud, à Madagascar, aux Comores, à la Réunion, à Maurice, à Rodrigues et aux Seychelles jusqu'en l'Inde et en Malaisie. La sous-espèce *A. bicolor pacifica* fréquente les côtes asiatiques du Pacifique.

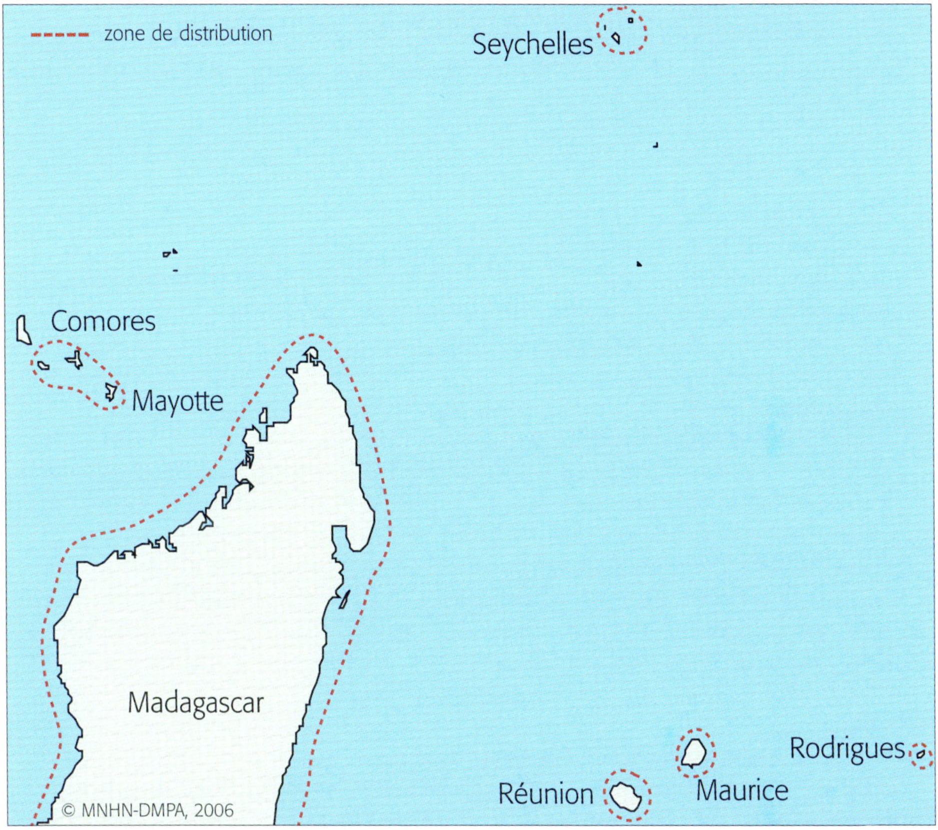
zone de distribution
Seychelles
Comores
Mayotte
Madagascar
Rodrigues
Réunion
Maurice
© MNHN-DMPA, 2006

© Érick Vigneux

Anguilla marmorata Quoy & Gaimard, 1824

Anguille marbrée (F) ; z'amab, z'anguille (C) ; giant mottled eel (E)

Famille des Anguillidae

Description

L'anguille marbrée a un corps allongé et serpentiforme. Les nageoires dorsale et anale confluent avec la nageoire caudale. Les nageoires pectorales sont bien développées, les nageoires pelviennes sont absentes. Elle fait partie du groupe d'anguilles à nageoire dorsale longue dont l'origine est située très en avant de l'anus. La distance entre l'origine de la nageoire dorsale et l'anus est comprise entre 13 et 19 % de la longueur totale. Le nombre total de vertèbres est de 103 à 109. Les deux bandes maxillaires de la mâchoire supérieure présentent un sillon longitudinal dépourvu de dents. L'espèce a été dénommée *marmorata* (de *marmor*, marbre) car le dos, chez l'adulte, est marbré de brun-noir sur un fond gris-jaune ; cette pigmentation peut toutefois s'estomper. Le ventre est blanc. Chez les anguillettes, de couleur grisâtre, les marbrures sont peu visibles. Au stade de la migration vers la mer, les femelles sont plus grandes que les mâles. Leur taille maximale est de 200 cm. Les mâles ne mesurent que 40 à 70 cm de long. La longévité est de 13 à 17 ans pour les femelles, 5 à 10 ans pour les mâles.

Biologie

L'anguille marbrée vit dans les eaux courantes depuis les estuaires jusqu'au cours supérieur, mais aussi dans les eaux stagnantes. Elle s'alimente la nuit. Les jeunes anguilles se nourrissent de larves de chevrettes (*Macrobrachium*) et d'alevins de poissons. Lorsqu'elles deviennent plus grosses, leur régime alimentaire se diversifie : outre les crevettes des rivières qui restent leurs proies préférentielles, elles se nourrissent aussi d'annélides, de mollusques, d'insectes et de poissons. C'est une espèce catadrome. L'aire de ponte est encore hypothétique, située à l'est de Madagascar (10 à 20° S, 60 à 65° E). Amenées par le courant sud équatorial, les larves leptocéphales apparaissent au niveau des côtes au bout de 2 à 4 mois. À l'approche des îles, elles se métamorphosent en civelles qui colonisent les embouchures. Les civelles ont une tache caudale peu développée alors que la ligne médiolatérale est riche en mélanophores. L'arrivée des civelles dans les embouchures des rivières se produit entre novembre et avril avec un pic en janvier-février. Celles-ci mesurent de 45 à 58 mm. Elles commencent ensuite à coloniser les cours d'eau.

Distribution

A. marmorata est présente dans toute la zone Indo-Pacifique. On la trouve aussi bien en Afrique, en Inde et au Japon que dans la majorité des îles du Pacifique sud. Elle était signalée aussi à Rodrigues, mais n'y existe plus en raison de la disparition des rivières suite aux sécheresses des années 1970.

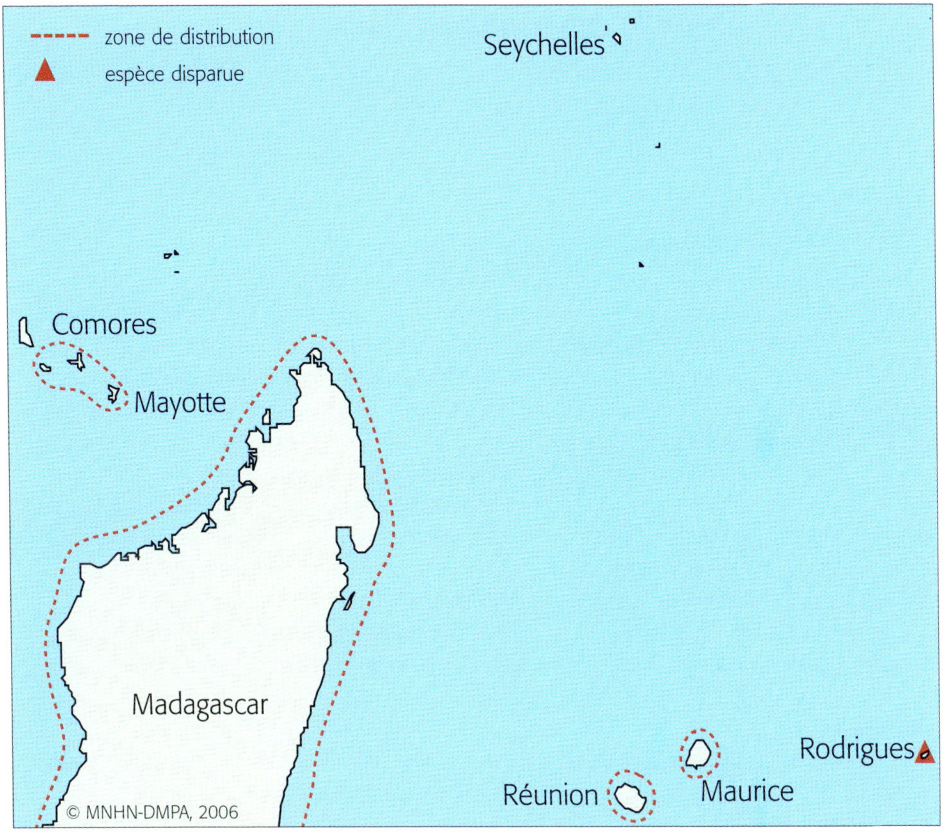
zone de distribution
espèce disparue
Seychelles
Comores
Mayotte
Madagascar
Rodrigues
Réunion
Maurice
© MNHN-DMPA, 2006

Anguilla mossambica (Peters, 1852)

Anguille du Mozambique (F) ; z'amab, z'anguille (C) ;
African longfin eel (E)

Famille des Anguillidae

Description

L'anguille du Mozambique a un corps allongé et serpentiforme. Les nageoires dorsale et anale confluent avec la nageoire caudale. Les nageoires pectorales sont bien développées. Les nageoires pelviennes sont absentes. Elle fait partie du groupe d'anguilles à nageoire dorsale longue dont l'origine est située très en avant de l'anus. La distance entre l'origine de la nageoire dorsale et l'anus est comprise entre 9 et 17 % de la longueur totale. Le nombre total de vertèbres est de 100 à 106. La peau est unie, le dos gris à vert-olive et le ventre clair. Les grands spécimens sont bruns à noirs sur la face dorsale avec un ventre blanc aux reflets argentés. L'espèce a été dénommée *mossambica* en référence au pays d'origine des spécimens ayant servi à la description. Au stade de la migration vers la mer, les femelles sont plus grandes et plus lourdes que les mâles. Les femelles peuvent atteindre une longueur de 1,2 m pour un poids de 4 à 5 kg. La longévité est de 10 à 19 ans pour les femelles et 6 à 10 ans pour les mâles.

Biologie

L'anguille du Mozambique vit dans les eaux courantes depuis les estuaires jusqu'au cours supérieur, mais aussi dans les eaux stagnantes. Elle se nourrit la nuit. Les anguilles adultes se nourrissent de crustacés et de poissons. C'est une espèce catadrome. L'aire de ponte est encore hypothétique, située à l'est de Madagascar (10 à 20° S, 60 à 65° E). Amenées par le courant sud équatorial, les larves leptocéphales apparaissent au niveau des côtes au bout de 2 à 4 mois. À l'approche des îles, elles se métamorphosent en civelles qui colonisent les embouchures. Les civelles ont une tache caudale développée. L'arrivée des civelles dans les embouchures des rivières se produit entre novembre et mars avec un pic en novembre-décembre. Celles-ci mesurent de 40 à 57 mm. Elles commencent ensuite à coloniser les cours d'eau.

Distribution

Anguilla mossambica est présente dans les rivières de la côte est africaine du Kenya jusqu'en en Afrique du Sud et dans la zone Madagascar-Mascareignes-Comores.

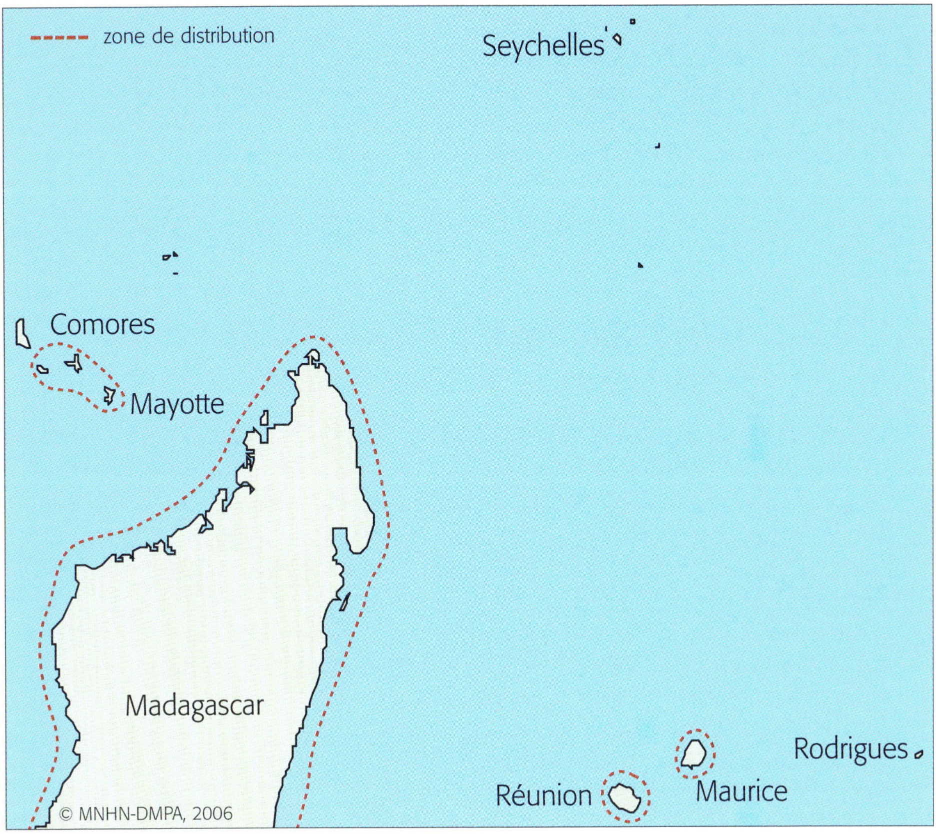

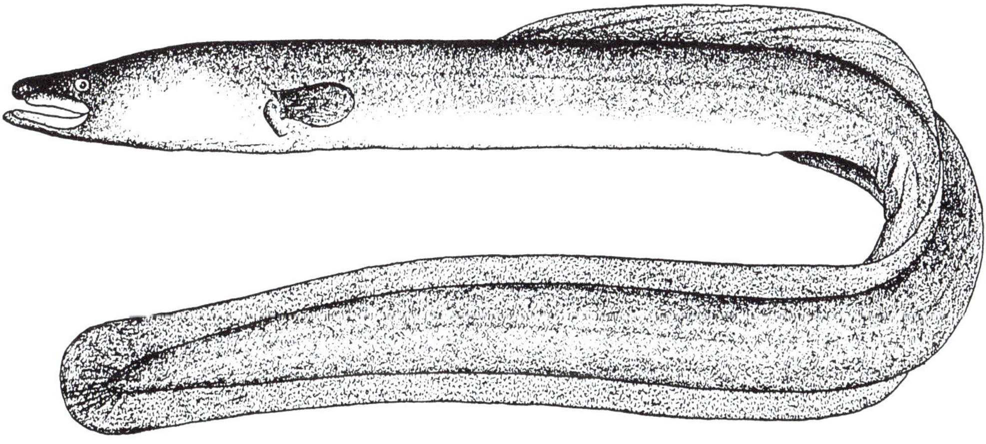

Species identification sheets for fishery purposes. Fishing Area 51. FAO, 1984

Famille des Moringuidae :
Les "anguilles spaghettis" présentent un corps très long et effilé. La ligne latérale est bien visible. Les nageoires pectorales sont absentes ou très réduites. Les nageoires dorsale et anale sont situées nettement à l'arrière de l'anus. Les écailles sont absentes. La bouche est petite. Les dents sont petites et pointues. La mâchoire inférieure est plus longue que la mâchoire supérieure. Il n'existe que 2 genres et 15 espèces dans le monde. Les espèces sont essentiellement marines ou saumâtres, peu vivent dans les eaux douces.

Moringua microchir Bleeker, 1853

Anguille spaghetti (F) ; lesser thrush eel (E)

Description

L'anguille spaghetti a un corps très long et effilé. Sa hauteur est contenue 36 à 51 fois dans la longueur totale. La longueur de la tête est contenue 10 à 15 fois dans la longueur totale. Les nageoires dorsale et anale confluent avec la nageoire caudale. Elles sont situées nettement à l'arrière de l'anus. Les longueurs mesurées du museau à l'origine de la nageoire dorsale, du museau à l'origine de la nageoire anale et du museau à l'anus correspondent respectivement à 75 %, 69 % et 67 % de la longueur totale. Les nageoires pectorales sont petites. Le long de la ligne latérale on observe 63 pores de la tête à l'anus. Le nombre total de vertèbres est de 105 à 113. La couleur du corps est uniformément brune sur le dos et plus claire sur le ventre. Chez les juvéniles le dos est orange-jaune et le ventre bleuâtre. Les spécimens qui vivent dans les rivières peuvent atteindre 47 cm.

Biologie

Cette espèce, à l'état de juvénile et d'adulte immature, colonise les estuaires et le cours inférieur des rivières. Elle fréquente les eaux calmes aux fonds sablonneux. Elle se nourrit de poissons et d'invertébrés, en particulier de crustacés. Les femelles matures restent sur les fonds marins peu profonds alors que les mâles matures sont pélagiques. La reproduction a lieu en haute mer. Les larves leptocéphales rejoignent le littoral pour y poursuivre leur croissance.

Distribution

Moringua microchir a une vaste répartition Indo-Pacifique de l'Afrique de l'Est aux Samoa en passant par le Japon et l'Australie. Elle a été signalée aux Seychelles et à Maurice.

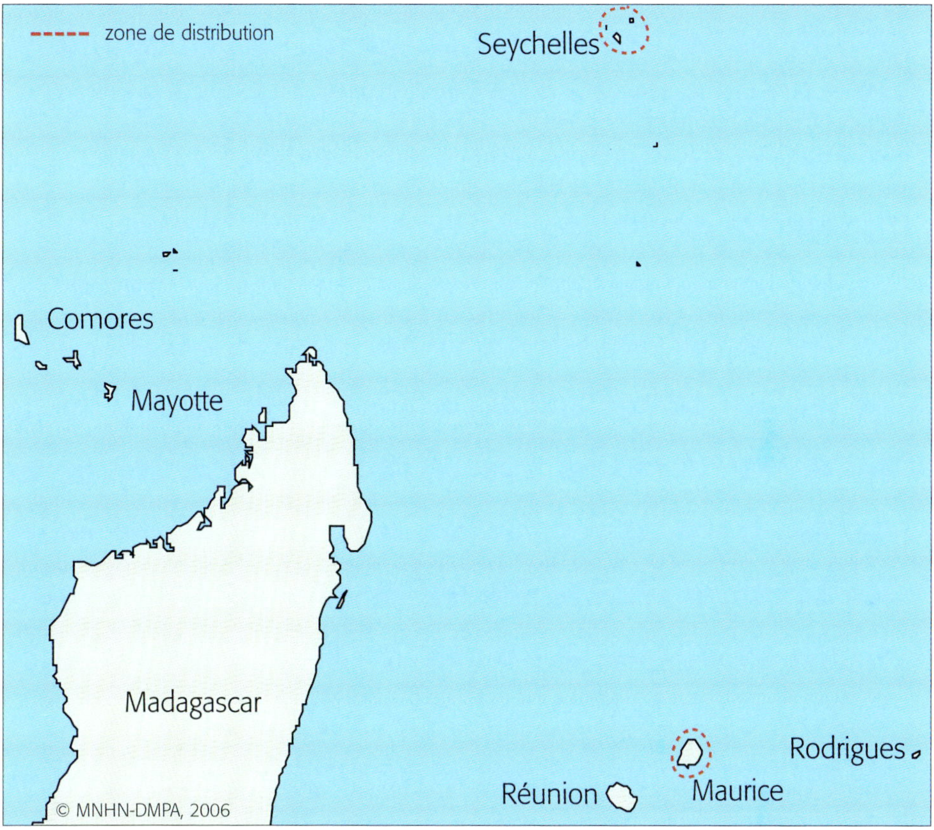
zone de distribution
Seychelles
Comores
Mayotte
Madagascar
Rodrigues
Réunion
Maurice
© MNHN-DMPA, 2006

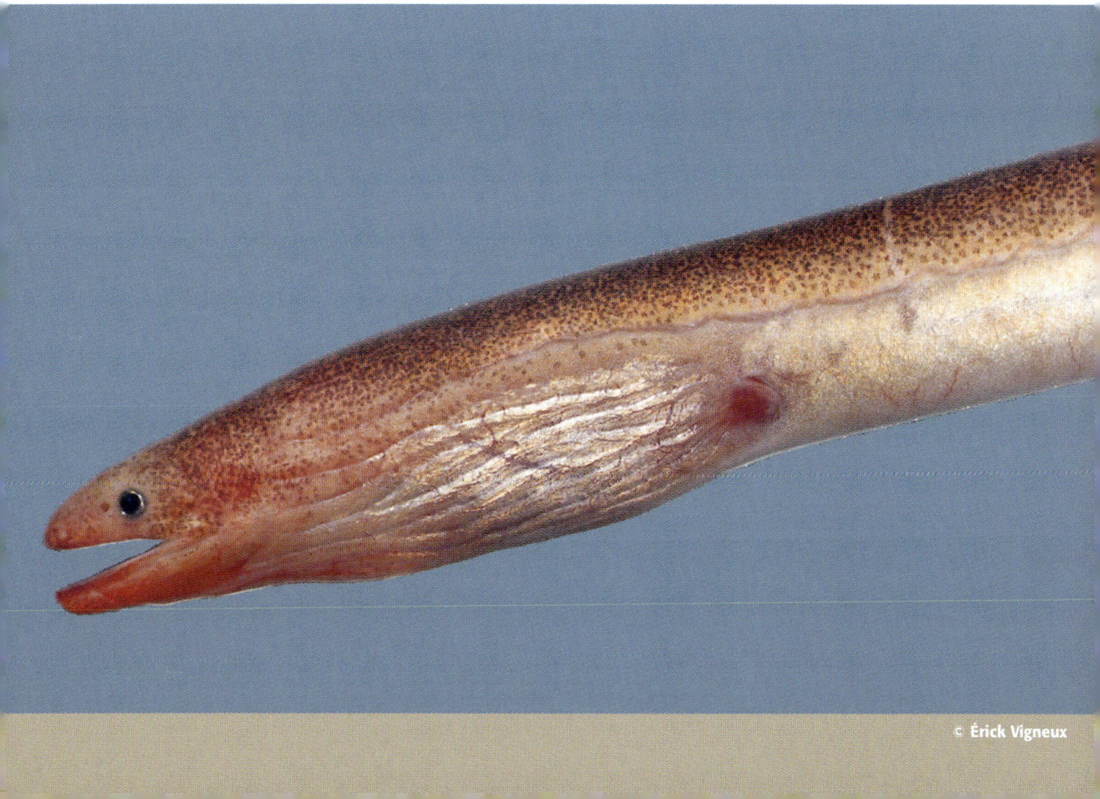
© Érick Vigneux

Famille des Ophichthidae :
Les "anguilles serpents" ont un corps allongé et serpentiforme. Elles possèdent de nombreux rayons branchiostèges (15 à 49 paires) se rejoignant le long de la ligne médioventrale en formant une sorte de panier (le jugostegalia), et des narines postérieures traversant la lèvre supérieure pour aboutir dans la bouche. Les "anguilles serpents" sont généralement associées aux fonds sableux marins mais quelques espèces fréquentent les eaux douces ou saumâtres. Les écailles sont absentes. Les nageoires pectorales peuvent être présentes ou absentes. La queue rigide et dépourvue de nageoire caudale se termine en pointe, ce qui leur permet de creuser les sédiments. On compte 52 genres incluant plus de 290 espèces.

Yirrkala tenuis (Günther, 1870)

Anguille serpent (F) ; thin sand eel (E)

Description

Le corps de cette espèce est mince, serpentiforme et plus ou moins cylindrique ; sa hauteur est contenue 41 à 45 fois dans sa longueur totale. La longueur de la tête est contenue 13 à 15 fois dans la longueur totale. Le museau est pointu et la bouche, infère, dépasse largement le bord postérieur de l'œil. Sur les mâchoires, les dents sont petites, pointues et sur une seule rangée. Les ouvertures branchiales sont latérales à latéro-ventrales. L'origine de la dorsale est située au dessus des fentes branchiales. Il n'y a pas de nageoire caudale. La queue rigide se termine en pointe. Les nageoires pectorales sont absentes. L'espèce possède 167 à 174 vertèbres. Le corps est brun-olive sur le dos, avec des zones gris clair sur les flancs et gris-blanc sur le ventre. Taille : 20 à 50 cm.

Biologie

Yirrkala tenuis se rencontre en estuaire, mais elle fréquente aussi les zones marines côtières. Elle vit enfouie dans le sable où elle chasse à l'affût les petits poissons ou les crevettes. Omnivore, elle se nourrit aussi de détritus organiques, voire de cadavres. Elle peut être très abondante près des berges lors des remontées d'alevins de poissons.

Distribution

Cette espèce fréquente la mer Rouge et l'océan Indien, de Natal et le Sud du Mozambique jusqu'aux Mascareignes.

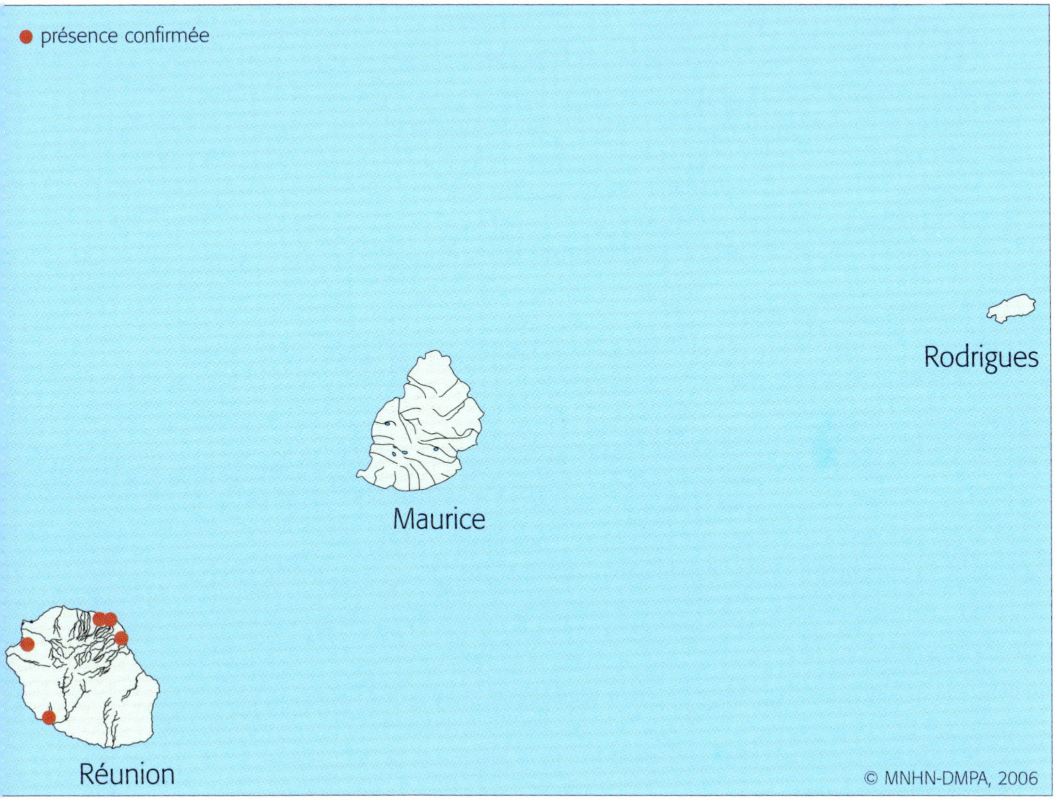
présence confirmée
Rodrigues
Maurice
Réunion
© MNHN-DMPA, 2006

© Érick Vigneux

ORDRE DES CYPRINIFORMES
Les Cypriniformes se caractérisent par la présence d'une vessie natatoire divisée en deux chambres, de tubercules nuptiaux, de pelviennes en position ventrale, et, en général, d'un appareil de Weber (organe acoustique osseux issu d'une modification des premières vertèbres et reliant la partie antérieure de la vessie natatoire à l'oreille interne). Ils possèdent des dents pharyngiennes complètement soudées au cinquième arc branchial. L'ensemble constitue un appareil masticateur extrêmement efficace qui compense l'absence totale de dents sur les mâchoires.

Famille des Cyprinidae:
Les Cyprinidés, avec plus de 220 genres et 2420 espèces, toutes d'eau douce, constituent la plus grande famille de poissons. Ils sont présents à l'état naturel en Eurasie, en Afrique et en Amérique du Nord.

Carassius auratus (Linné, 1758)

Carassin doré, poisson rouge (F); dame céré, monbrun, madanm séré (C); goldfish (E)

Description

Dans sa forme rustique, le poisson rouge ressemble à une petite carpe car le corps est large, haut et élancé. La dorsale est longue et convexe. Le bord interne des écailles est peu festonné. La nageoire dorsale possède 3 à 4 rayons épineux et 14 à 20 rayons mous, l'anale 3 rayons épineux et 5 à 7 mous, les pectorales 1 rayon épineux et 15 à 17 mous et les pelviennes 2 rayons épineux et 7 à 8 mous. Il y a 26 à 33 écailles en ligne latérale. La teinte générale de la forme sauvage est bronzée. La robe de la forme ornementale varie du rouge-orange vif au blanc, elle est unie ou avec de larges taches sombres. Le juvénile n'a pas de tache noire sur le pédoncule caudal comme certaines autres espèces du genre *Carassius*. Taille: 20-30 cm.

Biologie

Dans son aire d'origine, le poisson rouge ne se rencontre guère que dans les pièces d'eau isolées ou dans les cours d'eau lents où il peut se reproduire assez facilement. L'espèce est résistante au déficit en oxygène. La reproduction multiple (jusqu'à quatre pontes annuelles) a lieu sur les plantes en juin-juillet à 20-25 °C (10000 à 80000 œufs de 1,5 à 1,7 mm). Les œufs éclosent en trois jours à 25 °C et les jeunes atteignent 6 à 8 cm à 1 an. Peu compétitif et proie facile, le carassin doré ne réussit guère que dans les pièces d'eau où il vit seul. Il peut vivre plus de 20 ans.

Distribution

Forme ornementale créée en Chine vers l'an mille à partir d'une ou plusieurs formes sauvages, elle fut introduite un peu partout dans le monde. À la Réunion et Maurice, l'espèce fut introduite pour la première fois dans la deuxième moitié du XVIIIe siècle. Elle fut à nouveau introduite à Maurice en 1953 à partir de spécimens malgaches. On ne peut réellement statuer sur son acclimatation et les individus rencontrés à la Réunion, à Maurice et aux Seychelles sont issus, en général, d'aquariums.

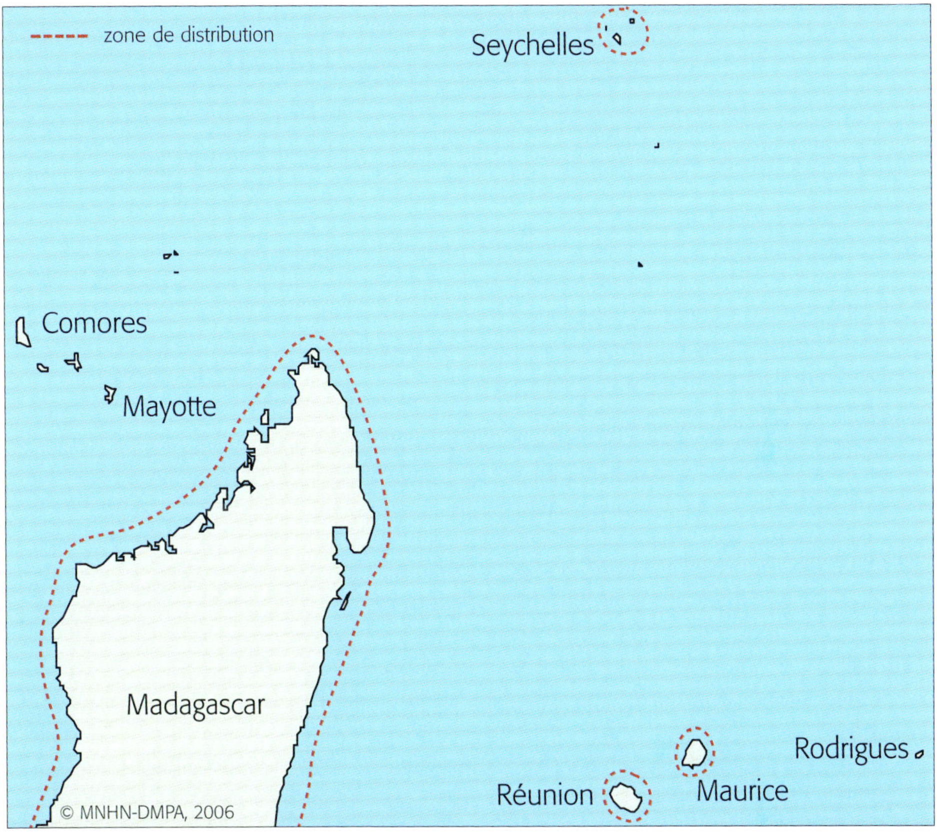
zone de distribution
Seychelles
Comores
Mayotte
Madagascar
Rodrigues
Réunion
Maurice
© MNHN-DMPA, 2006

Cyprinus carpio Linné, 1758

Carpe commune (F) ; common carp (E)

Famille des Cyprinidae

Description

Le corps est allongé et trapu. La bouche protractile porte quatre barbillons : deux charnus sur la lèvre supérieure et un plus long à chaque commissure. Il existe une seule nageoire dorsale ; elle est longue, possède 3 à 4 rayons épineux et 17 à 22 mous. L'anale est courte, elle porte deux à trois rayons épineux et cinq mous. Les pectorales possèdent 1 rayon épineux et 14 à 15 mous, les pelviennes 1 à 2 épineux et 7 à 8 mous. Il y a 33 à 40 écailles en ligne latérale. Le dos est sombre, brun-vert, les flancs à reflets dorés, le ventre blanc à jaunâtre. Les nageoires paires sont souvent rouges, les nageoires impaires souvent gris-bleu ou rouges. La carpe est très polymorphe et présente de nombreuses variétés d'élevage. Les différentes variétés de carpes se distinguent par leur mode d'écaillure. Elle peut atteindre 50 à 80 cm de longueur totale, un poids de 10 à 15 kg pour un âge maximum de 40 ans en captivité et de 15 à 20 ans en milieu naturel.

Biologie

Dans son aire d'origine, la carpe commune est un poisson typique des cours inférieurs et des milieux lentiques (étangs, bras morts, prairies inondées...). Elle se déplace vers les prairies inondées en période de reproduction. La reproduction naturelle est assez tardive, entre mai et juillet. Chaque femelle pond, parfois en plusieurs fois, entre 120 000 et 180 000 œufs par kilo. Les œufs, de 1,5 mm de diamètre, adhèrent à la végétation immergée. Les carpes deviennent matures à partir de deux ans pour les mâles et trois ans pour les femelles. La carpe se complaît dans les eaux à fond vaseux où la végétation est dense. Elle supporte de faibles concentrations en oxygène (jusqu'à 0,5 mg/l) et préfère les eaux relativement chaudes (entre 15 et 25 °C). La carpe est omnivore (larves d'insectes, mollusques, crustacés, vers).

Distribution

Originaire d'Asie occidentale, la carpe fut importée dans les régions tropicales et en particulier à la Réunion vers 1830 à partir de spécimens d'Europe, puis à Maurice en 1976 à partir de spécimens venus de l'Inde. Elle serait acclimatée dans certains "réservoirs" à Maurice tandis qu'elle ne semble pas acclimatée à la Réunion.

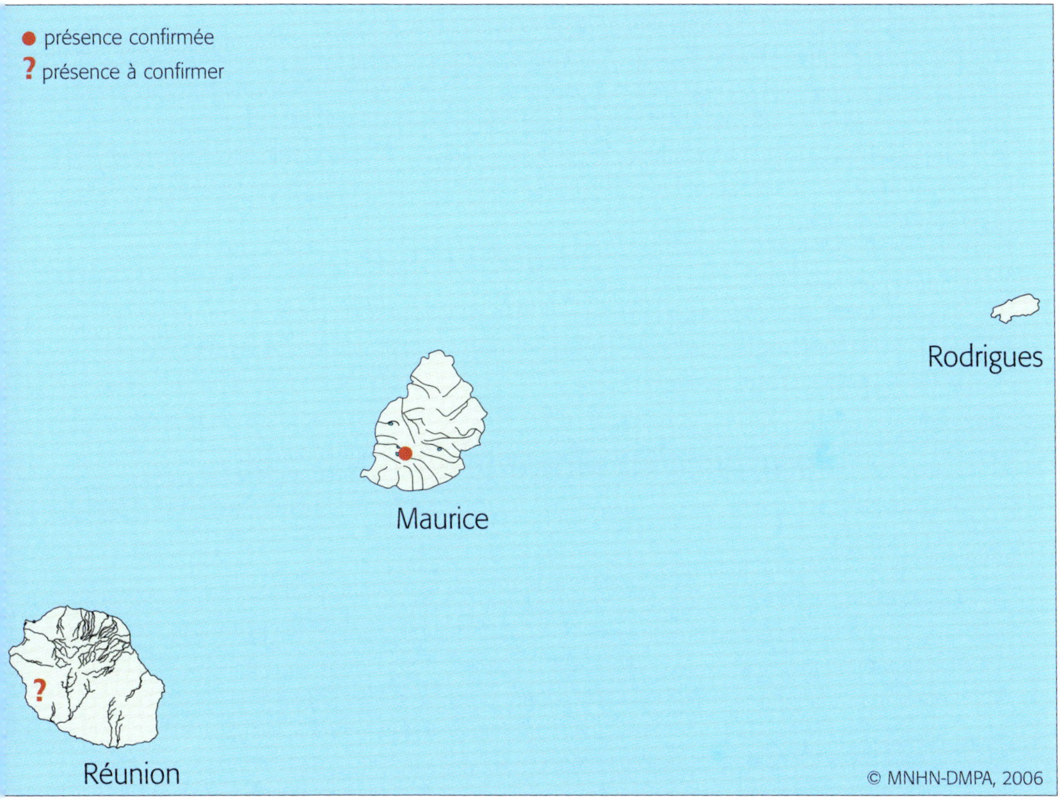

© Érick Vigneux

ORDRE DES CYPRINODONTIFORMES

Les poissons de cet ordre possèdent une ligne latérale dont le canal et les pores sont situés principalement sur la tête. Les nageoires abdominales et la ceinture pelvienne sont présentes ou absentes. Il y a 3 à 7 rayons branchiostèges et 24 à 54 vertèbres. Le dimorphisme sexuel est marqué et les mâles souvent très colorés. Il existe 10 familles (dont deux seulement dans l'aire considérée) pour 109 genres et plus de 1013 espèces dans le monde.

Famille des Aplocheilidae :

Chez cette famille (présente en Afrique, à Madagascar, aux Seychelles, en Inde et dans l'archipel Indo-Malaisien) le supracleithrum est fusionné au post-temporal et le premier postcleithrum est présent.

Pachypanchax playfairii (Günther, 1866)

Panchax de Playfair (F) ; gouzon, gourzon (C) ; golden panchax (E)

Description

Le corps est ovale, sa hauteur contenue 3,5 à 4,2 fois dans la longueur standard, la longueur de la tête environ 3 fois. La tête est aplatie sur sa partie supérieure, le museau est large, plutôt arrondi. La bouche est supère et la mandibule légèrement proéminente. L'œil est contenu 3,5 à 4,5 fois dans la longueur de la tête. Le préorbitaire est très étroit. La dorsale a 10 à 12 rayons, la nageoire anale, les pectorales et les pelviennes ont chacune 16 à 18 rayons. Il y a 29 à 34 écailles en série longitudinale. La nageoire dorsale est très reculée et débute à peu près au-dessus du milieu de la nageoire anale. Les nageoires dorsale et anale sont plus longues chez le mâle, plus arrondies chez la femelle. Les pectorales et la nageoire caudale sont arrondies. Le pédicule caudal est large et court, aussi haut que long. La coloration générale est gris-jaune à brun. Le mâle a des séries longitudinales de points rouges correspondant à chaque écaille et de fines lignes de points bruns à rouges sur les nageoires impaires. La femelle est moins colorée, une tache noire se trouve à la base de sa dorsale. Taille : jusqu'à 10 cm.

Biologie

Le panchax de Playfair se nourrit de vers, de crustacés, d'insectes et de poissons. Il fréquente les rivières dans les zones calmes, douces et saumâtres. Les mâles et les femelles délimitent des territoires. Ils sont ovipares. La période de ponte dure une semaine et produit de 50 à 200 œufs qui adhèrent au substrat. En période de parade nuptiale, le mâle a les écailles hérissées. À 24 °C, les œufs éclosent au bout de 12 jours.

Distribution

L'espèce est endémique des Seychelles et fréquente notamment Praslin, Mahé, la Digue et Silhouette.

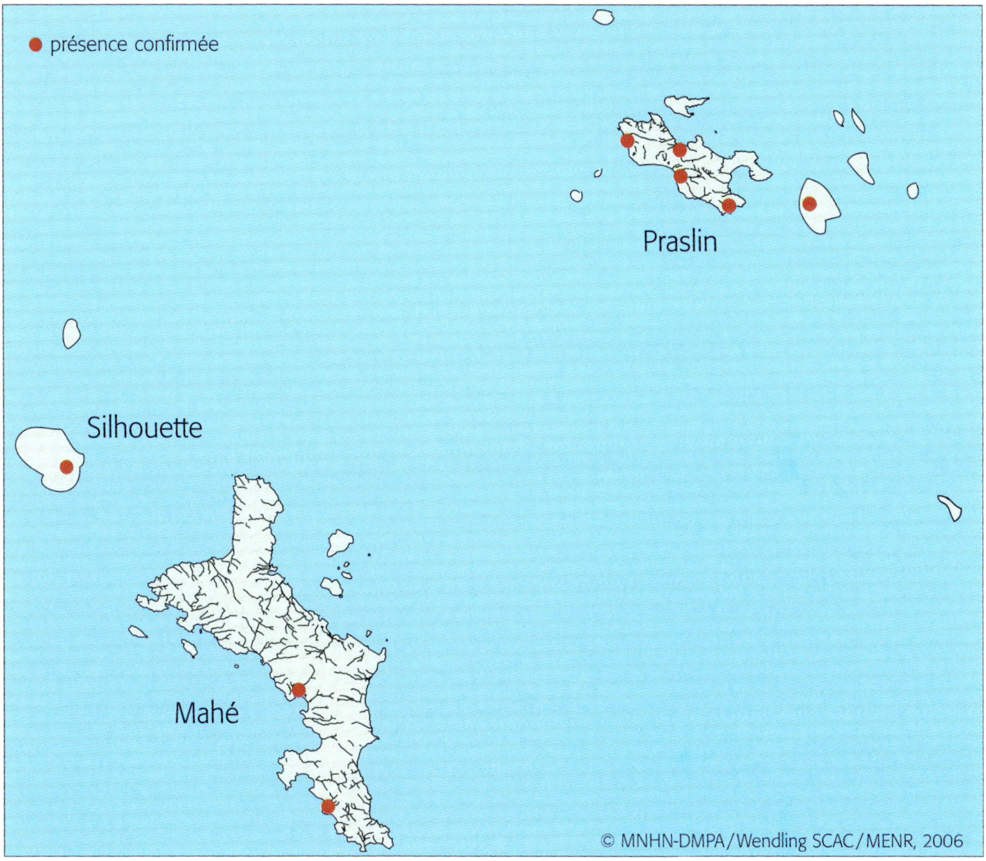
présence confirmée
Praslin
Silhouette
Mahé
© MNHN-DMPA / Wendling SCAC / MENR, 2006

© Philippe Keith

Famille des Poeciliidae :
Les Poeciliidae ont des nageoires pectorales assez hautes sur le côté du corps. Les nageoires pelviennes sont très antérieures. Le gonopode est présent ou absent. Il existe 37 genres et près de 304 espèces. La sous-famille des Poeciliinae est caractérisée par la présence d'un gonopode (organe copulateur) chez le mâle. Celui-ci est formé des troisième, quatrième et cinquième rayons de la nageoire anale. La fécondation est interne et les œufs sont riches en vitellus. Il y a 4 à 14 rayons sur la nageoire dorsale.

Poecilia reticulata Peters, 1859

Guppy (F) ; poisson million, milyon (C) ; guppy (E)

Description

Le corps du guppy est plus ou moins allongé et ovale. La bouche, petite, est supère. La nageoire anale possède huit à neuf rayons, elle est opposée à la nageoire dorsale chez la femelle mais reportée en avant chez le mâle. Il y a 26 à 28 écailles en ligne longitudinale. Le dimorphisme sexuel est prononcé. Le mâle est plutôt fusiforme avec une livrée bien colorée sur laquelle contraste une ou plusieurs taches de couleur intense ; il possède un gonopode. La couleur des mâles et le développement de leurs nageoires varient énormément. La nageoire dorsale est assez courte et possède sept à huit rayons. La nageoire caudale est arrondie. Les nageoires sont hyalines. La femelle est trapue, sa nageoire dorsale est moins haute que chez le mâle. Taille : 25 à 30 mm chez le mâle ; 40 à 70 mm chez la femelle.

Biologie

Préférant les eaux calmes, cette espèce est présente dans les étangs côtiers et les mares mais aussi dans les parties lentes des rivières. Elle vit parmi la végétation qui lui procure des abris contre les prédateurs et se nourrit de petits crustacés et de larves de moustiques. Le guppy mâle passe la plus grande partie de son existence à courtiser les femelles. L'espèce est ovovivipare. L'accouplement se fait par copulation. Les œufs se développent dans la femelle. Après une incubation de trois semaines environ, elle met au monde jusqu'à 200 jeunes bien formés, privés de vésicule vitelline et capables de s'alimenter immédiatement. Les guppys peuvent se reproduire plusieurs fois par an.

Distribution

Originaire du continent américain, le guppy a été très largement implanté dans le monde entier pour lutter contre les larves de moustiques. Il a été introduit à la Réunion au début du XXe siècle, à Maurice en 1908 et à des dates indéterminées aux Seychelles et aux Comores. Il était aussi signalé à Rodrigues en 1930 par Petit où il semble toujours présent.

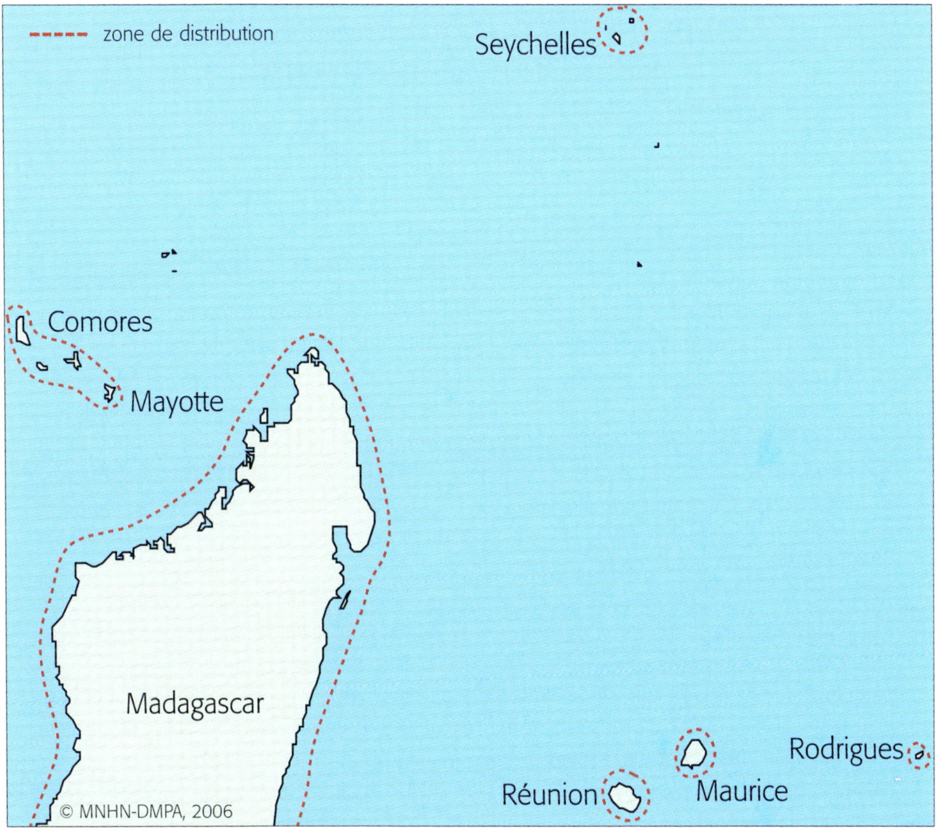

© Érick Vigneux

Gambusia affinis (Baird & Girard, 1853)

Gambusie (F) ; mosquitofish (E)

Famille des Poeciliidae

Description

Le corps de la gambusie est plus ou moins allongé et ovale. La bouche est supère. La dorsale est nettement insérée en arrière de l'anale. Les pelviennes sont abdominales. Les nageoires impaires sont arrondies et souvent ornées de ponctuations. Les écailles sont grandes. La nageoire dorsale a 7 à 9 rayons, la nageoire anale 9 ou 10 rayons, les pectorales 10 à 14 et les pelviennes 6. Il y a 29 à 32 écailles en série longitudinale. Le mâle est plus petit que la femelle et sa nageoire anale est transformée en gonopode. La femelle possède un ventre proéminent et arrondi avec une tache abdominale caractéristique. Coloration : gris-olivâtre avec souvent une bande noire sur l'œil. Taille : jusqu'à 30 mm pour les mâles et 55 mm pour les femelles.

Biologie

La gambusie préfère les eaux calmes peu profondes, chaudes et riches en végétation. On la trouve en zone côtière et en plaine dans les marais et les canaux. Elle fréquente aussi les zones lentes dans le cours inférieur des rivières. Cette espèce est vivipare. Dans son aire d'origine, la reproduction a lieu de début juin à fin septembre. Les mâles, très agressifs, cherchent à inséminer le plus grand nombre de femelles avec leur gonopode. Celles-ci ont une poche spéciale qui peut garder le sperme viable plusieurs mois. Les femelles qui passent l'hiver peuvent avoir jusqu'à six groupes d'alevins au cours de la saison. Les premiers alevins vont se reproduire quelques semaines après leur naissance. Les jeunes, nés en fin d'été, ne se reproduiront pas l'année de leur naissance ; ils tenteront de passer l'hiver et d'assurer la reproduction de l'année suivante. L'âge maximum est d'une année, mais certains individus ne vivront que quelques semaines. Le régime alimentaire de la gambusie est composé principalement de crustacés d'octobre à mai et surtout d'insectes aquatiques de juin à septembre. Curieusement, dans certaines zones où elle a été introduite, elle ne semble pas consommer de larves de moustiques. Elle est grégaire, tolère bien la salinité, le manque d'oxygène et les fortes températures ($>30\,°C$).

Distribution

Originaire du Sud des Etats-Unis, la gambusie a été introduite partout dans le monde pour lutter contre les moustiques. Elle aurait été introduite à la Réunion et semble y avoir disparu alors qu'elle cohabite avec le guppy à Maurice. Elle était signalée aussi à Rodrigues et aux Comores mais n'y a pas été retrouvée récemment.

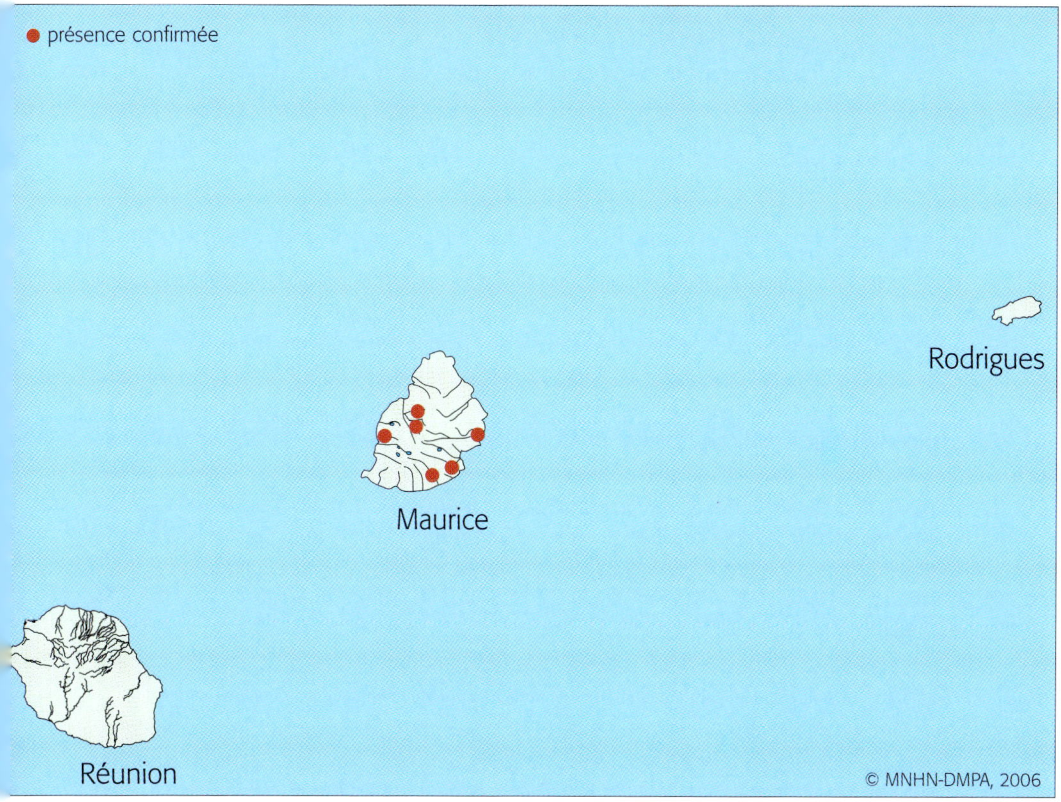
présence confirmée
Rodrigues
Maurice
Réunion
© MNHN-DMPA, 2006

© Érick Vigneux

Xiphophorus hellerii Heckel, 1848

Porte-épée, xipho (F) ; green swordtail (E)

Famille des Poeciliidae

Description

Le corps du porte-épée est modérément allongé et comprimé latéralement. La tête est déprimée sur le dessus et couverte d'écailles. La bouche, petite et protractile, s'ouvre à l'extrémité du museau. Les nageoires pectorales sont légèrement arrondies. L'origine de la marge antérieure de la nageoire dorsale est un peu en avant de l'anale. La nageoire anale forme chez le mâle un organe copulateur, le gonopode. La nageoire caudale est arrondie mais se prolonge chez le mâle en une "épée" formée par les rayons inférieurs et qui peut atteindre la longueur du corps. La nageoire dorsale possède 13 à 14 rayons mous, la nageoire anale 9. La femelle est plus ronde que le mâle. Le corps est jaune-vert avec une bande longitudinale rouge au centre des flancs, surlignée par une bande bleue. Taille : 5 à 7 cm de longueur standard chez le mâle ; 7 à 12 cm chez la femelle.

Biologie

Le porte-épée est une espèce dulçaquicole qui fréquente les eaux calmes des rivières surtout dans les zones basses. Il est omnivore mais avec une fraction végétale importante. Le dimorphisme sexuel est marqué, seul le mâle porte une extension de la nageoire caudale. L'espèce est ovovivipare. Dans son pays d'origine (Sud des États-Unis jusqu'au Nord de l'Argentine, en passant par l'Amérique centrale et les Caraïbes), la reproduction se déroule principalement entre les mois d'août et mai avec un pic d'activité entre octobre et décembre. Une femelle peut effectuer huit à dix pontes par saison. Chaque ponte contient 50 à 80 œufs. L'espèce est mature à 2-3 mois pour une taille de 21 à 27 mm. La période de gestation est de 27 à 63 jours selon les auteurs. La température de l'eau contrôle le cycle reproductif des femelles. L'espèce est grégaire. Au sein d'un groupe, le mâle dominant est responsable de 80 % de l'activité sexuelle. Territorial, il chasse systématiquement tous les autres mâles qui s'approchent de son harem. L'agressivité des femelles les unes par rapport aux autres est proportionnelle à leur rang social dans le groupe.

Distribution

Le porte-épée a été vraisemblablement introduit à la Réunion et à Maurice par l'intermédiaire de l'aquariophilie ou de la lutte antimoustique. Il est trouvé ponctuellement sur ces deux îles.

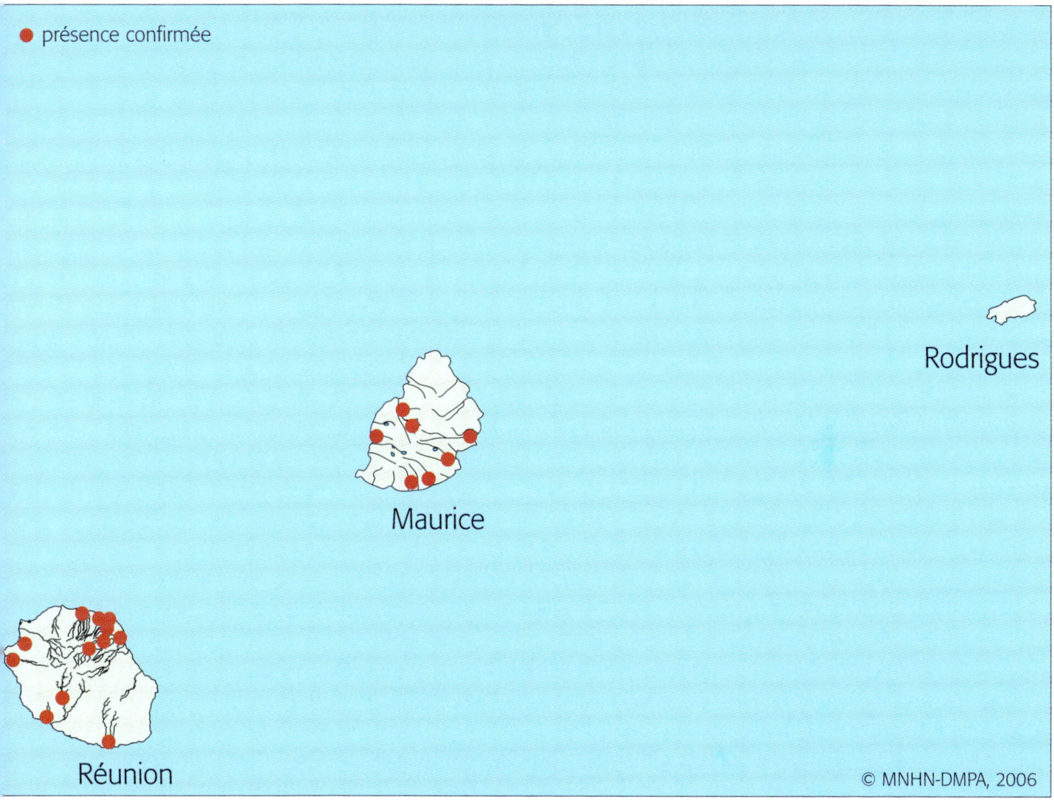
présence confirmée
Rodrigues
Maurice
Réunion
© MNHN-DMPA, 2006

© Érick Vigneux

Xiphophorus maculatus (Günther, 1866)

Platy (F) ; southern platyfish (E)

Famille des Poeciliidae

Description

Le corps est court, haut et ovale. La hauteur du corps est contenue près de deux fois dans la longueur standard. La tête est petite et triangulaire, la bouche supère. La nageoire caudale est en général noire et il existe deux taches noires à la base de celle-ci. Les rayons ventraux de la nageoire caudale ne sont pas allongés en forme d'épée. Le gonopode du mâle est court. La nageoire dorsale, plutôt rectangulaire, possède 8 à 10 rayons mous. La nageoire anale est courte, plus petite que la dorsale. Il n'y a pas de ligne ventrale avec des pigments noirs sur le pédoncule caudal. Les spécimens d'aquarium sont souvent orange, les spécimens sauvages brun-olive avec une iridescence bleue sur les côtés et jaune-vert sur le ventre. Les femelles atteignent 6 cm et les mâles 4 cm.

Biologie

L'espèce a été particulièrement étudiée en Australie où elle a été introduite au cours du XXe siècle. Elle s'y reproduit entre septembre et mars avec un pic en octobre et un autre juste avant la fin de cette période. Elle est ovovivipare et produit cinq à six pontes par an, en général une par mois, durant la période de reproduction. Il y a en moyenne 25 à 30 alevins par ponte. La période de gestation est de 33 à 64 jours en moyenne. Le mâle a sa nageoire anale transformée en gonopode. La taille à maturité est en moyenne de 28 à 30 mm, correspondant à un âge de 2 à 3 mois. L'espèce se reproduit donc à une taille inférieure à celle de la gambusie et du porte-épée. Le sexe ratio est en général voisin de un mâle pour une femelle dans les populations, mais dans certaines localités les femelles dominent. Il semble que les mâles cessent de grandir à maturité, les femelles sont donc plus nombreuses dans les grandes tailles. L'espèce se nourrit de vers, crustacés, insectes et matières végétales. Elle fréquente les eaux lentes des rivières, ou les étangs avec des berges végétalisées.

Distribution

Cette espèce originaire des versants atlantiques du Mexique, du Guatemala et du Nord du Honduras a été vraisemblablement introduite à la Réunion et à Maurice par l'intermédiaire de l'aquariophilie ou de la lutte antimoustique. Elle est trouvée ponctuellement sur ces deux îles.

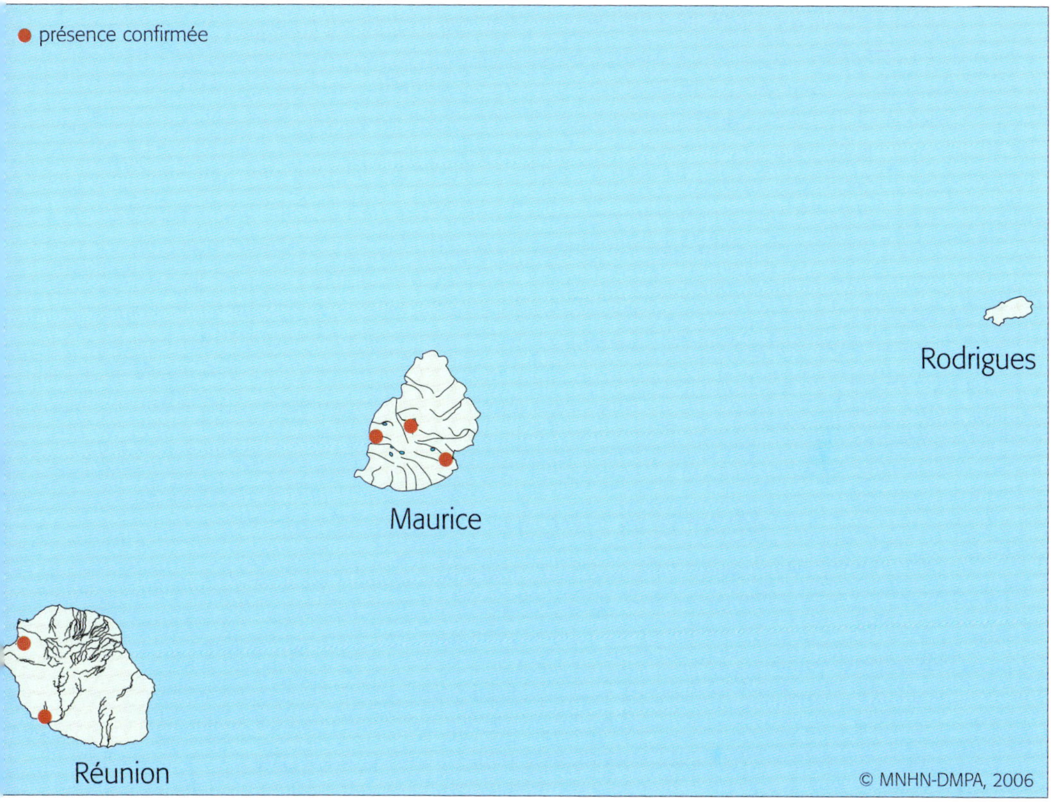

© Deodat Manchon

ORDRE DES GASTÉROSTÉIFORMES

Les Gastérostéiformes sont caractérisés par un à cinq rayons branchiostèges et leur corps est souvent recouvert de plaques dermiques formant une sorte d'armure. Il existe 11 familles, 71 genres et 278 espèces.

Famille des Syngnathidae :

Les poissons de cette famille ont un corps allongé, enserré dans une série d'anneaux osseux. Il existe une seule nageoire dorsale avec 15 à 60 rayons mous et une nageoire anale courte de 2 à 6 rayons. Les nageoires pelviennes sont absentes ainsi que parfois la nageoire caudale. Les ouvertures branchiales sont très étroites, réduites à des petits orifices à l'angle supérieur des opercules. C'est le mâle qui se charge de l'incubation des œufs dans une cavité en forme de gouttière située sous son ventre. Il existe 52 genres pour 232 espèces dont 18 ne sont connues qu'en eaux douces et 37 sont euryhalines.

Microphis argulus (Peters, 1855)

Syngnathe virgule (F) ; flat-nosed pipepish (E)

Description

Le corps est effilé, recouvert de plaques dermiques formant une série d'anneaux. Le bord de la partie supérieure du tronc et celui de la queue sont discontinus. Le bord latéral du tronc conflue avec le bord de la partie inférieure de la queue. L'opercule ne possède pas de crête longitudinale complète et distincte. On compte 16 à 17 anneaux pour le tronc, 36 à 39 pour la queue. La tête possède un museau relativement court et fin. Sa longueur moyenne est comprise entre 2,3 et 2,7 fois dans la longueur de la tête. Sa hauteur moyenne est comprise entre 2,5 et 3,4 fois dans la longueur du museau. La bouche, supère, est située à son extrémité. La mâchoire supérieure n'est pas protractile. Il n'y a pas de ligne latérale. La nageoire dorsale, longue, est située en avant du corps et possède 44 à 59 rayons mous. Les nageoires pectorales comptent 15 à 18 rayons branchus. La poche d'incubation est sous le tronc. Le corps est de couleur brun-grisâtre avec deux rangées latérales superposées de taches ocellées sur chaque anneau du tronc, et une seule rangée sur chaque anneau de la queue. La taille maximale est de 14,5 cm.

Biologie

Cette espèce euryhaline vit surtout dans les eaux saumâtres. On la retrouve dans les estuaires et dans le cours inférieur des rivières. Elle se nourrit de plancton, d'œufs et de petits crustacés qu'elle happe avec son museau en forme de tube. C'est un poisson de surface qui vit souvent camouflé parmi la végétation. Il préfère les zones calmes à courant faible. Les juvéniles sont planctoniques. C'est le mâle qui se charge de l'incubation des œufs qui se déroule sous le ventre de l'animal.

Distribution

Cette espèce a une large répartition Indo-Pacifique, dans l'océan Indien (Comores et Maurice) et dans le Pacifique (de Java jusqu'aux Marquises).

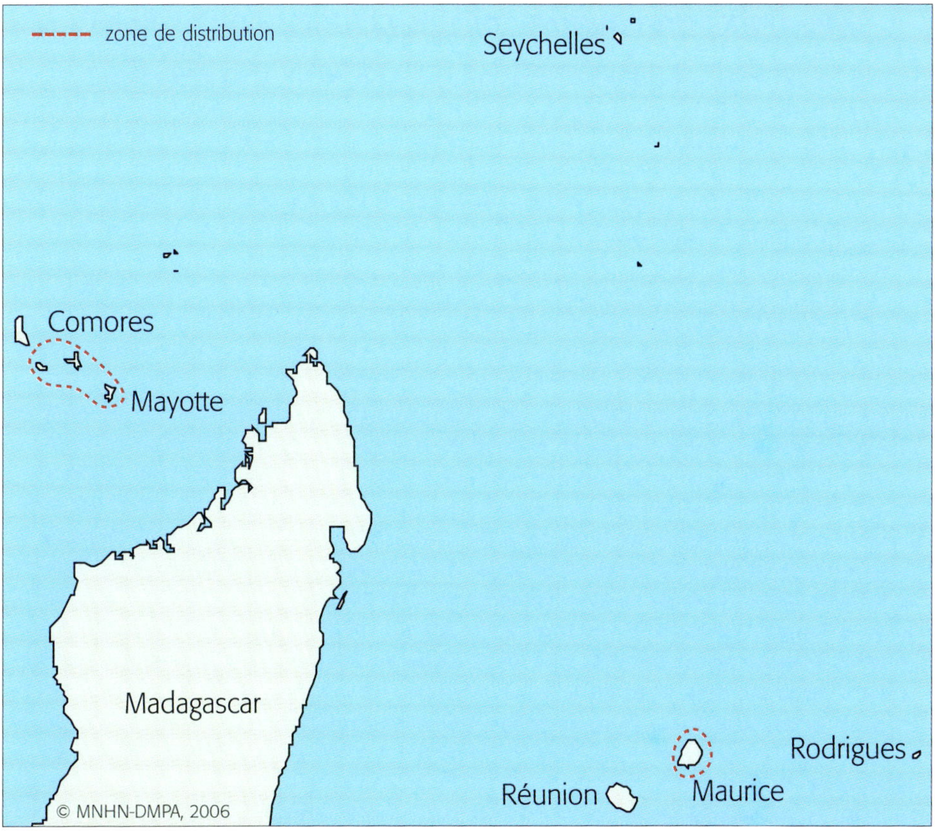

© Philippe Keith

Microphis brachyurus millepunctatus (Kaup, 1856)

Syngnathe à queue courte (F) ; short-tailed pipefish (E)

Famille des Syngnathidae

Description

Le corps est effilé, recouvert de plaques dermiques formant une série d'anneaux. Le bord de la partie supérieure du tronc et celui de la queue sont discontinus. Le bord latéral du tronc conflue avec le bord de la partie inférieure de la queue. Le bord inférieur du tronc se termine au niveau de l'anneau anal. L'opercule possède des crêtes supplémentaires au-dessous de la crête longitudinale, complète et distincte. On compte 19 à 22 anneaux pour le tronc, 20 à 22 pour la queue. La tête possède un museau relativement long et épais par rapport aux autres espèces du genre *Microphis* de la région. Sa longueur moyenne est comprise entre 1,5 et 1,8 fois dans la longueur de la tête. Sa hauteur moyenne est comprise entre 7,2 et 9,3 fois dans sa longueur. La bouche, supère, est située à l'extrémité de la tête. La mâchoire supérieure n'est pas protractile. Il n'y a pas de ligne latérale. La nageoire dorsale, longue, est située très en arrière du corps et possède 41 à 45 rayons mous. Les nageoires pectorales comptent 19 à 23 rayons branchus. Le corps est de couleur brune à vert foncé, devenant plus clair sur le ventre. Il existe habituellement des taches blanches ou bleutées sur les côtés du museau et de très petits points clairs sur le corps. La taille maximale est de 22 cm.

Biologie

Cette espèce euryhaline vit surtout dans les eaux saumâtres. On la retrouve souvent dans les estuaires et dans le cours inférieur des rivières. Elle se nourrit de plancton, d'œufs, de crustacés et de larves de poissons qu'elle happe avec son museau en forme de tube. C'est un poisson de surface qui vit camouflé parmi la végétation des berges. Il préfère les zones calmes à courant faible. Les juvéniles sont planctoniques. Le mâle se charge de l'incubation des œufs qui se déroule au sein d'une poche située sous le ventre de l'animal.

Distribution

Cette espèce a une large répartition Indo-Pacifique, de l'Inde jusqu'en Polynésie française, en passant par le Japon, la Nouvelle-Calédonie et la Nouvelle-Guinée. Dans l'ouest de l'océan Indien elle est signalée à la Réunion, Maurice, Anjouan et Madagascar.

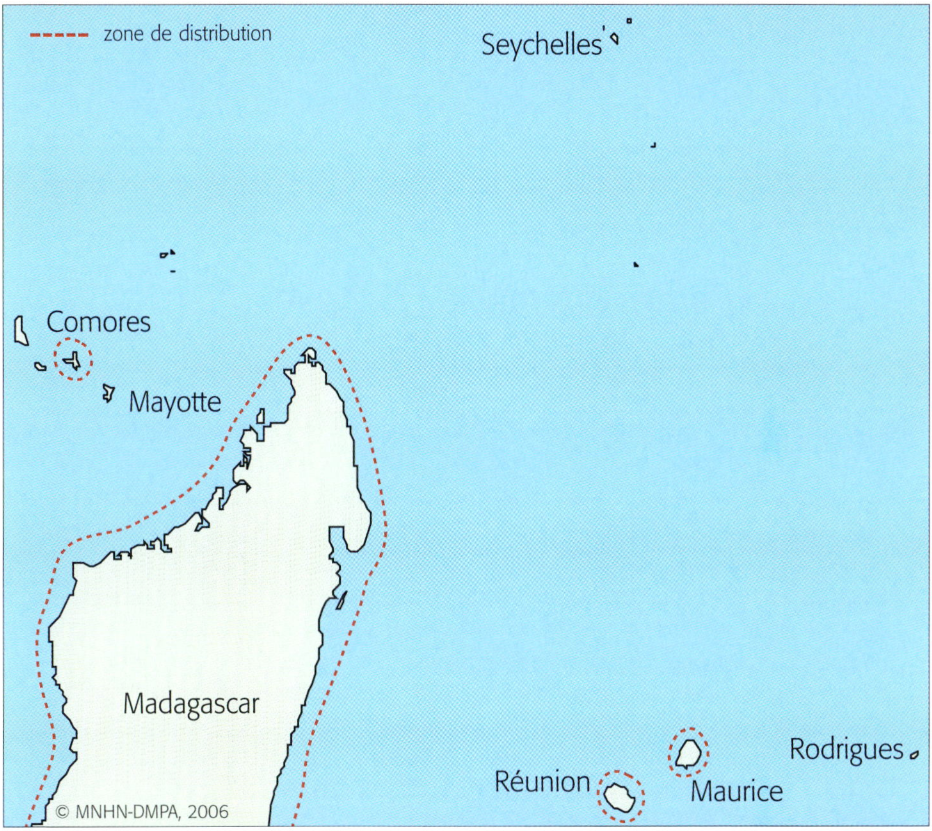
zone de distribution
Seychelles
Comores
Mayotte
Madagascar
Réunion
Maurice
Rodrigues
© MNHN-DMPA, 2006

© Philippe Keith

ORDRE DES SALMONIFORMES

Les Salmoniformes ne comprennent qu'une seule famille, celle des Salmonidae.

Famille des Salmonidae :

Les Salmonidae présentent une nageoire adipeuse sur la face dorsale du pédicule caudal et un processus axillaire pelvien. Il existe 11 genres et près de 66 espèces dans le monde.

Oncorhynchus mykiss (Walbaum, 1792)

Truite arc-en-ciel (F) ; rainbow trout (E)

Description

La truite arc-en-ciel a un corps fusiforme. La tête est relativement petite, la bouche terminale est peu fendue mais large. Les dents sont bien développées sur les mâchoires, le vomer et la langue. Les écailles cycloïdes sont petites. La ligne latérale est complète et comporte 100 à 161 écailles. La nageoire dorsale compte 10 à 12 rayons mous, l'anale 8 à 12, les pectorales 11 à 17 et les pelviennes 9 à 10. La coloration générale du corps est très variable. Il présente en général sur les flancs une bande irisée caractéristique. Les nageoires dorsale et anale possèdent des ponctuations noires. Lors de la reproduction, la couleur de la robe s'intensifie et s'obscurcit tandis que la mâchoire inférieure des mâles se recourbe en "bec". Dans son aire d'origine, la taille moyenne pour les formes dulçaquicoles est de 20 à 50 cm. À la Réunion, l'espèce dépasse rarement les 20 à 30 cm. Cette forme de nanisme est probablement due à la pauvreté des ressources trophiques dans le cours supérieur des rivières.

Biologie

Dans son aire d'origine (Amérique du Nord), la truite arc-en-ciel est une espèce anadrome non obligatoire colonisant les rivières, les lacs et la mer. Sa fécondité est de 2 000 ovules/kg. Sa reproduction, printanière, s'effectue dans des zones courantes peu profondes avec enfouissement des œufs dans un substrat grossier. Il y a migration des juvéniles vers l'aval des rivières et la distribution de l'espèce est liée à deux facteurs : couvert végétal et profondeur. Son régime alimentaire est plutôt de type carnassier.

Distribution

La truite arc-en-ciel est originaire de la côte ouest des États-Unis (montagnes Rocheuses) où elle colonise les rivières et les lacs. Elle a été introduite à des fins halieutiques un peu partout dans le monde. À la Réunion, les premiers individus auraient été introduits en 1940 par M. Benoit à partir de spécimens provenant de la station de Manjakatompo (Madagascar). Les populations seraient acclimatées depuis 1948 sur plusieurs bassins. Introduite aussi à Maurice à partir d'une écloserie sud africaine, l'espèce ne s'y est jamais acclimatée.

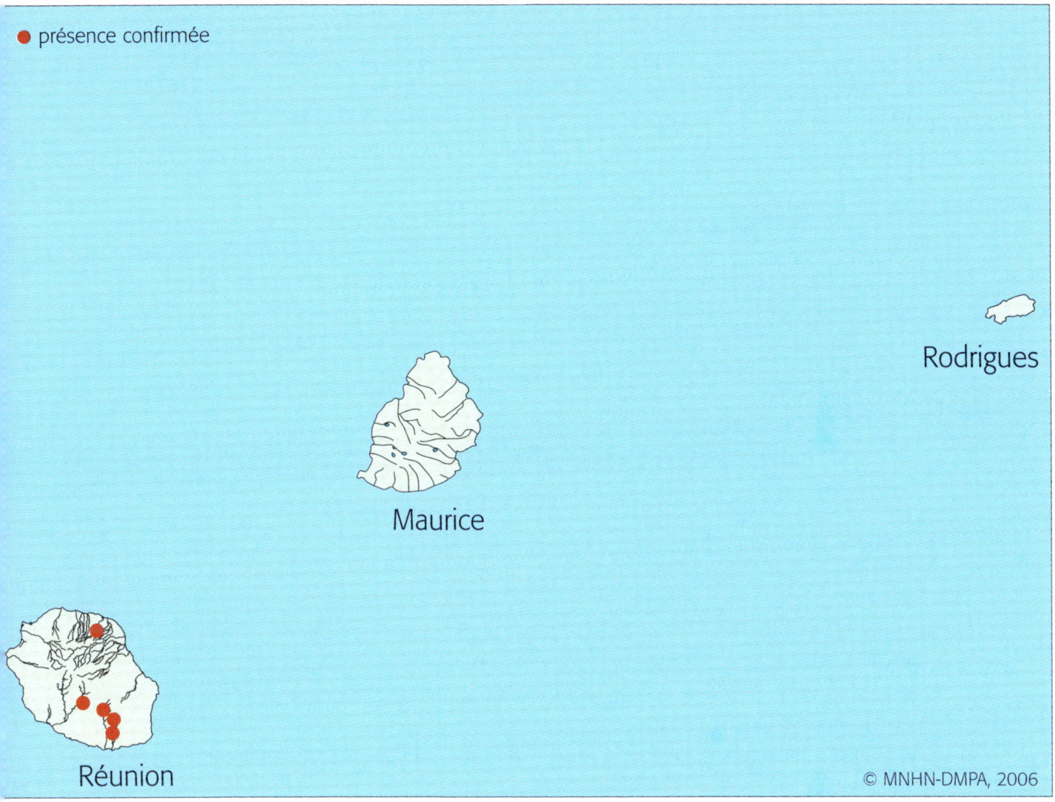
présence confirmée
Rodrigues
Maurice
Réunion
© MNHN-DMPA, 2006

© Érick Vigneux

ORDRE DES MUGILIFORMES

Les Mugiliformes ont deux nageoires dorsales bien séparées ; la première possède quatre rayons épineux. Les nageoires pelviennes sont subabdominales et la ligne latérale est absente ou peu visible. Les dents sont petites ou absentes. Les vertèbres sont au nombre de 24 à 26.

Famille des Mugilidae :

La famille des Mugilidae (les mulets) regroupe plus de 72 espèces dans le monde pour 17 genres. Ce sont des poissons côtiers des mers tropicales et tempérées qui colonisent les milieux saumâtres. Leur capacité à résister à des variations importantes de salinité (poissons euryhalins) leur permet de remonter aussi en eau douce. Certaines espèces y passent l'essentiel de leur vie.

Agonostomus catalai Pellegrin, 1932

Mulet comorien (F) ; comoro mullet (E)

Description

Le corps est allongé. La tête est remarquablement convexe dorsalement. Le préorbitaire est bien développé, remplissant l'espace entre les lèvres et l'œil. La mâchoire supérieure, chez l'adulte, atteint la verticale du bord antérieur de l'œil. Elle est munie de sept à huit séries de petites dents plus ou moins cachées dans la muqueuse. Les lèvres sont très développées, surtout la supérieure dont la hauteur en son milieu peut faire 20 à 22 % de la longueur de la tête. La longueur du museau est comprise entre 28,2 et 30,2 % de la longueur de la tête. Il y a deux nageoires dorsales, la première est formée de quatre rayons épineux, la seconde d'un rayon épineux et de huit rayons mous. La nageoire anale porte 2 rayons épineux et 10 rayons mous. La nageoire caudale est tronquée. Il y a 42 à 44 écailles dans une série longitudinale, 12 à 13 dans une série transversale et 11 en série transversale sur le pédoncule caudal. Il y a 27 à 32 branchiospines dans la partie inférieure du premier arc branchial. La coloration est noirâtre sur le dos, brunâtre à argentée sur les côtés, jaune sur le ventre. Il existe une étroite ligne longitudinale blanchâtre séparant le dos et les flancs. La taille maximale est de 20 cm.

Biologie

Comme toutes les espèces du genre *Agonostomus*, *A. catalai* est un mulet typiquement d'eau douce, affectionnant particulièrement les chutes et les zones rapides des cours d'eau. On le trouve en pleine eau, souvent très en amont dans des rivières où le cours est parsemé de seuils rocheux difficilement franchissables et de vasques plus profondes. C'est une espèce exigeante en oxygène. Elle est surtout herbivore et broute les algues mais elle se nourrit aussi de petits invertébrés et de détritus organiques. C'est une espèce catadrome, les adultes retourneraient en mer pour se reproduire.

Distribution

On trouve cette espèce uniquement à Madagascar et aux Comores (Anjouan) où elle est devenue très rare.

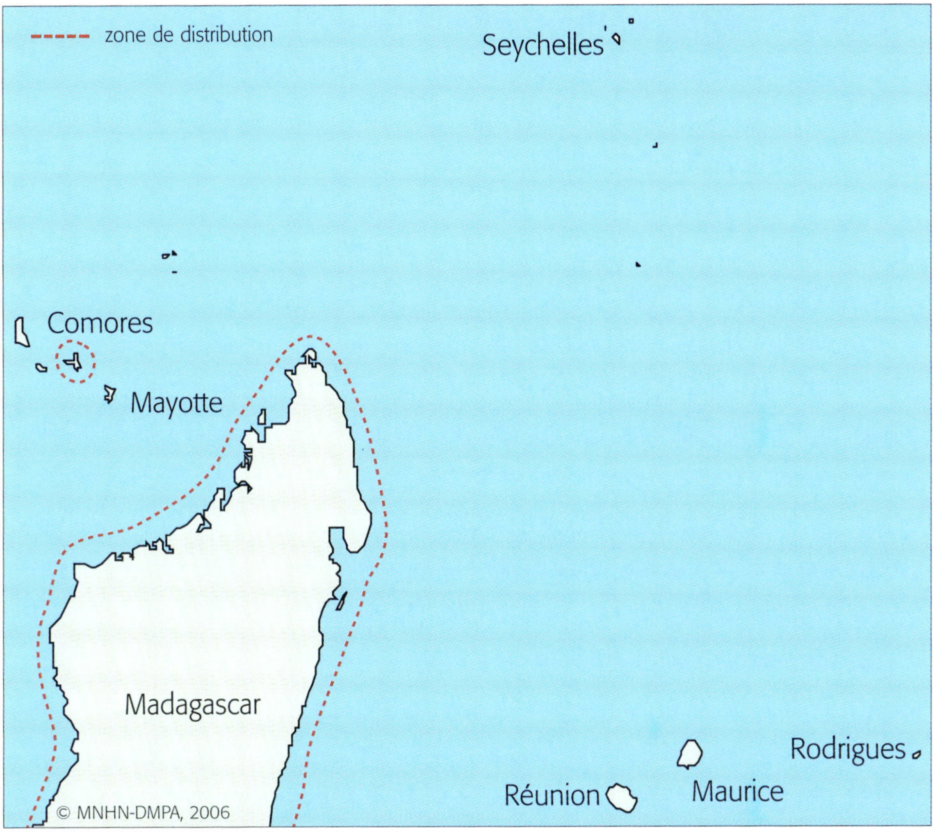
zone de distribution
Seychelles
Comores
Mayotte
Madagascar
Réunion
Maurice
Rodrigues
© MNHN-DMPA, 2006

© Philippe Keith

Agonostomus telfairii Bennett, 1832

Mulet enchanteur (F) ; chitte (C) ; fairy mullet (E)

Famille des Mugilidae

Description

Le corps est allongé. La tête est remarquablement convexe dorsalement. Le préorbitaire est bien développé, remplissant l'espace entre les lèvres et l'œil. La mâchoire supérieure chez l'adulte dépasse la verticale du bord antérieur de l'œil. Elle est munie de trois à huit séries de petites dents plus ou moins cachées dans la muqueuse. Les lèvres sont développées, surtout la supérieure dont la hauteur en son milieu fait 12 à 15 % de la longueur de la tête. La longueur du museau est égale à 25 % de la longueur de la tête. Il y a deux nageoires dorsales, la première est formée de quatre rayons épineux, la seconde d'un rayon épineux et de huit rayons mous. La nageoire anale porte 2 rayons épineux et 10 rayons mous. La nageoire caudale est tronquée. Il y a 41 ou 42 écailles dans une série longitudinale, 12 dans une série transversale et 11 en série transversale sur le pédoncule caudal. Il y a 20 à 26 branchiospines dans la partie inférieure du premier arc branchial. Le dos est brunâtre ou verdâtre, les flancs et le ventre sont argentés. La taille maximale est de 25 cm.

Biologie

Comme toutes les espèces du genre *Agonostomus*, *A. telfairii* est un mulet typiquement d'eau douce, affectionnant particulièrement les chutes et les zones rapides des cours d'eau. On le trouve en pleine eau, souvent très en amont dans des rivières où le cours est parsemé de seuils rocheux difficilement franchissables et de vasques plus profondes. C'est une espèce exigeante en oxygène. Elle est surtout herbivore et broute les algues mais elle se nourrit aussi de petits invertébrés et de détritus organiques. C'est une espèce catadrome, les adultes retourneraient en mer pour se reproduire.

Distribution

On trouve le chitte essentiellement dans l'Ouest de l'océan Indien (Comores, Madagascar et Mascareignes).

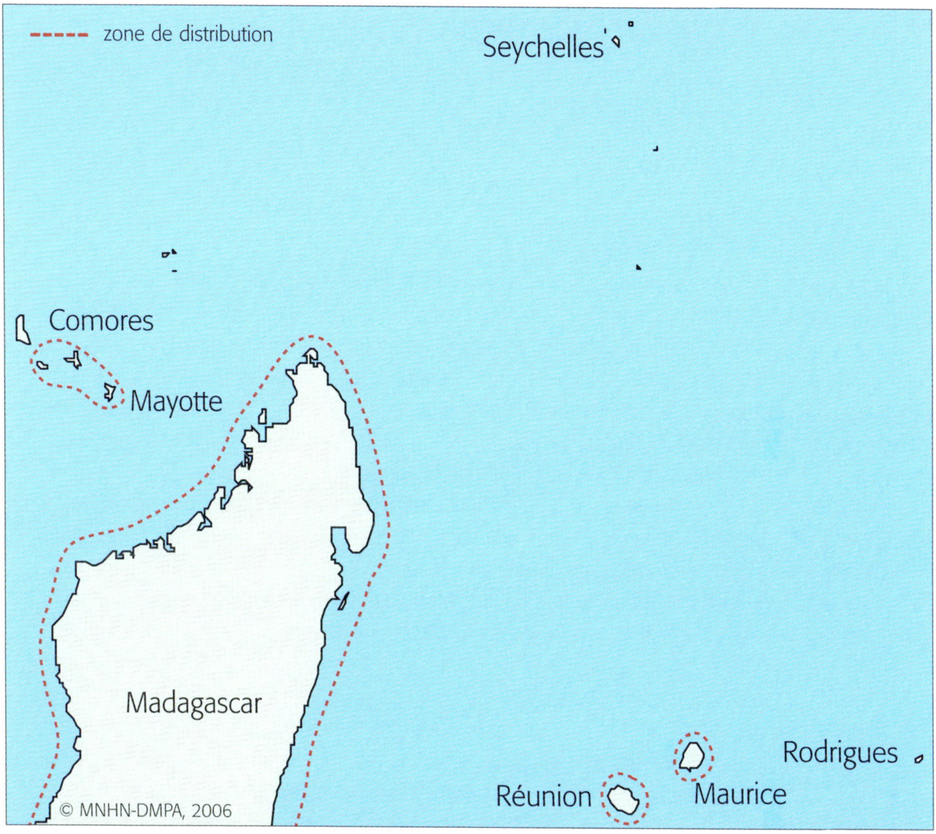

© Érick Vigneux

Chelon macrolepis (Smith, 1846)

Mulet rond (F) ; large scale mullet (E)

Famille des Mugilidae

Description

Le corps est modérément robuste, la tête est brusquement pointue. L'œil a une paupière adipeuse constituant simplement un bord autour de l'œil. Une ou deux rangées de larges papilles sont visibles à la base de la lèvre inférieure. Il y a deux nageoires dorsales. La première compte quatre rayons épineux, la seconde un rayon épineux et huit rayons mous. La nageoire anale possède trois rayons épineux et neuf rayons mous. Les nageoires pectorales comptent 16 rayons mous. L'écaille axillaire est très peu développée. Les nageoires pectorales sont pointues, elles correspondent à 75 % et jusqu'à 83 % de la longueur de la tête. Il y a 33 à 35 écailles dans une série longitudinale, 13 en série transversale et 7 en série transversale sur le pédoncule caudal. La caudale, fourchue, égale ou dépasse un peu la longueur de la tête. La coloration est grisâtre ou brunâtre au-dessus, argentée au-dessous, avec sur le dos des lignes parallèles foncées plus ou moins nettes, suivant les rangées d'écailles. La taille maximale est de 60 cm.

Biologie

Cette espèce euryhaline est une espèce marine mais il est possible de la rencontrer dans les eaux saumâtres des estuaires en quête de nourriture, où elle remonte plus ou moins haut dans l'eau douce. Elle se nourrit de petites algues, de diatomées, de crustacés, de mollusques et de matière organique, extirpés des fonds sableux. Les individus se regroupent en bancs importants lors de la reproduction qui se passe en mer.

Distribution

L'espèce fréquente la région Indo-Pacifique, de l'Afrique du Sud jusqu'en Polynésie française en passant par Madagascar, Maurice, Rodrigues et les Seychelles.

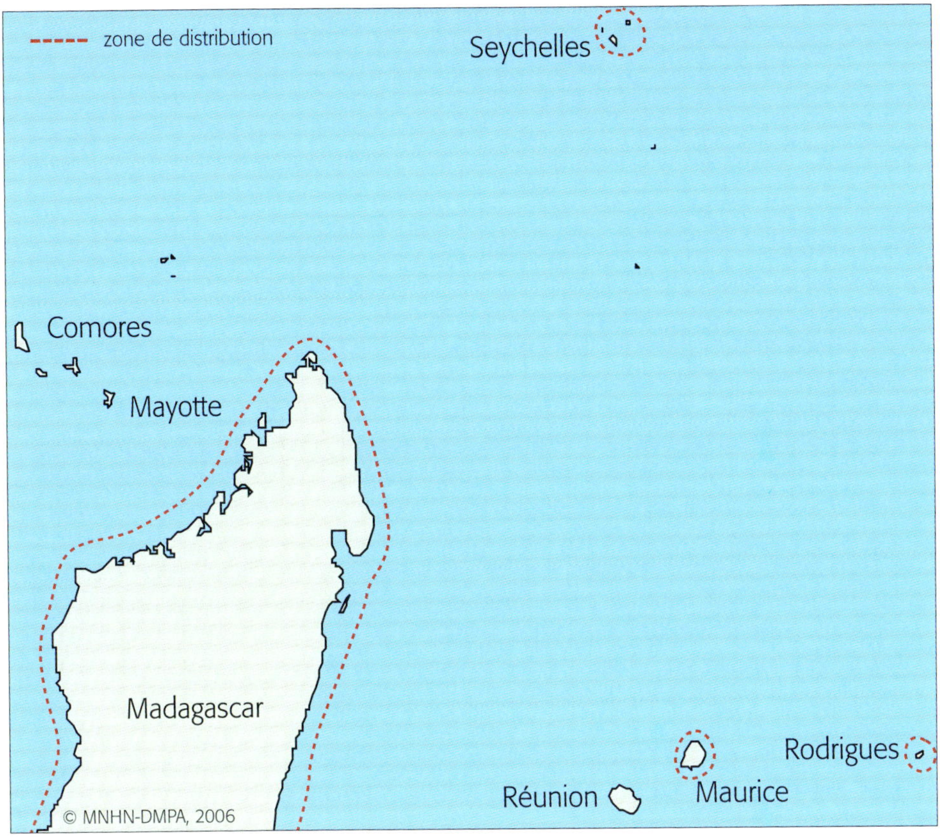

zone de distribution
Seychelles
Comores
Mayotte
Madagascar
Réunion
Maurice
Rodrigues
© MNHN-DMPA, 2006

© John Randall

Crenimugil crenilabis (Forsskål, 1775)

Mulet boxeur (F) ; milé (C) ; fringelip mullet (E)

Famille des Mugilidae

Description

Le corps est robuste, la tête est pointue. L'ouverture de la bouche est oblique. Le coin de la bouche atteint la verticale des narines antérieures. La lèvre supérieure a des papilles (1 à 10 rangées, en général 5) apparaissant chez les individus de plus de 70 à 80 mm. Les papilles pleinement développées sont aplaties. Il n'y a pas de dents sur le vomer et les palatins mais parfois sur la langue. L'insertion supérieure de la nageoire pectorale est au niveau du bord supérieur de l'œil. Il y a deux nageoires dorsales. La première possède quatre rayons épineux et elle est plus proche de la base de la caudale que de l'extrémité du museau. La seconde porte un rayon épineux et huit mous. Son origine est derrière celle de la nageoire anale. La nageoire anale possède trois épines et neuf rayons mous. La seconde nageoire dorsale et la nageoire anale, très écailleuses, sont de même taille, plus hautes que la première dorsale. Les pectorales ont 17 rayons mous. Elles correspondent à 76 %, et jusqu'à 102 %, de la longueur de la tête. La longueur de l'écaille axillaire est comprise entre 33 % et 39 % de la longueur des nageoires pectorales. Il y a 38 à 40 écailles dans une série longitudinale, 13 ou 14 en série transversale et 9 en série transversale sur le pédoncule caudal. Le dos est vert-olive ou brun-jaune, les flancs et le ventre sont blancs ou jaunes. Une tache à la base de la nageoire pectorale est jaunâtre à noirâtre. La taille maximale est de 30 cm.

Biologie

Cette espèce euryhaline se rencontre surtout le long des côtes en mer, mais il est possible de la rencontrer dans les eaux saumâtres des estuaires en quête de nourriture, où elle remonte plus ou moins haut. On la trouve régulièrement piégée dans les parties basses des rivières à marée basse. Elle fouille le sable et la vase à la recherche de vers, de mollusques, d'algues et de débris organiques. Les individus se regroupent en bancs importants avant la ponte qui se passe dans la zone côtière ou sur la pente externe du récif.

Distribution

L'espèce fréquente la région Indo-Pacifique, de Natal à Taiwan jusqu'en Nouvelle-Calédonie et en Polynésie française. Elle est signalée aux Seychelles.

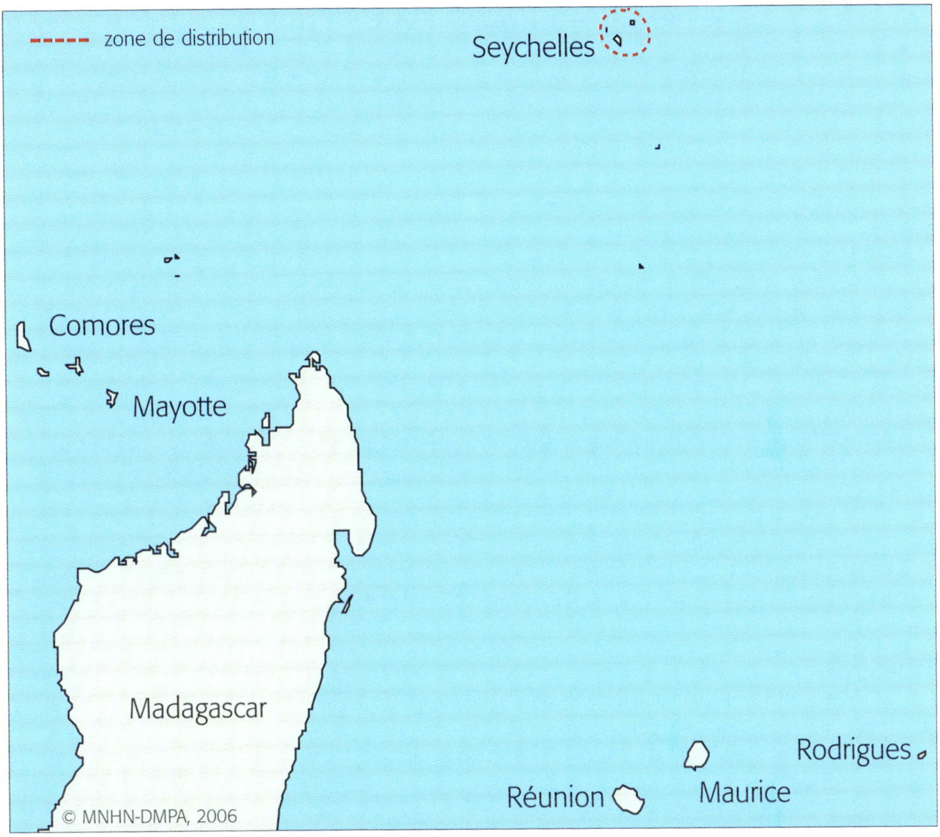
zone de distribution
Seychelles
Comores
Mayotte
Madagascar
Rodrigues
Réunion
Maurice
© MNHN-DMPA, 2006

© Érick Vigneux

Mugil cephalus Linné, 1758

Mulet bleu, mulet cabot (F) ; milé (C) ; flat headed mullet (E)

Famille des Mugilidae

Description

Le corps est cylindrique, allongé. La tête est aplatie sur le dessus. Une paupière adipeuse couvre l'œil jusqu'à la pupille chez l'adulte. Le corps est recouvert d'écailles cycloïdes jusque sur la tête. L'extrémité postérieure de la mâchoire est au même niveau que la fente buccale. L'écaille axillaire est longue et représente 33 à 36 % de la longueur des nageoires pectorales. Il y a deux nageoires dorsales, la première possède quatre rayons épineux, la seconde un rayon épineux et huit rayons branchus. La nageoire anale a trois rayons épineux et huit rayons branchus. Les nageoires pectorales ont 16 ou 17 rayons mous. La ligne latérale n'est pas visible. Il y a 37 à 43 écailles dans une série longitudinale, 14 ou 15 en série transversale et 9 écailles en série transversale sur le pédoncule caudal. Le dos est gris-cendré métallique, la face ventrale blanche et les flancs sont striés de six à sept lignes longitudinales foncées plus ou moins visibles. La taille maximale est de 120 cm.

Biologie

Le mulet bleu est une espèce euryhaline qui vit en bancs dans les eaux littorales et pénètre en eau douce par les estuaires et les lacs côtiers à la recherche de nourriture. Il préfère les eaux peu profondes à fond sablonneux et riches en végétation. Il filtre la vase et absorbe les petits crustacés, les vers, les diatomées et les mollusques. La reproduction a lieu en mer. La femelle pond de cinq à sept millions d'ovules pourvus d'un important vitellus. La maturité sexuelle est atteinte à l'âge de 7 à 8 ans. Ils vivent en bancs.

Distribution

Le mulet bleu est une espèce cosmopolite qui existe dans les eaux tempérées et tropicales de l'Europe à la zone Indo-Pacifique.

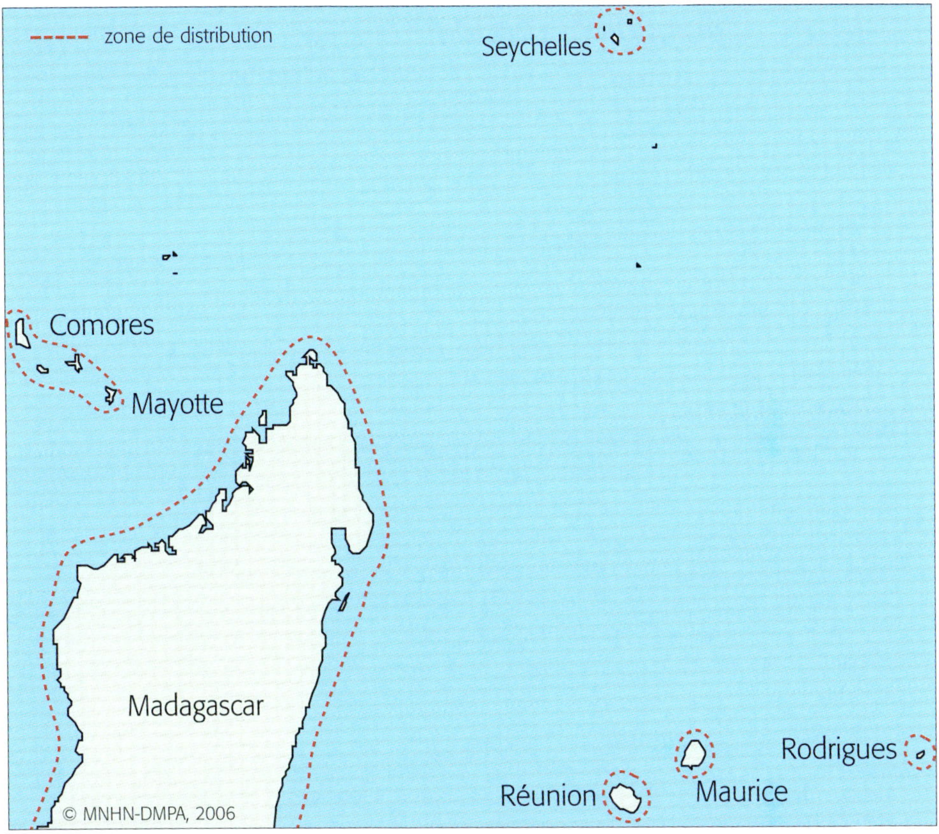

© Érick Vigneux

Valamugil buchanani (Bleeker, 1853)

Mulet sauteur (F) ; milé (C) ; bluetail mullet (E)

Famille des Mugilidae

Description

Le corps est robuste, allongé et le museau arrondi. L'œil a une paupière adipeuse constituant simplement un bord autour de l'œil. La mâchoire supérieure se termine avant le bord antérieur de l'œil. Il y a deux nageoires dorsales. La première compte quatre rayons épineux, la seconde un rayon épineux et huit rayons mous. La nageoire anale possède trois rayons épineux et neuf rayons mous. L'origine de la seconde nageoire dorsale est à la verticale de celle de la nageoire anale. Les nageoires pectorales comptent 18 rayons mous. La longueur de l'écaille axillaire représente 30 à 33 % de la longueur des nageoires pectorales. Celles-ci sont pointues et correspondent à 91 %, et jusqu'à 96 %, de la longueur de la tête. Il y a 32 à 35 écailles dans une série longitudinale, 12 en série transversale et 9 en série transversale sur le pédoncule caudal. L'origine de la seconde dorsale correspond à la vingt et unième écaille de la série longitudinale. La caudale est fourchue. Le corps est verdâtre sur le dos, argenté sur les flancs et le ventre. Un point noir est visible à la base de la nageoire pectorale. La taille maximale est de 100 cm.

Biologie

Cette espèce euryhaline se rencontre surtout en mer le long des côtes, mais il est possible de la rencontrer aussi dans les eaux saumâtres des estuaires, où elle remonte plus ou moins haut, en quête de nourriture. Elle fouille le sable et la vase à la recherche de vers, de mollusques, d'algues et de débris organiques. Les individus se regroupent en bancs lors de la reproduction.

Distribution

Ce mulet a une vaste répartition Indo-Pacifique, de l'Afrique du Sud, les Seychelles et les Mascareignes jusqu'en Polynésie française.

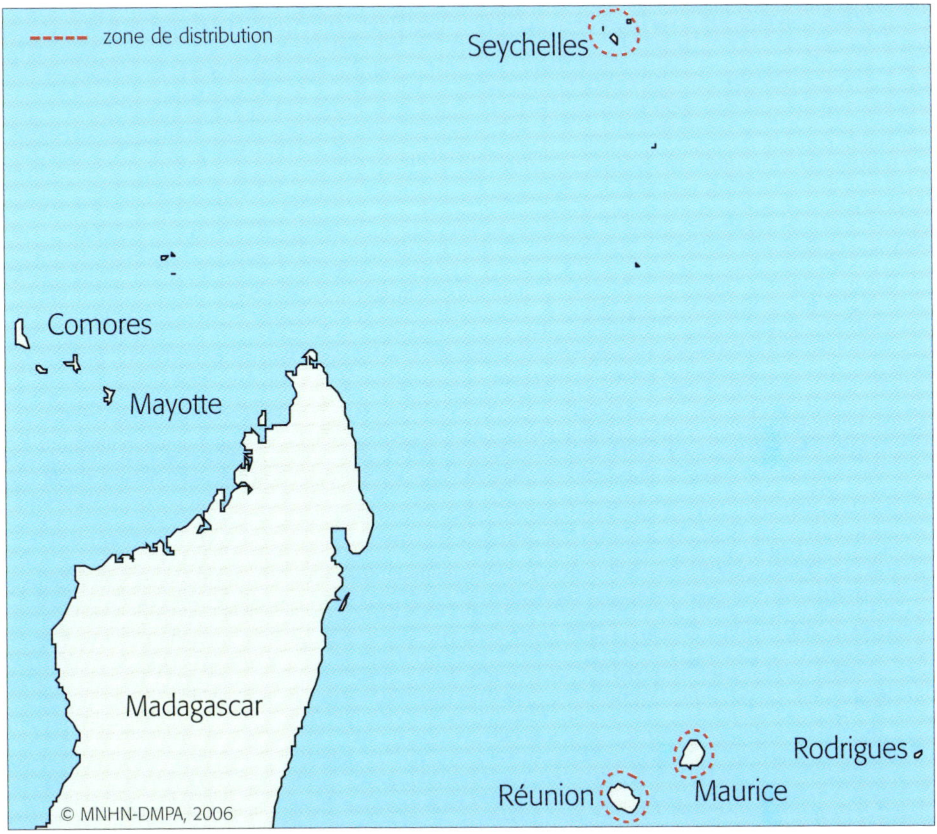

© Érick Vigneux

Valamugil cunnesius (Valenciennes, 1836)

Mulet longue aile, muge (F) ; longarm mullet (E)

Famille des Mugilidae

Description

Le corps de ce muge est modérément robuste et le museau arrondi. L'œil a une paupière adipeuse atteignant le milieu de l'iris. La mâchoire supérieure se termine après le bord antérieur de l'œil. Il y a deux nageoires dorsales. La première compte quatre rayons épineux, la seconde un rayon épineux et huit rayons mous. La nageoire anale possède deux rayons épineux et neuf rayons mous. L'origine de la seconde nageoire dorsale est en arrière de la verticale de celle de la nageoire anale. Les nageoires pectorales comptent 18 rayons mous. La longueur de l'écaille axillaire est comprise entre 40 % et 46 % de la longueur des nageoires pectorales. Celles-ci sont pointues et correspondent à 96 %, et jusqu'à 100 %, de la longueur de la tête. Elles atteignent donc la verticale de l'origine de la première dorsale. La nageoire caudale est fortement fourchue. Il y a 30 à 36 écailles dans une série longitudinale, 11 en série transversale et 7 en série transversale sur le pédoncule caudal. Le corps est gris-verdâtre sur le dos et argenté sur les flancs. Il existe souvent une tache bleue ou noire en haut de la base de la pectorale. La deuxième nageoire dorsale et la nageoire anale sont bordées de noir. Cette espèce a été dénommée *cunnesius* (angle en latin) en raison de l'angle que forme le bord de la mandibule. La taille maximale est de 41 cm.

Biologie

Cette espèce euryhaline se rencontre surtout en mer le long des côtes, mais il est possible de la rencontrer aussi dans les eaux saumâtres des estuaires, où elle remonte plus ou moins haut, en quête de nourriture. Elle fouille le sable et la vase à la recherche de vers, de mollusques, d'algues et de débris organiques. Les individus se regroupent en bancs importants lors de la reproduction qui se passe en mer.

Distribution

Ce mulet fréquente les eaux littorales des océans Indien et ouest Pacifique, de Natal à l'Australie, les Philippines, l'Indonésie, la Malaisie et la Chine.

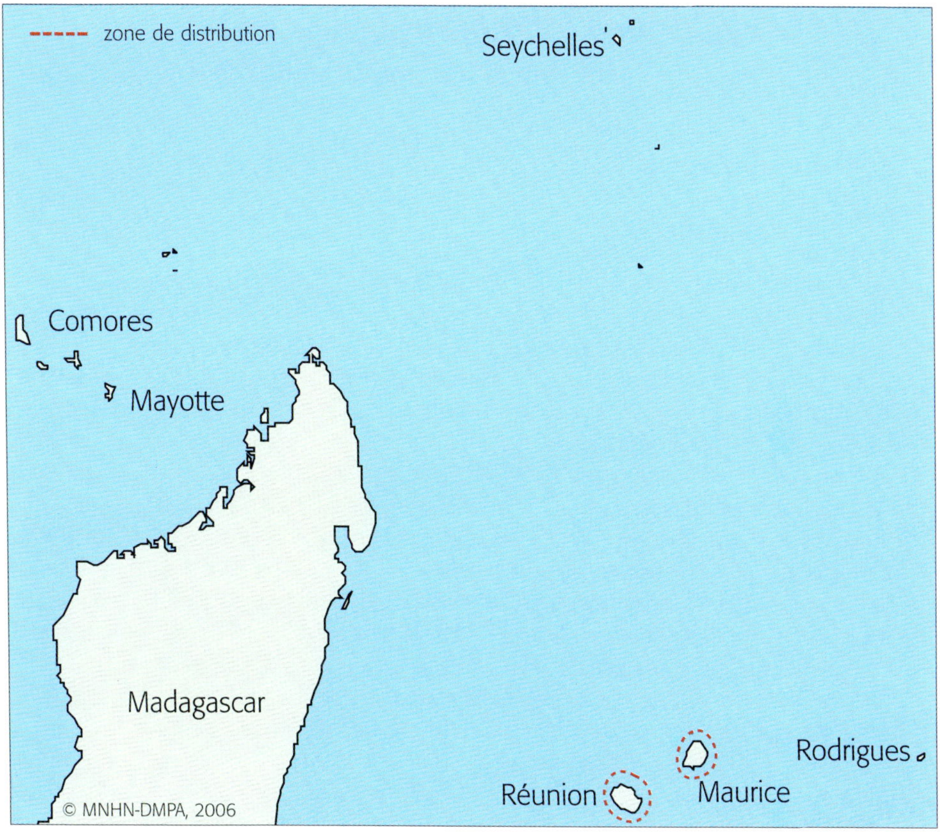

zone de distribution
Seychelles
Comores
Mayotte
Madagascar
Rodrigues
Maurice
Réunion
© MNHN-DMPA, 2006

© John Randall

Valamugil robustus (Günther, 1861)

Mulet robuste, muge (F) ; robust mullet (E)

Famille des Mugilidae

Description

Le corps de ce muge est robuste et le museau arrondi. L' œil a une paupière adipeuse atteignant l'iris. La mâchoire supérieure se termine après le bord antérieur de l'œil. Il y a deux nageoires dorsales. La première compte quatre rayons épineux, la seconde un rayon épineux et huit rayons mous. La nageoire anale possède trois rayons épineux et neuf rayons mous. L'origine de la seconde nageoire dorsale est en arrière de la verticale de celle de la nageoire anale. Les nageoires pectorales comptent 16 rayons mous. L'écaille axillaire est très développée, sa longueur représente 41 à 46 % de la longueur des nageoires pectorales. Celles-ci sont pointues et mesurent 70 % à 72,5 % de la longueur de la tête. Elles n'atteignent pas la verticale de l'origine de la première dorsale. La nageoire caudale est fortement fourchue. Il y a 33 à 37 écailles dans une série longitudinale, 11 en série transversale et 9 en série transversale sur le pédoncule caudal. Il y a parfois un point bleu-noir à la base des nageoires pectorales. Le corps est grisâtre ou brunâtre sur le dos et argenté sur les flancs avec des lignes parallèles plus ou moins nettes suivant les rangées d'écailles. L'espèce a été dénommée *robustus* en raison de son aspect général robuste et vigoureux. La taille maximale est de 30 cm.

Biologie

La biologie de *Valamugil robustus* est proche de celle de *Valamugil cunnesius*. *V. robustus* est une espèce très commune à Madagascar dans les zones côtières où elle joue un rôle économique important. Elle se rencontre surtout en mer le long des côtes où elle vit en pleine eaux, mais il est possible de la rencontrer dans les eaux saumâtres des estuaires, où elle remonte plus ou moins haut, en quête de nourriture. C'est une espèce limnivore. Elle fouille le sable et la vase à la recherche de vers, de mollusques, d'algues et de débris organiques. Les individus se regroupent en bancs importants lors de la reproduction qui se passe en mer.

Distribution

Cette espèce fréquente les eaux littorales de l'océan Indien, de Natal et de Madagascar jusqu'aux Mascareignes

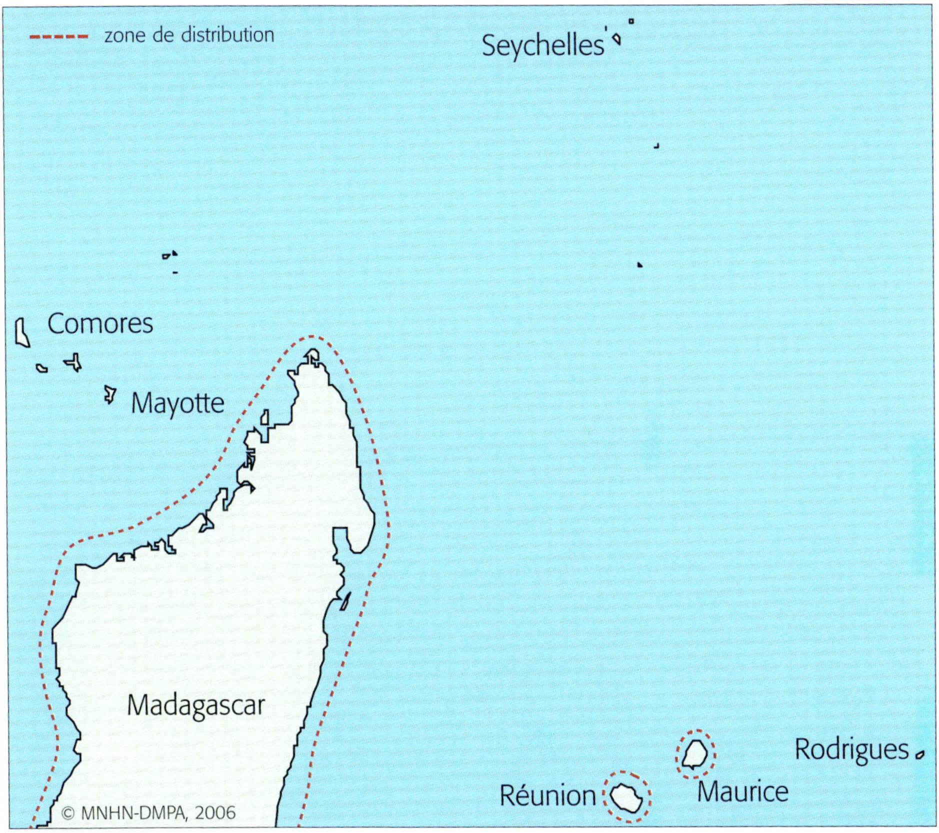

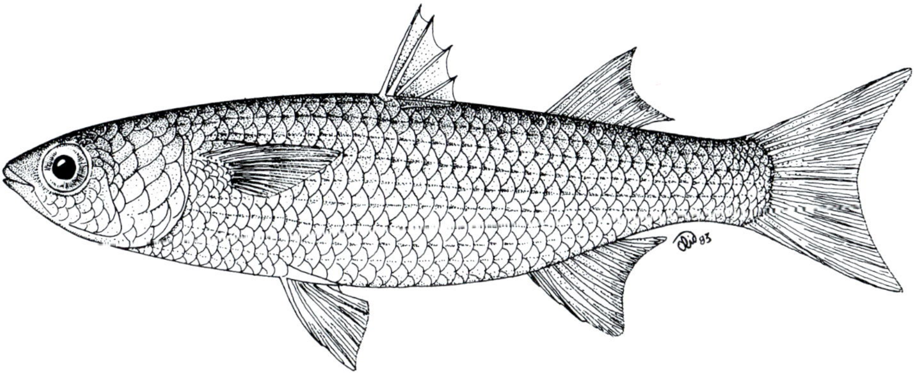

Species identification sheets for fishery purposes. Fishing Area 51. FAO, 1984

Valamugil seheli (Forsskål, 1775)

Mulet, muge (F) ; milé (C) ; bluespot mullet (E)

Famille des Mugilidae

Description

Le corps est modérément robuste et le museau arrondi. L'œil a une paupière adipeuse constituant simplement un bord autour de l'œil. La mâchoire supérieure se termine avant le bord antérieur de l'œil. Il y a deux nageoires dorsales. La première compte quatre rayons épineux, la seconde un rayon épineux et huit rayons mous. La nageoire anale possède trois rayons épineux et neuf rayons mous. L'origine de la seconde nageoire dorsale est à la verticale de celle de la nageoire anale. Les nageoires pectorales comptent 17 ou 18 rayons mous. La longueur de l'écaille axillaire représente 38 % à 38,8 % de la longueur des nageoires pectorales. Celles-ci sont pointues et leur longueur est comprise entre 84,5 % et 96,5 % de la longueur de la tête. Elles atteignent la verticale de l'origine de la première dorsale. Il y a 38 à 42 écailles dans une série longitudinale, 13 en série transversale et 9 écailles en série transversale sur le pédoncule caudal. L'origine de la seconde dorsale correspond à la vingt-sixième écaille de la série longitudinale. La caudale est très fourchue. Le corps est gris-vert sur le dos et argenté sur les flancs. La deuxième nageoire dorsale et la nageoire anale sont teintées de bleu. Les nageoires pelviennes, anale et la première dorsale sont blanchâtres. La taille maximale est de 45 cm.

Biologie

Cette espèce euryhaline se rencontre surtout en mer le long des côtes, mais il est possible de la rencontrer dans les eaux saumâtres des estuaires en quête de nourriture. Sa biologie est proche de celle de *Valamugil cunnesius*. *V. seheli* est une espèce limnivore. Elle fouille le sable et la vase à la recherche de vers, de mollusques, d'algues et de débris organiques. Les individus se regroupent en bancs importants lors de la reproduction qui se passe en mer.

Distribution

Ce mulet fréquente les eaux littorales des océans Indien et ouest Pacifique, de Natal aux Samoa et à Taiwan. Certains auteurs placent cette espèce dans le genre *Moolgarda* Whitley, 1945.

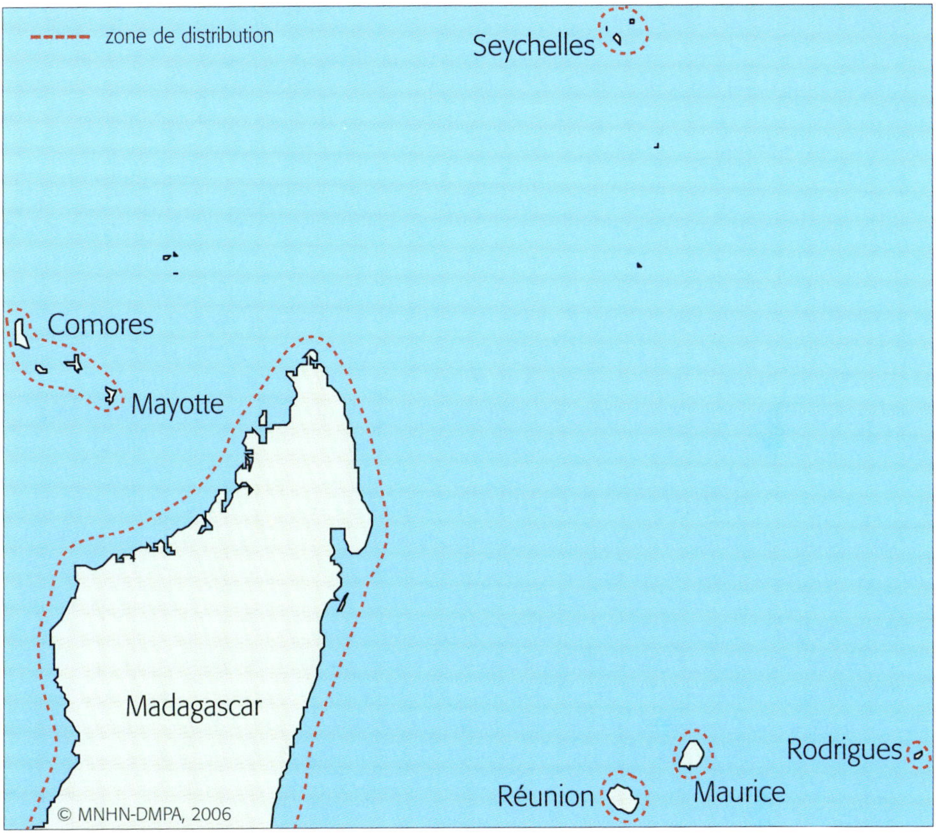
zone de distribution
Seychelles
Comores
Mayotte
Madagascar
Rodrigues
Maurice
Réunion
© MNHN-DMPA, 2006

© John Randall

ORDRE DES PERCIFORMES

L'ordre des Perciformes est celui qui est le plus diversifié chez les poissons. C'est aussi l'ordre le plus vaste chez les vertébrés et le groupe de poissons dominant dans la plupart des eaux tropicales et subtropicales. Il contient 148 familles, près de 1500 genres et 9300 espèces. La plupart des taxons sont essentiellement marins, mais près de 2000 d'entre eux fréquentent uniquement les eaux douces tandis que près de 2200 autres se rencontrent en eau douce à un moment de leur cycle biologique.

Famille des Ambassidae :

Les Ambassidae ont souvent le corps semi-transparent. La nageoire dorsale possède 7 à 8 rayons épineux et 9 à 11 rayons mous. La nageoire anale a 3 rayons épineux et 7 à 11 rayons mous. Il existe 8 genres pour 46 espèces dont une vingtaine dans le genre *Ambassis*. Plus de la moitié des espèces vivent en eau douce ou saumâtre.

Ambassis ambassis (Lacepède, 1802)

Ambache du large, ambasse (F) ; ambache (C) ; Commerson's glassy (E)

Description

Le corps est ovale, comprimé latéralement et recouvert d'écailles cycloïdes assez grandes. La crête du préopercule et la marge postérieure de celui-ci sont serratulées. Il y a 2 à 3 rangées d'écailles sur la joue et 13 à 18 écailles prédorsales. La nageoire dorsale, qui a deux parties distinctes, a 7 rayons épineux suivis d'un rayon épineux et 9 à 11 rayons mous. La nageoire anale porte 3 rayons épineux et 9 à 11 rayons mous. La première épine de la nageoire dorsale est très petite, la deuxième est très développée. La première épine de la nageoire anale est minuscule, la seconde est très développée. Le museau est convexe, la bouche oblique et le menton proéminent. Il y a une seule épine supraorbitaire et pas d'épine rostrale. Il y a 19 à 23 branchiospines dans la partie inférieure du premier arc branchial. La ligne latérale est continue avec 27 à 31 écailles. Celles-ci ont de petits mélanophores. La membrane entre la seconde et la troisième épine des nageoires dorsale et anale est sombre. Les nageoires pectorales (14 à 15 rayons) sont légèrement arrondies et la nageoire caudale est fourchue. Le corps, transparent, est brun clair sur le dos, blanc-jaune avec des reflets violets sur les flancs et il a une bande latérale argentée. Taille : jusqu'à 13 cm.

Biologie

L'ambache du large se rencontre dans les eaux douces et supporte des salinités variables, mais il se tient de préférence en aval de la limite de salure des eaux, dans les estuaires et sur le littoral. Sa biologie est proche de celle d'une espèce voisine (*A. interrupta* Bleeker, 1852) qui se nourrit principalement de larves d'insectes aquatiques, d'insectes terrestres et de petits crustacés. Sa fécondité varie de 29000 à 310000 ovules pour des femelles dont la taille varie de 7 à 10,5 cm. Les œufs font 0,22 mm de diamètre.

Distribution

Cette espèce est connue depuis la côte orientale de l'Afrique (de l'Afrique du Sud au Kenya), à Madagascar, à l'île Maurice et à la Réunion.

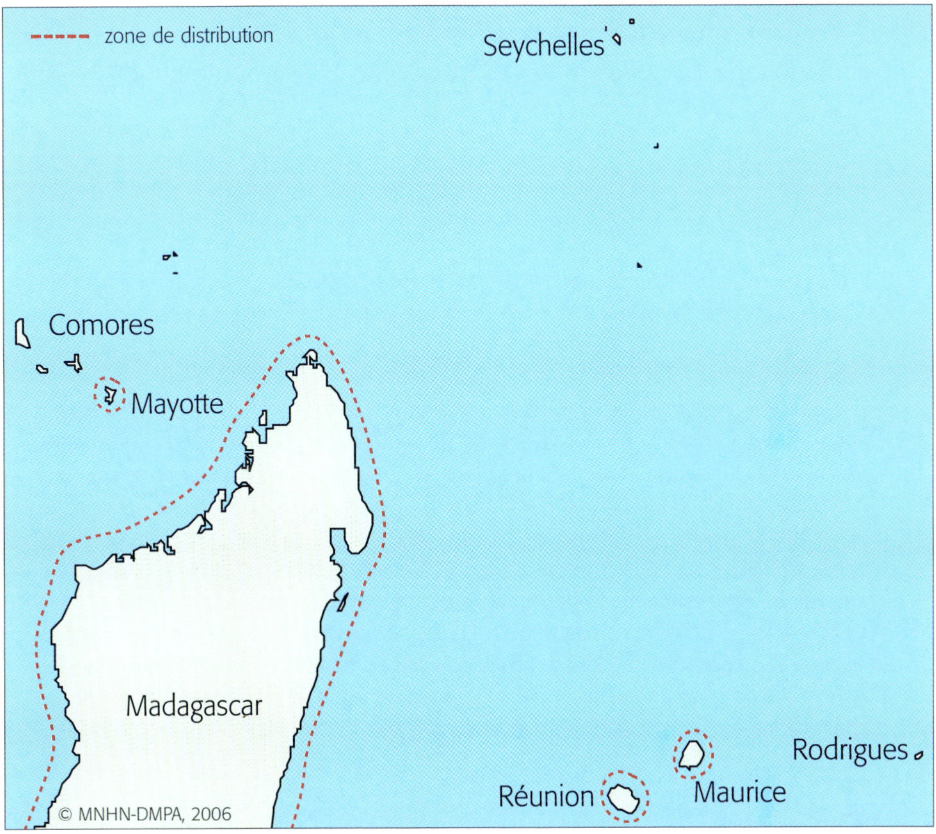

© Romain Causse - spécimen MNHN 2003-0106

Ambassis dussumieri Cuvier, 1828

Ambache de Dussumier (F) ; Malabar glassy perchlet (E)

Famille des Ambassidae

Description

Le corps est ovale, comprimé latéralement et recouvert d'écailles cycloïdes assez grandes. La crête du préopercule a 3 à 13 serrae, sa marge inférieure 6 à 31. La partie inférieure de l'interoperculaire est lisse. Il y a deux rangées d'écailles sur la joue et 13 à 16 écailles prédorsales. La nageoire dorsale, qui a deux parties distinctes, a 6 à 7 rayons épineux suivis d'un rayon épineux et 8 à 10 rayons mous. La nageoire anale porte 3 rayons épineux et 9 à 11 rayons mous. La première épine de la nageoire dorsale est très petite, la deuxième est très développée. La première épine de la nageoire anale est minuscule, la seconde est très développée. Le museau est convexe, la bouche oblique et le menton proéminent. Il y a une à cinq épines supraorbitaires (généralement 3 à 4) et pas d'épine rostrale. Il y a 22 à 25 branchiospines dans la partie inférieure du premier arc branchial. La ligne latérale est interrompue sur une à trois écailles sous la base de la seconde dorsale. Celles-ci ont de petits mélanophores. La membrane entre la seconde et la troisième épine des nageoires dorsale et anale est sombre. Les nageoires pectorales (14 à 16 rayons) sont légèrement arrondies et la nageoire caudale est fourchue. Le corps, transparent, est brun clair sur le dos, blanc-jaune avec des reflets violets sur les flancs et il a une bande latérale argentée. Taille : jusqu'à 6 cm.

Biologie

L'ambache de Dussumier se rencontre dans les eaux douces et supporte des salinités variables, mais il se tient de préférence en aval de la limite de salure des eaux, dans les estuaires et sur le littoral. Sa biologie est peu connue mais on peut penser qu'elle est proche de celle d'une espèce voisine (*A. interrupta* Bleeker, 1852) se nourrissant principalement de larves d'insectes aquatiques, d'insectes terrestres et de petits crustacés. Sa fécondité varie de 29000 à 310000 ovules pour des femelles dont la taille varie de 7 à 10,5 cm. Les œufs font 0,22 mm de diamètre. Chez une autre espèce (*A. agrammus* (Günther, 1867)) la ponte a lieu parmi la végétation immergée à la tombée de la nuit. Le couple effectue une parade nuptiale élaborée. La femelle pond entre 5 et 250 ovules par ponte, selon sa taille. Les œufs sont démersaux, adhésifs et sphériques (0,50 mm de diamètre). L'éclosion se produit 19 à 23 heures après la ponte pour une température comprise entre 27 et 35 °C. Les larves sont inactives durant trois jours puis commencent à se nourrir à la résorption de la vésicule vitelline.

Distribution

Cette espèce est répandue dans la région Indo-Pacifique de la baie d'Algoa en Afrique du Sud, au nord de la mer Rouge, aux Seychelles, à l'Inde, l'Australie, les Philippines et la Chine.

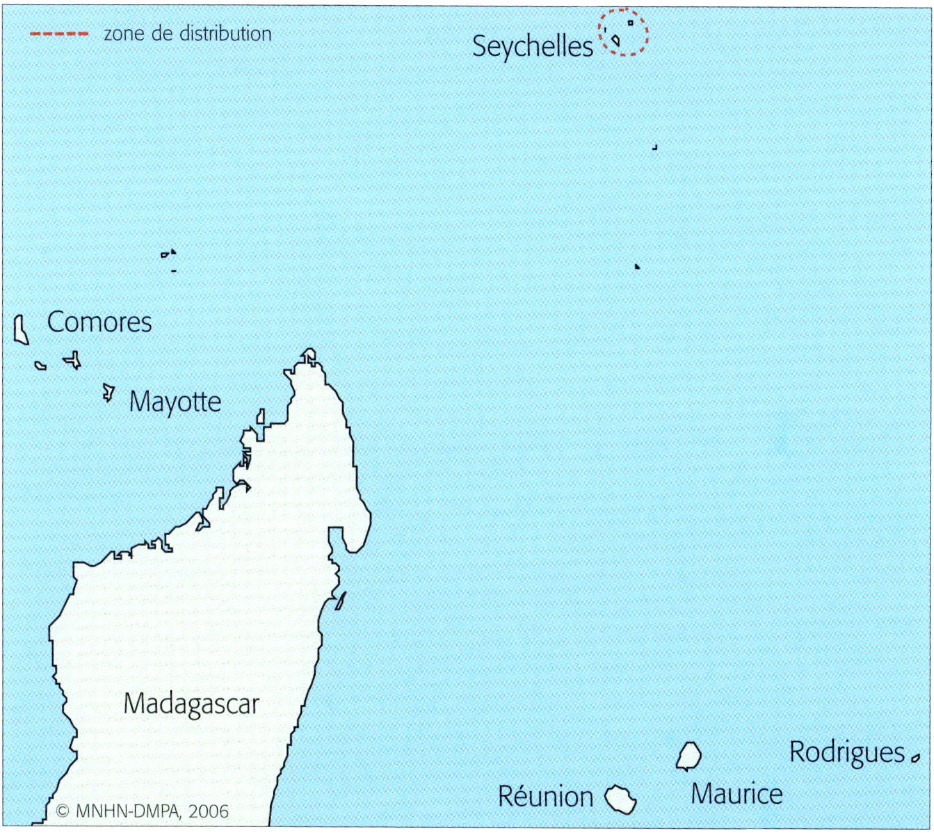
zone de distribution
Seychelles
Comores
Mayotte
Madagascar
© MNHN-DMPA, 2006
Réunion
Maurice
Rodrigues

© Philippe Keith

Ambassis natalensis Gilchrist & Thompson, 1908

Ambache de Natal (F) ; ambache (C) ; slender glassy (E)

Famille des Ambassidae

Description

Le corps est ovale, comprimé latéralement et recouvert d'écailles cycloïdes assez grandes. La crête du préopercule est lisse à l'exception de une à cinq épines situées dans l'angle. Il y a deux rangées d'écailles sur la joue et 9 à 11 écailles prédorsales. La nageoire dorsale, qui a deux parties distinctes, a 7 rayons épineux suivis d'un rayon épineux et 9 à 11 rayons mous. La nageoire anale porte 3 rayons épineux et 9 à 10 rayons mous. La première épine de la nageoire dorsale est très petite, la deuxième est très développée. La première épine de la nageoire anale est minuscule, la seconde est très développée. Le museau est convexe, la bouche oblique et le menton proéminent. Il y a une à quatre épines supraorbitaires (plus nombreuses chez les grands spécimens) et pas d'épine rostrale. Il y a 19 à 22 branchiospines dans la partie inférieure du premier arc branchial. La ligne latérale est continue avec 27 à 29 écailles. Celles-ci ont de petits mélanophores. La membrane entre la seconde et la quatrième épine des nageoires dorsale et anale est sombre. Les nageoires pectorales (14 à 15 rayons) sont légèrement arrondies et la nageoire caudale est fourchue. Le corps, transparent, est brun clair sur le dos, blanc-jaune avec des reflets violets sur les flancs et il a une bande latérale argentée. Taille : jusqu'à 8 cm.

Biologie

L'ambache de Natal se rencontre dans les eaux douces et supporte des salinités variables, mais il se tient de préférence en aval de la limite de salure des eaux, dans les estuaires et sur le littoral. Sa biologie est peu connue mais on peut penser qu'elle est proche de celle d'une espèce voisine (*A. interrupta* Bleeker, 1852) se nourrissant principalement de larves d'insectes aquatiques, d'insectes terrestres et de petits crustacés. Sa fécondité varie de 29 000 à 310 000 ovules pour des femelles dont la taille varie de 7 à 10,5 cm. Les œufs font 0,22 mm de diamètre Chez une autre espèce (*A. agrammus* (Günther, 1867)) la ponte a lieu parmi la végétation immergée à la tombée de la nuit. Le couple effectue une parade nuptiale élaborée. La femelle pond entre 5 et 250 ovules par ponte, selon sa taille. Les œufs sont démersaux, adhésifs et sphériques (0,50 mm de diamètre). L'éclosion se produit 19 à 23 heures après la ponte pour une température comprise entre 27 et 35 °C. Les larves sont inactives durant trois jours puis commencent à se nourrir à la résorption de la vésicule vitelline.

Distribution

De l'estuaire de la rivière Chalumna en Afrique du Sud, au Mozambique, Madagascar, Mayotte et Maurice.

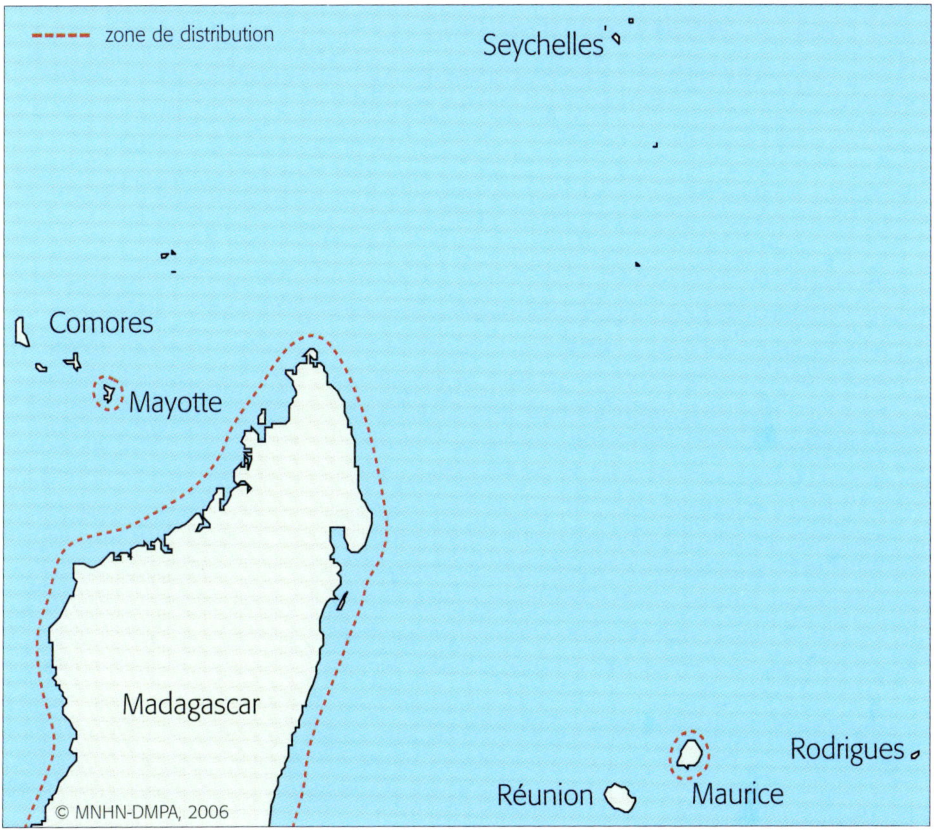
zone de distribution
Seychelles
Comores
Mayotte
Madagascar
Rodrigues
Réunion
Maurice
© MNHN-DMPA, 2006

© Philippe Keith

Ambassis urotaenia Bleeker, 1852

Ambache du large, ambasse (F) ; ambache (C) ;
banded-tail glassy perchlet (E)

Famille des Ambassidae

Description

Le corps est ovale, comprimé latéralement et recouvert d'écailles cycloïdes assez grandes. La crête du préopercule possède 5 à 16 serrae, la partie inférieure 10 à 23. La partie supérieure du préopercule est serratulée seulement sur les gros spécimens (> 6 cm), sinon elle est lisse ou légèrement crénelée. Il y a une rangée d'écailles sur la joue et 8 à 11 écailles prédorsales. La nageoire dorsale, qui a deux parties distinctes, a 7 rayons épineux suivis d'un rayon épineux et 9 à 11 rayons mous. La nageoire anale porte 3 rayons épineux et 9 à 10 rayons mous. La première épine de la nageoire dorsale est très petite, la deuxième est très développée. La première épine de la nageoire anale est minuscule, la seconde est très développée. Le museau est convexe, la bouche oblique et le menton proéminent. Il y a une à deux épines supraorbitaires et pas d'épine rostrale. Il y a 19 à 24 branchiospines dans la partie inférieure du premier arc branchial. La ligne latérale est continue, arquée sous la deuxième dorsale avec 26 à 27 écailles. Celles-ci ont de petits mélanophores. La membrane entre la seconde et la troisième épine des nageoires dorsale et anale est sombre. Les nageoires pectorales (13 à 16 rayons) sont légèrement arrondies et la nageoire caudale est fourchue. Le corps, transparent, est brun clair sur le dos, blanc-jaune avec des reflets violets sur les flancs et il a une bande latérale argentée. Taille : jusqu'à 7 cm.

Biologie

L'ambache du large se rencontre dans les eaux douces et supporte des salinités variables, mais il se tient de préférence en aval de la limite de salure des eaux, dans les estuaires et sur le littoral. Sa biologie est peu connue mais on peut penser qu'elle est proche de celle d'une espèce voisine (*A. interrupta* Bleeker, 1852) se nourrissant principalement de larves d'insectes aquatiques, d'insectes terrestres et de petits crustacés. Sa fécondité varie de 29 000 à 310 000 ovules pour des femelles dont la taille varie de 7 à 10,5 cm. Les œufs font 0,22 mm de diamètre. Chez une autre espèce (*A. agrammus* (Günther, 1867)) la ponte a lieu parmi la végétation immergée à la tombée de la nuit. Le couple effectue une parade nuptiale élaborée. La femelle pond entre 5 et 250 ovules par ponte, selon sa taille. Les œufs sont démersaux, adhésifs et sphériques (0,50 mm de diamètre). L'éclosion se produit 19 à 23 heures après la ponte pour une température comprise entre 27 et 35 °C. Les larves sont inactives durant trois jours puis commencent à se nourrir à la résorption de la vésicule vitelline.

Distribution

L'espèce est répandue dans la région Indo-ouest Pacifique. Dans l'Ouest de l'océan Indien, elle fréquente les Seychelles, les Comores, la Réunion, Madagascar, l'Inde et la mer Rouge.

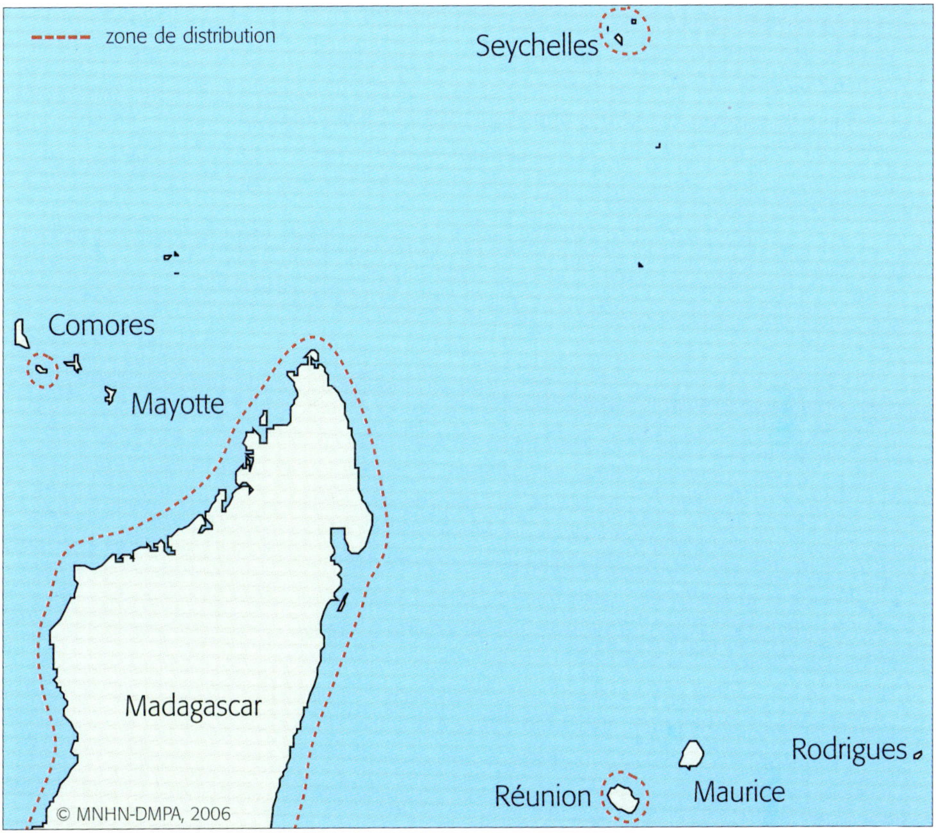

© Érick Vigneux

Famille des Kuhliidae :
Les nageoires dorsale et anale des poissons de cette famille ont chacune un fourreau écailleux bien développé. La nageoire dorsale a 10 rayons épineux et 9 à 14 rayons mous, la nageoire anale 3 rayons épineux et 9 à 13 rayons mous. L'opercule possède 2 épines. Il existe un seul genre (*Kuhlia*) comportant 12 espèces dans le monde.

Kuhlia caudavittata (Lacepède, 1802)

Doule à queue rayée (F) ; doule de mer (C)

Description

Le corps est ovale, haut, comprimé latéralement et allongé. La tête est subobtuse. La mandibule est proéminente. La bouche est grande, dirigée vers le haut et protractile. L'opercule possède deux épines. La nageoire dorsale débute au-dessus des pelviennes. Elle possède 10 rayons épineux et 11 à 14 rayons mous. La nageoire anale possède 3 rayons épineux et 11 à 13 rayons mous. Il y a 48 à 55 écailles en ligne latérale. Il y a 24 à 27 branchiospines sur la partie inférieure du premier arc branchial. Le corps est argenté, le dos est plus sombre. La nageoire caudale est fourchue et possède en général deux bandes verticales noires, la première à la base de la caudale, la seconde constitue la marge postérieure de la nageoire. Entre ces deux bandes noires il existe une bande blanche. Le corps est argenté, le dos bleu-gris. Les nageoires sont blanchâtres à jaunâtres, parfois hyalines. Taille : 20 à 25 cm. Il est probable que *K. splendens* Regan, 1913 soit synonyme de cette espèce (Stapley comm. pers.).

Biologie

Les adultes de cette espèce fréquentent surtout le littoral, tandis que les jeunes sont fréquemment observés dans les estuaires et les piscines naturelles que forment, à marée basse, le creux des récifs. Ils nagent en bancs à la recherche de leur nourriture (crustacés planctoniques et petits poissons) qu'ils capturent plutôt au crépuscule ou la nuit. La ponte s'effectue en zone côtière et les estuaires servent de nurseries. Ils vivent souvent en compagnie de *Kuhlia mugil* (Forster, 1801), mais sont plus rares que cette espèce et souvent confondus avec cette dernière.

Distribution

Cette espèce, souvent confondue avec *K. mugil* voire avec *K. rupestris* (Lacepède, 1802), a été récemment redécouverte dans le cadre de la réalisation de cet ouvrage. Elle fréquente la Réunion, Maurice, Rodrigues et semble être signalée aussi à Madagascar. Elle serait endémique de la zone Mascareignes-Madagascar.

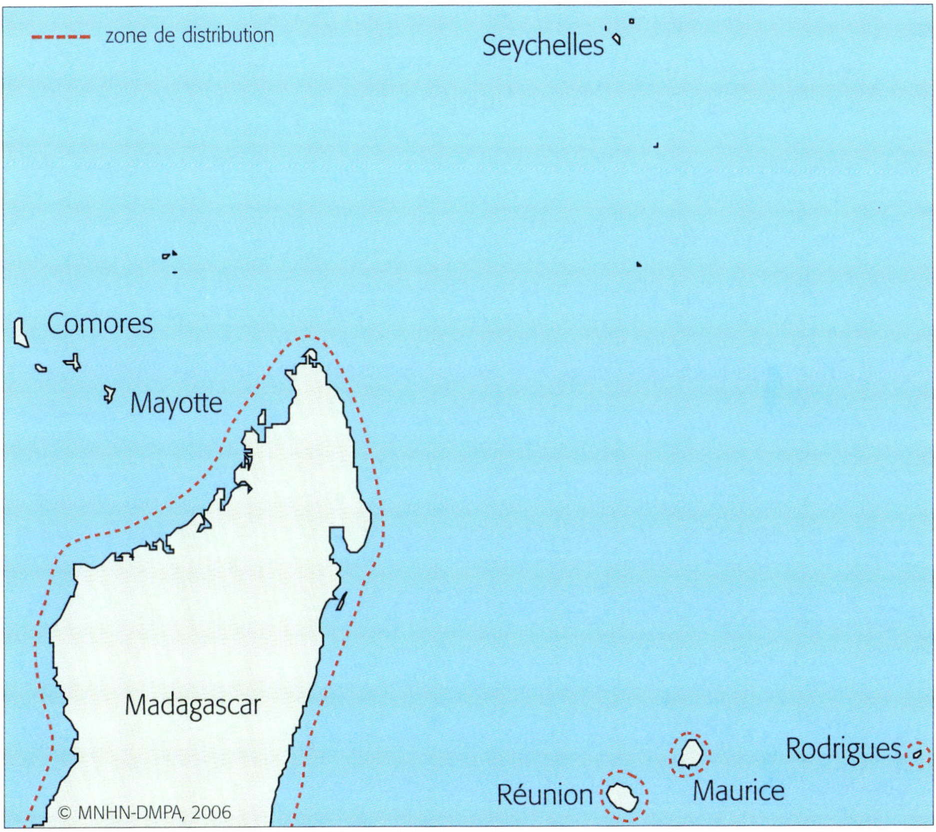

© Pierre Viora

Kuhlia mugil (Forster, 1801)

Kuhlie mulet, doule à queue rubanée (F) ; doule de mer (C) ;
barred flagtail (E)

Famille des Kuhliidae

Description

Le corps est ovale, comprimé latéralement et allongé. La tête est subobtuse et écailleuse. La hauteur du corps est comprise entre 2,7 et 3,1 fois dans la longueur standard ; elle est plus grande que la longueur de la tête. L'opercule possède deux épines. La mâchoire inférieure est plus longue que la mâchoire supérieure et son extrémité postérieure n'atteint pas la verticale du milieu de l'œil. La distance interorbitaire est pratiquement égale au diamètre de l'œil. La nageoire dorsale possède 10 rayons épineux et 9 à 11 rayons mous, la nageoire anale 3 rayons épineux et 10 à 11 mous, les pectorales 14. Les nageoires pelviennes possèdent un rayon épineux et cinq mous. La ligne latérale comprend 48 à 53 écailles (plus 5 ou 6 sur la nageoire caudale). Il y a 8 à 12 branchiospines sur la partie supérieure du premier arc branchial et 21 à 26 sur la partie inférieure. Il y a six rayons branchiostèges. La caudale est fourchue et zébrée de plusieurs bandes noires obliques, pratiquement horizontales. Le corps est argenté, le dos bleu-gris. Les nageoires sont blanchâtres à jaunâtres, parfois hyalines. Taille: 20 à 30 cm.

Biologie

Les adultes de cette espèce fréquentent surtout le littoral, tandis que les jeunes sont fréquemment observés dans les estuaires et les piscines naturelles que forment, à marée basse, le creux des récifs. Ils nagent en bancs à la recherche de leur nourriture (crustacés planctoniques et petits poissons) qu'ils capturent plutôt au crépuscule ou la nuit. La ponte s'effectue en zone côtière et les estuaires servent de nurseries. Ils vivent souvent en compagnie de *Kuhlia caudavittata* dans les Mascareignes, bien que ce dernier soit plus rare.

Distribution

L'espèce est répandue de l'océan Indien à la Polynésie française et jusqu'aux îles Galapagos. Dans l'océan Indien, elle a été collectée à la Réunion, à Maurice et à Rodrigues. Bien que signalée en 1963 par J.L.B. Smith aux Seychelles, elle n'a pas été retrouvée lors d'inventaires récents.

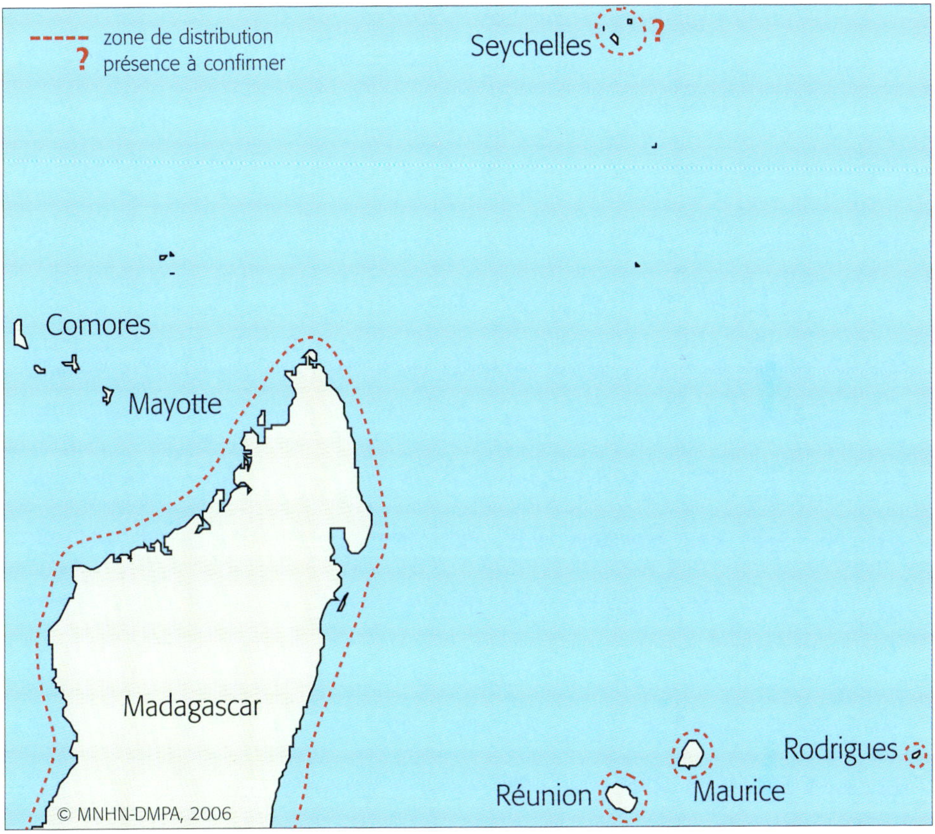
zone de distribution
? présence à confirmer
Seychelles
?
Comores
Mayotte
Madagascar
Réunion
Maurice
Rodrigues
© MNHN-DMPA, 2006

Kuhlia rupestris (Lacepède, 1802)

Kuhlie des rochers (F) ; doule de roche, carpe (C) ; rock flagtail (E)

Famille des Kuhliidae

Description

La kuhlie des rochers a un corps haut et comprimé. La mandibule est proéminente. La bouche est grande, dirigée vers le haut et protractile. La partie supérieure de l'œil est en général rouge. De grandes écailles recouvrent la joue et l'opercule qui possède deux épines. La nageoire dorsale débute au-dessus des pelviennes. Elle possède 10 rayons épineux et 10 à 12 rayons mous. Ceux-ci sont souvent surmontés d'une ligne brune. La nageoire caudale est faiblement émarginée. La nageoire anale a 3 rayons épineux dont la base est recouverte d'écailles et 9 à 10 rayons mous. Il y a 38 à 45 écailles le long de la ligne latérale. Le corps est bleu-gris sur le dos, argenté sur les flancs et le ventre. Chaque écaille possède en général un petit point noir de taille variable. La nageoire caudale possède un gros point noir à l'extrémité de chaque lobe ou une bande verticale noire à sa marge postérieure. La nageoire dorsale possède une tache noire dans le tiers postérieur. Taille : 15 à 40 cm.

Biologie

Cette espèce colonise les rapides du cours inférieur et du cours moyen des rivières, mais elle ne dédaigne pas les zones calmes et profondes. Elle chasse des poissons, des crustacés et des insectes. Les mâles, bien que résidant en eau douce, s'éloignent peu de la zone influencée par les marées, au contraire des femelles qui remontent les rivières jusqu'aux premières cascades. La ponte aurait lieu en estuaire ou en mer, il faudrait en effet une salinité supérieure à 25 ‰ pour qu'elle réussisse. C'est l'une des rares espèces de *Kuhlia* pour laquelle les eaux douces sont nécessaires à l'accomplissement du cycle biologique complet. L'espèce est assez recherchée pour sa chair savoureuse. Elle vit en général en bancs de quelques individus.

Distribution

La kuhlie des rochers a une large répartition Indo-Pacifique de l'Est et du Sud de l'Afrique, Madagascar, les Comores, les Mascareignes jusqu'à Fidji en passant par la Nouvelle-Guinée, la Nouvelle-Calédonie et le Vanuatu. Bien que signalée en 1963 aux Seychelles par J.L.B. Smith, elle n'a pas été retrouvée lors d'inventaires récents et semble avoir disparu. Elle était aussi signalée à Rodrigues, mais n'y existe plus en raison de la disparition des rivières à la suite des sécheresses des années 1970.

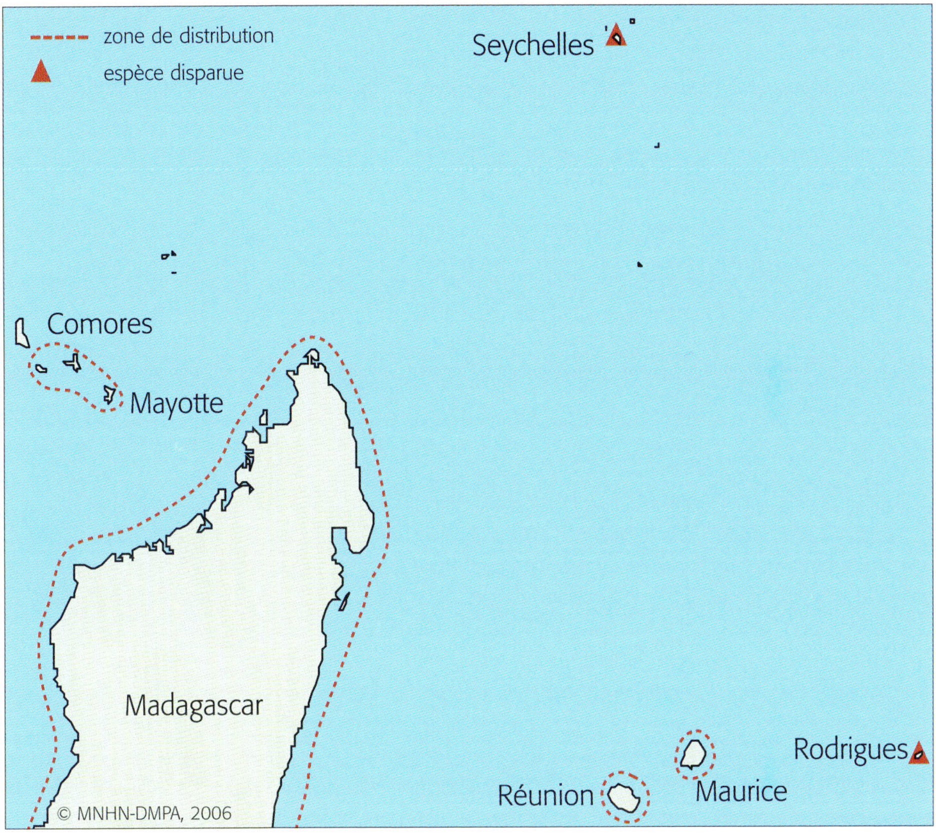

© Érick Vigneux

Famille des Centrarchidae :
Les Centrarchidés sont comprimés latéralement et relativement hauts. Les yeux sont grands. Ils possèdent une seule nageoire dorsale, composée de deux parties largement unies et dissemblables. La partie antérieure est épineuse, moins haute que la partie postérieure constituée de rayons mous. C'est une famille d'origine nord-américaine qui compte 31 espèces réparties en 8 genres.

Micropterus salmoides (Lacepède, 1802)

Black bass, achigan à grande bouche (F) ; largemouth bass (E)

Description

Le corps est trapu, allongé et modérément comprimé latéralement. La hauteur du corps représente moins du tiers de la longueur standard. La tête est forte, l'œil grand. La bouche, large et oblique, dépasse le bord postérieur de l'oeil. La mâchoire inférieure est proéminente. L'opercule est triangulaire, à bord lisse et couvert d'écailles. La dorsale est profondément échancrée et possède 10 rayons épineux et 11 à 13 rayons mous. L'anale porte 3 rayons épineux et 10 à 12 rayons mous, les pectorales 13 à 15 et les pelviennes 1 rayon épineux et 5 mous. Il y a 63 à 69 écailles en ligne latérale et 6 à 8 entre la première épine dorsale et la ligne latérale. Il n'y a pas d'écailles à la base de la dorsale, ni à la base de l'anale. La nageoire caudale est peu échancrée. Le dos est vert-bronze foncé ; les flancs sont verts avec une succession de larges taches aux contours irréguliers depuis l'avant de l'œil jusqu'à la naissance de la queue ; le ventre est jaune-verdâtre. Les tailles supérieures à 50 cm sont rares mais l'achigan à grande bouche peut atteindre 95 cm.

Biologie

Dans son pays d'origine cette espèce affectionne les étangs, les lacs, les réservoirs et les cours d'eau lents. Elle tolère les eaux saumâtres. Sa maturité est atteinte à l'âge de 2 à 3 ans. Sa fécondité (en pisciculture) est pour les femelles de 2 ans de 10 000 à 25 000 œufs. Le frai a lieu de fin avril à juillet avec des températures de 15 à 25 °C, en eaux peu profondes, dans un nid sur substrats divers. La taille des œufs est de 1,3 à 1,8 mm. L'éclosion a lieu en trois ou quatre jours à 20 °C (les larves mesurent 3,2 à 5 mm). Cette espèce est omnivore (insectes, mollusques, crustacés, poissons), ichtyophage dès le stade juvénile. L'activité est diurne.

Distribution

À l'origine, la distribution de l'achigan à grande bouche est restreinte à l'est de l'Amérique du Nord, mais l'espèce a été largement introduite sur le continent américain et dans le monde. Elle fut introduite à Maurice en 1949 à partir de spécimens venant d'Afrique du Sud. Il n'existe pas d'informations sur son acclimatation.

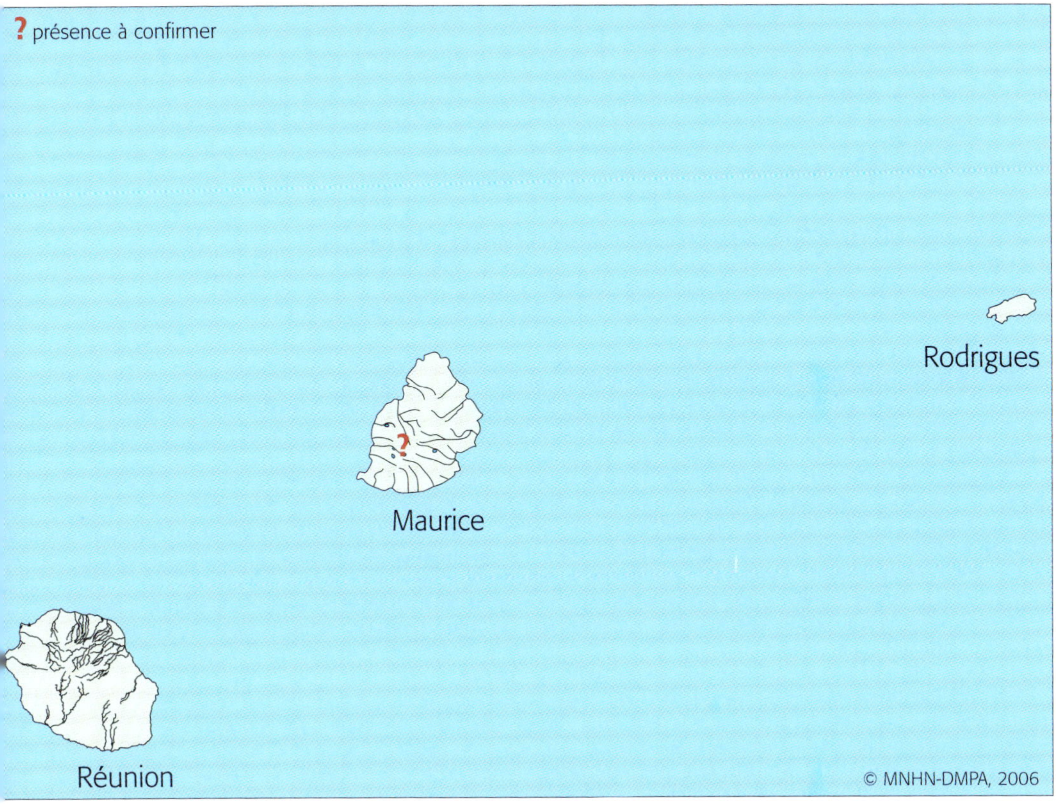

© Érick Vigneux

Famille des Cichlidae :
Les Cichlidae sont caractérisés par la présence d'une seule narine de chaque côté du museau et par l'existence d'une ligne latérale discontinue. Il existe près de 112 genres pour plus de 1 350 espèces dans le monde. Dans les Comores, Mascareignes et Seychelles, les espèces présentes ont toutes été introduites.

Archocentrus nigrofasciatus (Günther, 1867)

Convict cichlid (E)

Description

Le corps est ovale, assez haut et aplati latéralement. La bouche est terminale. L'œil est de taille moyenne. La nageoire dorsale possède 18-19 rayons épineux suivis de 9-10 rayons mous, la nageoire anale 8 à 9 rayons épineux et 8 à 9 rayons mous. Il y a 25-27 écailles en série longitudinale. Le corps est bleu-gris avec huit ou neuf bandes verticales sombres. Il existe en général une tache foncée sur l'opercule. Le mâle est moins coloré que la femelle. Il possède un front plus abrupte et des nageoires plus longues. Les mâles agés ont l'amorce d'une bosse adipeuse sur le front. Chez la femelle, on observe des écailles orange sur la base de la dorsale et sur la région abdominale. Taille : jusqu'à 10-15 cm.

Biologie

Dans son aire d'origine, l'espèce fréquente les petites rivières courantes et les zones peu profondes des grands fleuves. Elle préfère les habitats rocheux où elle peut trouver des trous et des crevasses pour s'abriter. Elle ne dédaigne pas non plus les racines et les embâcles. On peut la trouver aussi dans les mares chaudes au pied des cascades. Elle se nourrit de vers, de crustacés, d'insectes, de petits poissons et de matière végétale. Au moment de la reproduction, l'espèce pond sur des rochers propres 100 à 400 œufs que les parents gardent. Les œufs sont en général placés dans des cavités sombres plutôt que dans des nids afin d'être moins visibles aux prédateurs. Ces cavités ne possèdent qu'une seule entrée ce qui permet aux parents de mieux défendre leur ponte. Ils oxygènent régulièrement les embryons et les transfèreront à plusieurs reprises, à l'aide de leur bouche, dans de nouveaux puits creusés dans le fond de la rivière. Les œufs éclosent en 3-4 jours.

Distribution

A. nigrofasciatus est originaire d'Amérique centrale, du Guatemala au Costa Rica et du Honduras au Panama. Il aurait été introduit à la Réunion vers les années 1990, sans doute par l'aquariophilie. Il est présent dans la rivière Sainte-Suzanne et dans la rivière Saint-Jean.

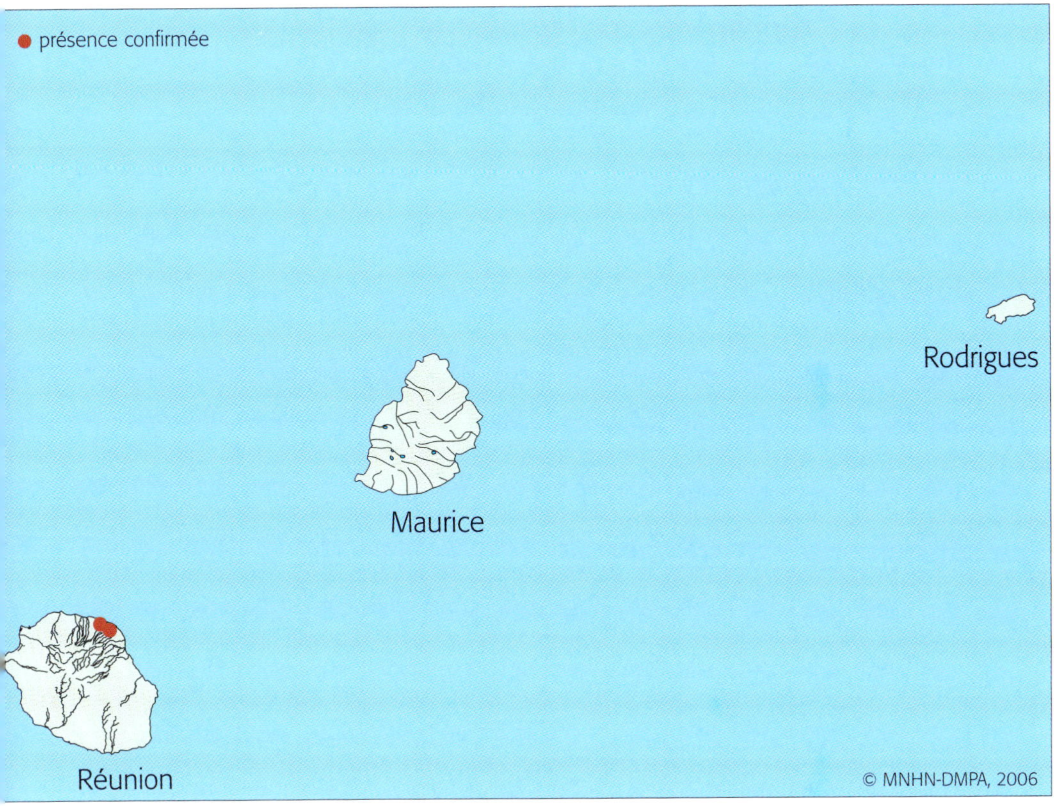
présence confirmée
Rodrigues
Maurice
Réunion
© MNHN-DMPA, 2006

Oreochromis mossambicus (Peters, 1852)

Tilapia du Mozambique (F) ; tilapia, lapia, tilapya (C) ;
Mozambique tilapia (E)

Famille des Cichlidae

Description

L'espèce est caractérisée par un corps ovoïde aplati latéralement. La bouche est terminale avec des dents courtes toutes échancrées. La nageoire dorsale possède 15 ou 16 rayons épineux suivis de 10 à 12 rayons mous. La nageoire anale est composée de 3 ou 4 rayons épineux suivis de 9 ou 10 rayons mous. La ligne latérale comporte 29 à 32 écailles. Il y a 16 à 20 branchiospines à la base du premier arc branchial et 2 ou 3 séries d'écailles sur la joue. *O. mossambicus* peut atteindre 35 à 40 cm, pour un poids allant de 700 g à 2,5 kg.

Biologie

Cette espèce est euryhaline et vit aussi bien en eau douce qu'en eau saumâtre. Son adaptation au milieu est très importante puisque ce tilapia peut se reproduire dans des eaux ayant un taux de salinité de 30 ‰ et vivre dans des eaux ayant un taux de 40 ‰. Le tilapia du Mozambique est eurytherme et ses seuils létaux de température sont de 3,5 °C et de 40,5 °C, avec toutefois une très nette préférence pour les eaux au-dessus de 20 °C. Lors de la reproduction, le couple creuse un sillon dans le substrat pour que la femelle y dépose ses ovules. Le mâle va ensuite les féconder. Les œufs seront incubés dans la bouche de la femelle. Les alevins viendront s'y réfugier jusqu'à ce qu'ils aient une taille suffisante pour échapper aux prédateurs. Le jeune tilapia se nourrit surtout de diatomées, l'adulte d'algues filamenteuses (Chlorophycées, Myxophycées), de plantes supérieures, de matières organiques en décomposition, de crustacés et de jeunes poissons.

Distribution

O. mossambicus est originaire d'Afrique de l'Est mais il a été très largement introduit dans le monde et en particulier dans la zone Indo-Pacifique. Il a été introduit à la Réunion en 1964 (d'où il semble avoir disparu) et aux Seychelles en 1963 (à Praslin et à la Digue). Il est aussi maintenant présent sur les île de Mahé et Silhouette.

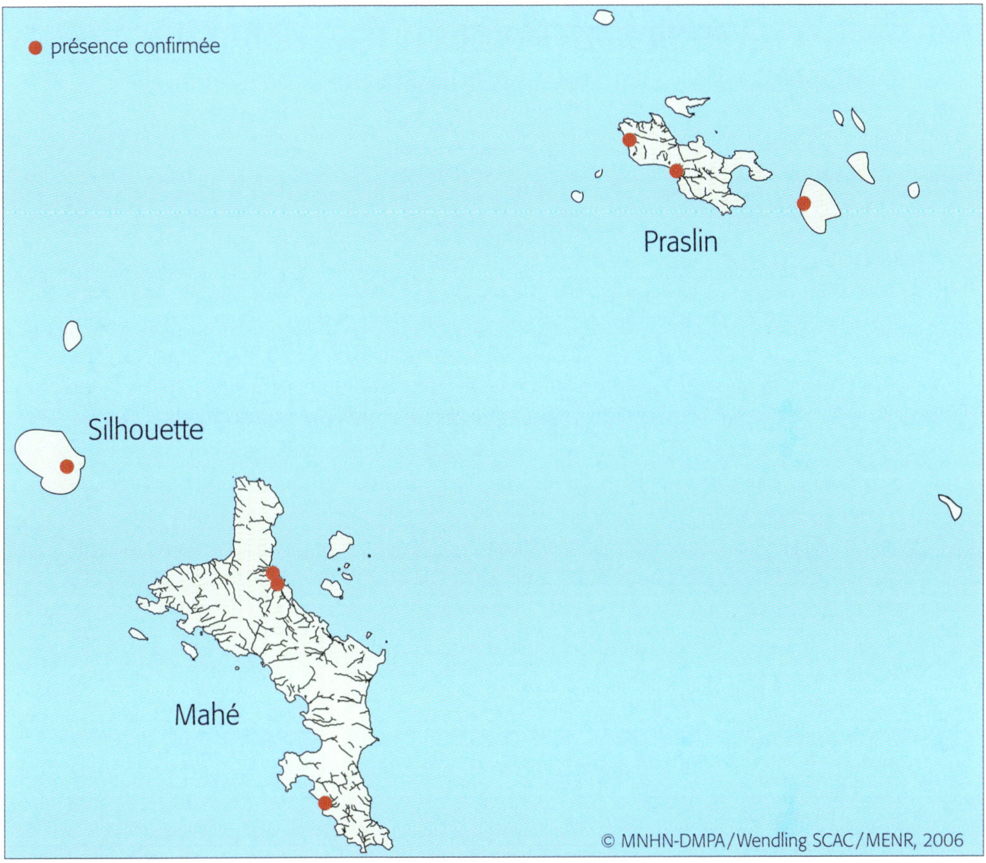
présence confirmée
Praslin
Silhouette
Mahé
© MNHN-DMPA / Wendling SCAC / MENR, 2006

© Érick Vigneux

Oreochromis niloticus (Linné, 1758)

Tilapia du Nil (F) ; tilapia, petit lapia (C) ; Nile tilapia (E)

Famille des Cichlidae

Description

Le corps est ovale. La bouche s'étend jusque sous la narine. La ligne latérale comprend 30 à 34 écailles. La nageoire dorsale comprend 14 à 18 rayons épineux et 12 à 13 rayons mous. L'anale a 3 rayons épineux et 9 ou 10 rayons mous. Il y a 20 à 26 branchiospines sur la partie inférieure du premier arc branchial. Les nageoires pectorales sont un peu plus grandes que la longueur de la tête. La nageoire caudale est arrondie chez l'adulte. La coloration du mâle est grisâtre avec des bandes verticales noires plus marquées. Les nageoires dorsale et anale sont grises avec des taches claires formant des bandes obliques. La caudale est barrée verticalement de traits clairs sur fond sombre. La femelle est brun-verdâtre. Les couleurs du mâle sont vives au moment de la reproduction : la gorge et le ventre sont rouges, le dos et les flancs bleus. Dans son aire d'origine, cette espèce peut atteindre 45 cm.

Biologie

En Afrique, il s'agit plutôt d'un poisson de fleuve. Dans les Mascareignes, il est présent dans presque toutes les embouchures de cours d'eau où l'écoulement est pérenne, ainsi que dans les étangs littoraux. Il colonise essentiellement les zones profondes légèrement saumâtres. Les femelles pratiquent l'incubation buccale des œufs et effectuent plusieurs pontes dans l'année. Le régime alimentaire se compose de phytoplancton, de détritus végétaux, mais aussi de petits poissons et d'invertébrés.

Distribution

L'aire de distribution d'origine de l'espèce est le Nord et l'Ouest de l'Afrique. Elle a été introduite entre 1950 et 1956 par le Service des Eaux et Forêts à la Réunion, en même temps que trois autres espèces de tilapias originaires du bassin du Nil et des lacs du rift de l'Est africain (*O. mossambicus* (Peters, 1852), *O. macrochir* (Boulanger, 1912) et *Tilapia zillii* (Gervais, 1848) (= *T. melanopleura* (Duméril, 1859)). Ces mêmes espèces ont été aussi introduite à Maurice entre 1955 et 1957 à partir de spécimens en provenance de Madagascar et de Tanzanie. La forme actuellement présente sur ces îles est probablement le résultat d'hybridations entre les différentes espèces d'*Oreochromis* introduites, mais sa livrée et ses caractéristiques morphologiques sont celles d'*O. niloticus*.

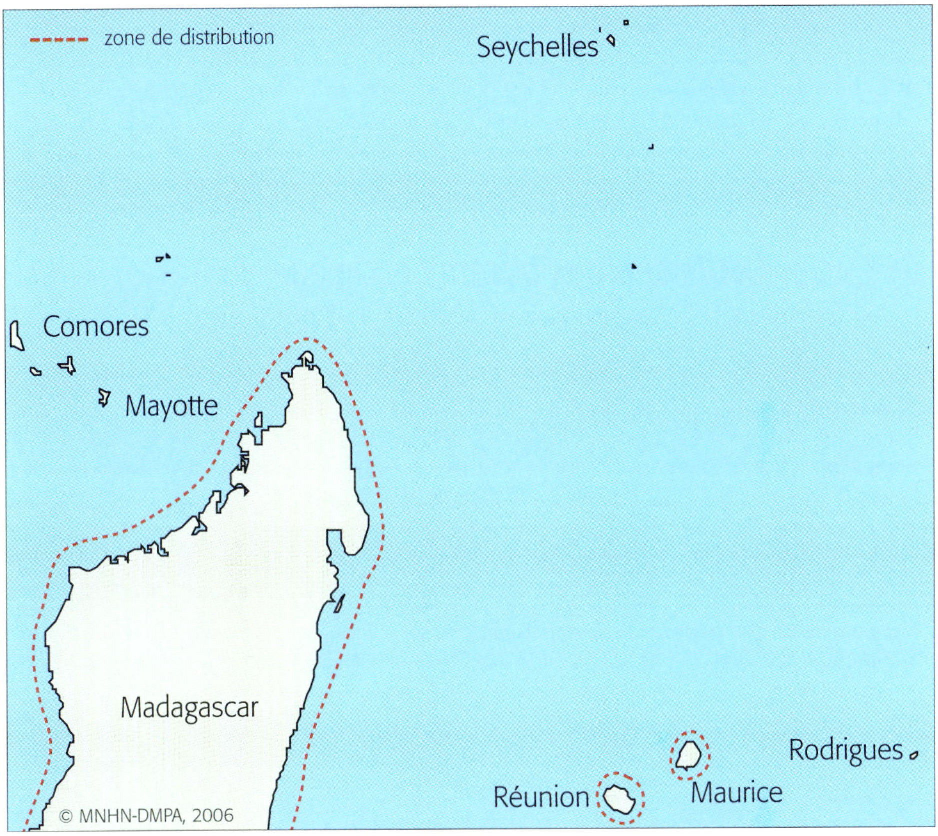
zone de distribution
Seychelles
Comores
Mayotte
Madagascar
Rodrigues
Réunion
Maurice
© MNHN-DMPA, 2006

© Érick Vigneux

Famille des Osphronemidae :
Les espèces de cette famille possèdent un prévomer et un palatin dépourvus de dents. Il y a une ligne latérale complète et continue chez les Osphroneminae, vestigiale ou absente chez les autres sous-familles. Toutes les écailles sont cténoïdes. La majorité des espèces possède un rayon filamenteux sur les nageoires pelviennes. Il existe 14 genres et 86 espèces.

Osphronemus goramy Lacepède, 1801

Gourami (F) ; gwamye, gouramye (C) ; giant gourami (E)

Description

Le corps est ovale, haut et comprimé latéralement. La bouche est petite. La nageoire dorsale a 12 à 13 rayons épineux et 11 à 13 rayons mous, la nageoire anale 9 à 11 rayons épineux et 19 à 21 rayons mous, les nageoires pectorales 15 à 16. La ligne latérale est complète et continue. Il y a 30 à 33 écailles en ligne latérale et 18 à 20 en série transverse. Les écailles sont cténoïdes. Les nageoires pelviennes ont une épine et cinq rayons. Le premier rayon de celles-ci forme un long filament s'étendant postérieurement jusqu'à la nageoire caudale. Le corps est brun-olive sur le dos et jaunâtre à argenté sur le ventre. Il n'y a pas de différence mâle et femelle sur la coloration. Les nageoires dorsale et anale sont plus pointues chez les mâles. Les jeunes ont 8 à 10 barres brunes et une à deux ocelles au-dessus de la nageoire anale. Des taches noires couvrent aussi la base de la nageoire pectorale. Taille : jusqu'à 80 cm dans son aire d'origine.

Biologie

Le gourami, espèce plutôt solitaire, est capable de respirer de façon aérienne. Il est principalement herbivore et se nourrit de végétation terrestre et aquatique mais aussi de poissons et d'invertébrés. La maturité sexuelle est atteinte à l'âge de six mois. En période de reproduction, il construit un nid de bulles en forme de boule en y incorporant des fragments de végétaux. Les œufs sont gros (2,7 à 2,9 mm de diamètre) et flottent. Ils seront introduits dans le nid puis surveillés. Après l'éclosion, les larves quittent le nid au bout de 2 à 3 semaines.

Distribution

L'aire d'origine de l'espèce est la Thaïlande, la Malaisie, Sumatra, Java et Bornéo, mais elle a été introduite dans plusieurs régions du monde et notamment sur les îles de l'océan Indien. Le gourami a été introduit à Maurice en 1761 et à la Réunion en 1795. Il ne s'est pas vraiment acclimaté sur ces deux îles bien que de nombreux efforts furent faits pour en faire commerce et bien que quelques individus soient encore trouvés sporadiquement à Maurice. Introduit aux Seychelles au XIXe siècle, il semble avoir disparu.

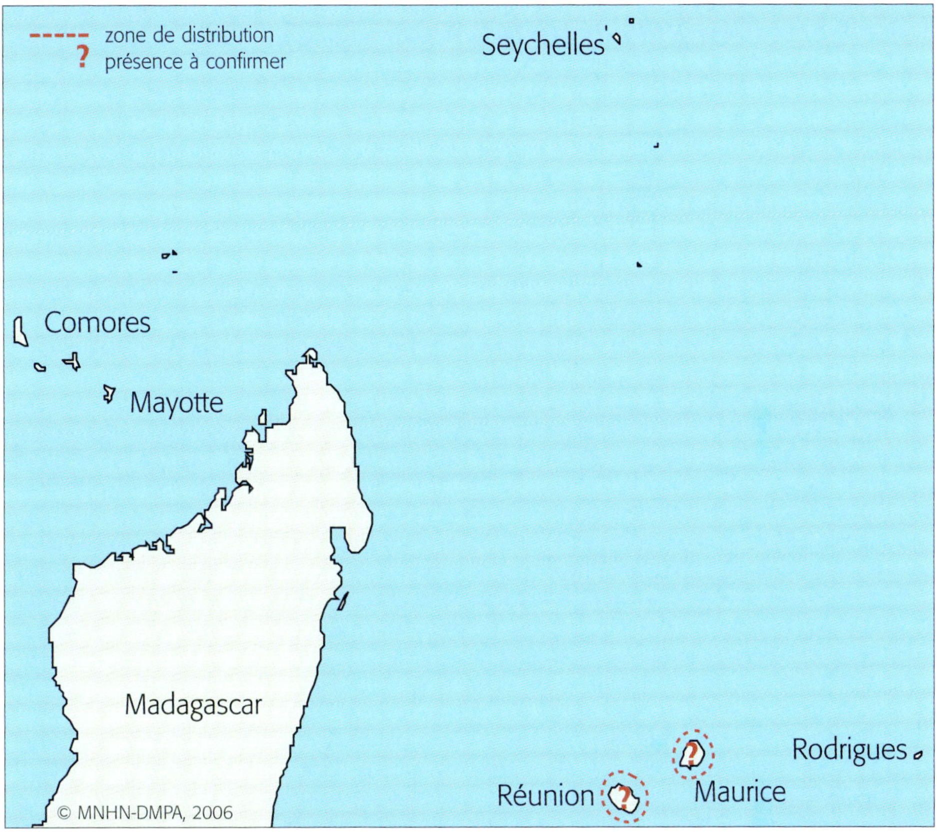
zone de distribution
présence à confirmer
Seychelles
Comores
Mayotte
Madagascar
Rodrigues
Maurice
Réunion
© MNHN-DMPA, 2006

Trichogaster trichopterus (Pallas, 1770)

Gourami bleu (F) ; three spot gourami (E)

Famille des Osphronemidae

Description

Le corps est ovale, comprimé latéralement. La tête possède une petite bouche supère. La mâchoire inférieure est proéminente. Les écailles sont petites, disposées de façon régulière. La ligne latérale est courbe, irrégulière. La nageoire dorsale porte 6 à 8 rayons épineux et 7 à 10 rayons mous, la nageoire anale 9 à 12 rayons épineux et 30 à 38 rayons mous. Les nageoires pelviennes possèdent un long rayon filiforme aussi long que le corps. La nageoire caudale est fourchue. Le corps est argenté, bleu à jaunâtre avec, chez certains spécimens, de nombreuses barres étroites, obliques et irrégulières. Il existe en général un point noir au milieu des flancs et un autre à la base de la nageoire caudale. Les nageoires pectorales sont hyalines et les pelviennes jaunâtres. Les nageoires dorsale, caudale et anale sont hyalines dans les régions marginales et jaunes à bleues à la base ; elles sont aussi couvertes de petites taches blanches. Taille : jusqu'à 18 cm.

Biologie

Dans son aire d'origine l'espèce vit parmi la végétation, dans les eaux lentes ou stagnantes, souvent avec des taux d'oxygène faibles (marais, canaux). Elle fréquente aussi de façon saisonnière les forêts inondées. Elle effectue en effet des migrations du lit principal des rivières vers les sous bois inondés afin de se reproduire. Elle construit un nid de bulles, en général à la surface. Le mâle rassemble les œufs et les place dans le nid où il les garde jusqu'à l'éclosion. Il chasse même les femelles s'en approchant. Le gourami bleu se nourrit de zooplancton, crustacés et larves d'insectes.

Distribution

L'espèce est répandue dans le Sud-Est de l'Asie, en particulier le Laos, la Thaïlande, le Cambodge et le Vietnam. Elle aurait été introduite à la Réunion dans les années 1990 et aux Seychelles à une date inconnue. Elle est acclimatée dans ces deux régions.

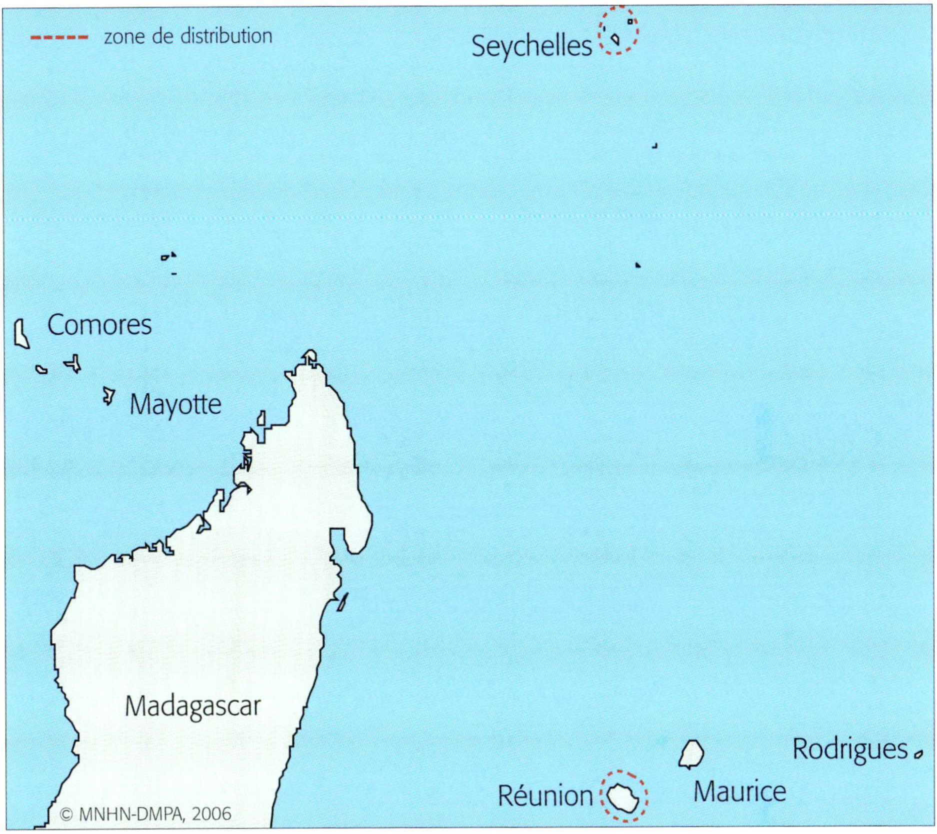
zone de distribution
Seychelles
Comores
Mayotte
Madagascar
Rodrigues
Réunion
Maurice
© MNHN-DMPA, 2006

© Yannick Zitte - ARDA

Famille des Kraemeriidae :
Les Kraemeriidae sont des petits poissons qui font, en général, moins de 4 cm et sont sans écailles. Ils possèdent une seule nageoire dorsale avec 4 à 6 épines flexibles et 13 à 18 rayons segmentés. Les nageoires pectorales possèdent trois à neuf rayons ; les pelviennes sont séparées (genre *Kraemeria*) ou fusionnées (genre *Gobitrichinotus*) mais ne forment pas de disque. Il existe deux genres et huit espèces connues. Elles vivent en général enfouies dans le sédiment.

Kraemeria samoensis (Steindachner, 1906)

Poisson des sables (F) ; lever disab (C) ; Samoan sand dart, sand fish (E)

Description

Le corps est allongé, fusiforme. Le menton est projeté vers l'avant donnant à la tête une allure pointue. Celle-ci possède des petites extensions cutanées sur le bord inférieur du préopercule (six à sept) et de l'opercule (cinq à six) Les yeux sont très petits, proches l'un de l'autre. La bouche est supère. La langue est bilobée. La tête est comprise 3,9 à 4,3 fois dans la longueur standard, la hauteur du corps 8,5 à 10,2 fois. Le bord libre du préopercule est joint à l'opercule par une étroite bande charnue. La marge postérieure de l'opercule s'étend jusqu'à la base de la pectorale. Les dents sont grandes et courbées sur la mâchoire supérieure. Sur la mâchoire inférieure elles sont sur deux rangées. La nageoire dorsale possède 5 rayons épineux et 14 rayons segmentés, la nageoire anale 1 rayon épineux et 13 segmentés. La nageoire pectorale possède 7 à 9 rayons. Les nageoires pelviennes sont légèrement courbées, séparées et possèdent des rayons branchus. L'origine de la nageoire anale est située au niveau du deuxième et du troisième rayon de la dorsale. La papille anale est élargie et située juste avant la nageoire anale. L'espèce est transparente, sans pigmentation, ce qui lui permet de se confondre avec des substrats clairs. Taille : jusqu'à 4 cm.

Biologie

Cette espèce, benthique, vit enfouie dans le sable à l'embouchure des rivières ou dans les estuaires où elle chasse à l'affût. Sa bouche est orientée vers le haut (supère) ce qui suggère que l'animal attend enfoncé dans le sédiment, ses yeux seuls en dehors du sable et surveillant tout passage de proies. Ses puissants opercules lui donnent une force de succion importante pour aspirer sa proie, sans quitter sa cache, puis rejeter le sable aspiré. Elle est connue aussi des zones littorales peu profondes.

Distribution

L'espèce fréquente les Samoa et les îles Marshall dans le Pacifique, les Seychelles dans l'océan Indien.

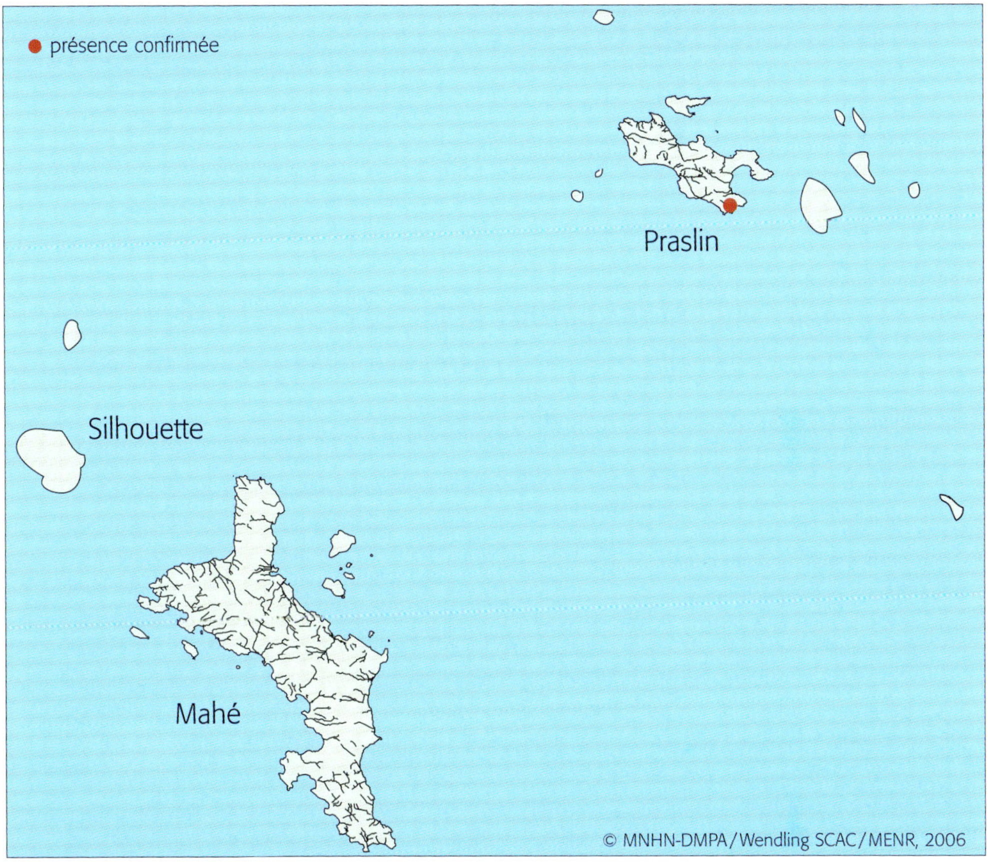
présence confirmée
Praslin
Silhouette
Mahé
© MNHN-DMPA / Wendling SCAC / MENR, 2006

Famille des Ptereleotridae :
La famille contient 5 genres et une 36 espèces. Le genre *Parioglossus* contient 18 espèces. Ce genre est distribué dans une région allant des Fidji, Vanuatu, îles Salomon, Australie, Nouvelle-Guinée, Japon, Inde à Madagascar et aux Seychelles. Le corps est allongé, fortement comprimé. Les écailles sont cycloïdes, petites et encastrées dans le corps. Les espèces sont essentiellement marines, mais certaines se trouvent parfois dans les eaux saumâtres ou dans les eaux douces.

Parioglossus multiradiatus Keith, Bosc & Valade, 2004

Parioglosse seychellois (F) ; larkansyel, parioglos seselwa are (C)

Description

Le corps est allongé et légèrement comprimé latéralement. Les profils dorsal et ventral sont rectilignes. Les joues, les préopercules et les opercules sont nus. La bouche est supère, protractile. Le museau est court. Les narines antérieures et postérieures sont un simple pore. Il n'y a pas de dents sur le vomer, ni sur les palatins. La mâchoire supérieure possède deux rangées de dents coniques. L'ouverture branchiale est verticale et s'étend de l'insertion supérieure de la nageoire pectorale à son insertion inférieure. Une légère crête nucale existe chez les mâles, et est peu visible chez les femelles. Il y a 2 nageoires dorsales, la première a 6 rayons épineux, la seconde, 1 rayon épineux et 16 à 17 rayons mous. La nageoire anale a 1 rayon épineux et 17 à 18 rayons mous, les pectorales 18 à 19. Les nageoires pelviennes ont un rayon épineux et quatre mous. Il y a 98 à 109 écailles en série longitudinale. Les écailles sont non imbriquées et s'étendent postérieurement jusqu'à la base de la caudale. Le ventre et la zone prépelvienne sont écailleux. La base des pectorales est nue ou avec quelques écailles éparses. Les pores céphaliques circum orbitaire sont au nombre de cinq (incluant le pore nasal postérieur). Il n'y a pas de pore préoperculaire. Les épines dorsales 4 et 6 sont allongées et filamenteuses chez le mâle ; la quatrième est la plus longue. Chez la femelle, les épines, dorsales 4 et 5 sont allongées. Les pectorales sont pointues. La nageoire caudale est tronquée chez la femelle, tronquée à émarginée chez le mâle. La tête et le haut du corps sont jaune-vert, translucides et brillants. Une large bande noire latérale s'étend du bord antérieur de l'œil, le long des flancs et jusqu'au bord postérieur du pédoncule caudal. Il y a une tache noire verticale sur la nageoire caudale connectée à la bande latérale. L'abdomen est blanc rosé. La partie inférieure de la joue et de l'opercule est rougeâtre. Les nageoires sont hyalines. La nageoire anale a des marges noires et blanches. Le dimorphisme sexuel est peu marqué, sauf pour la nageoire anale, hyaline chez la femelle, noire et translucide chez le mâle. Taille : jusqu'à 3,5 cm.

Biologie

L'espèce fréquente plutôt la zone littorale, la mangrove et la zone saumâtre, voire douce du cours inférieur des rivières. Les individus nagent souvent en bancs près de la surface et se réfugient sous les embâcles, les berges, les racines des mangroves, les algues ou les pierres en cas de danger. Ils se nourrissent de zooplancton.

Distribution

L'espèce serait endémique des Seychelles et fréquente l'île de Mahé.

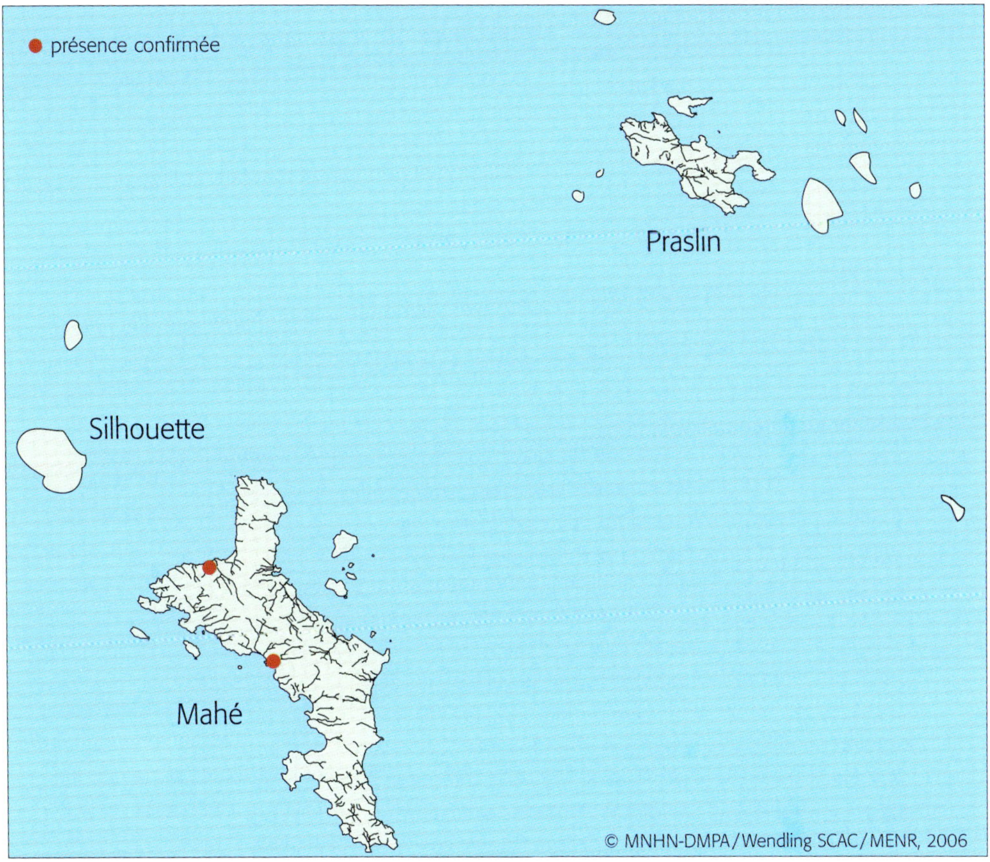
présence confirmée
Praslin
Silhouette
Mahé
© MNHN-DMPA / Wendling SCAC / MENR, 2006

© Philippe Keith

Parioglossus taeniatus Regan, 1912

Parioglosse de Regan (F)

Famille des Pterelcotridae

Description

Le corps est allongé, la tête et le corps sont compressés. Les profils ventral et dorsal sont droits. Les joues, les préopercules et les opercules sont sans écailles. La bouche est supère, protractile. Le museau est court. La narine postérieure est un simple pore. Il n'y a pas de dents sur le vomer, la langue ou les palatins. L'ouverture branchiale est verticale et s'étend de l'insertion supérieure de la nageoire pectorale à son insertion inférieure. Il y a deux nageoires dorsales. La première nageoire dorsale comprend 6 rayons épineux, la seconde 1 épineux et 14 à 16 rayons mous, la nageoire anale 1 rayon épineux et 15 à 16 rayons mous, les pectorales 16 à 19. Il y a 76 à 86 écailles en série longitudinale ; celles-ci sont imbriquées. Les branchiospines sont au nombre de 3-4 + 13-15. Il y a quatre pores céphaliques autour de l'œil et deux pores préoperculaires (chez les spécimens de taille supérieure à 19 mm). Il n'y a pas de pore nasal postérieur. La crête nucale est présente chez les mâles, moins visible chez les femelles. Les épines dorsales 2, 3 et 4 sont allongées à filamenteuses chez les mâles ; l'épine 3 est la plus longue chez les femelles. La caudale est arrondie à finement émarginée chez les femelles, tandis que les lobes dorsal et ventral sont allongés chez les mâles. Une barre noire latérale est présente le long du corps et s'étend de l'œil jusqu'à l'extrémité de la nageoire caudale. Le corps est jaune-brun, le museau plus foncé. Des petits points bruns ou noirs sont présents sur la nageoire anale. Les nageoires dorsales sont plus foncées que les autres nageoires. Taille : jusqu'à 3 cm.

Biologie

Les individus nagent souvent en bancs près de la surface et se réfugient sous les embâcles, les berges, les racines des mangroves, les algues ou les pierres en cas de danger. Ils se nourrissent de zooplancton.

Distribution

L'espèce semble fréquenter les zones littorales sableuses, les mangroves et les estuaires rocheux de Fidji, du Vanuatu, des îles Palau, des Philippines et d'Aldabra aux Seychelles. C'est dans cette dernière région qu'ont été capturés les spécimens ayant servi à la description de l'espèce en 1912, dans le Pacard Lagoon.

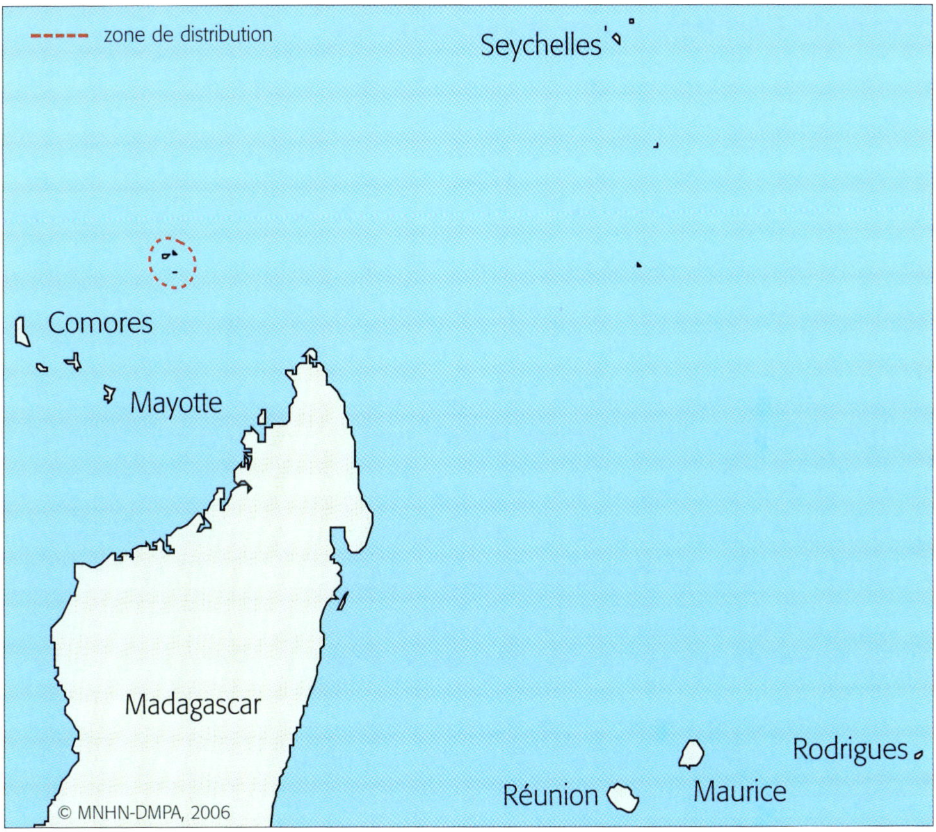
zone de distribution
Seychelles
Comores
Mayotte
Madagascar
Rodrigues
Réunion
Maurice
© MNHN-DMPA, 2006

Famille des Eleotridae :
Les Eleotridae ont des nageoires pelviennes séparées, leurs bases étant très proches, voire unies. La bouche est terminale ou supère. Les deux nageoires dorsales sont séparées. La deuxième a deux à huit rayons épineux. Il existe 35 genres pour près de 155 espèces dans le monde. La très grande majorité des espèces sont tropicales ou subtropicales, rarement tempérées. Le nombre de rayons branchiostèges est de six.

Butis butis (Hamilton, 1822)

Butis à épaulette noire (F) ; duckbill sleeper (E)

Description

Le corps est allongé, la tête, déprimée, est fusiforme et la bouche terminale. La mâchoire atteint le bord antérieur de l'œil. Le dessus de la tête, les joues et les opercules sont pourvus d'écailles. Les narines antérieures sont courtes. Il y a deux nageoires dorsales, la première comprend six rayons épineux et la seconde un rayon épineux et huit rayons mous. La nageoire anale possède 1 rayon épineux et 8 à 9 mous et les pectorales 18 à 21 rayons. Il y a 20 à 28 écailles prédorsales et 9 à 10 écailles en série transverse. Il y a 28 à 30 écailles en série longitudinale. La zone entre les yeux et la crête interorbitaire est en général écailleuse. Les écailles de la tête et du corps ont des écailles axillaires. La hauteur maximum du corps est comprise entre cinq et six fois dans la longueur standard. La couleur du corps est variable, jaunâtre à brun foncé. La tête et le corps ont parfois des points rouges, une ligne longitudinale noire du museau jusqu'à l'œil et de l'œil à l'opercule. La première dorsale et l'anale ont une marge externe rougeâtre. La caudale est noire avec une marge supérieure claire. La base des pectorales possède une ou deux taches noires parfois bordées de rouge. Taille : jusqu'à 14 cm.

Biologie

L'espèce vit dans les estuaires, les mangroves et le cours inférieur des rivières. Elle vit posée sur le fond et se nourrit principalement de petits poissons et de crustacés.

Distribution

L'espèce fréquente la région Indo-Pacifique, de la Nouvelle-Guinée, Fidji et la Nouvelle-Calédonie à l'Afrique du Sud. Dans l'océan Indien elle est signalée à Madagascar, aux Comores et à la Réunion.

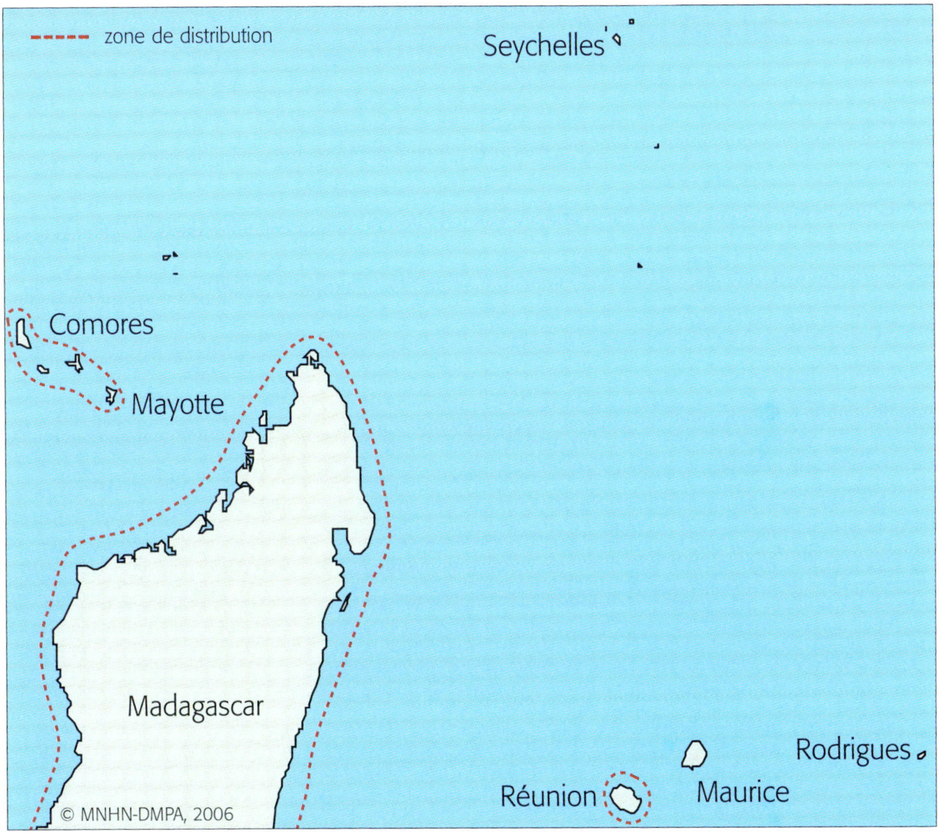
zone de distribution
Seychelles
Comores
Mayotte
Madagascar
Réunion
Maurice
Rodrigues
© MNHN-DMPA, 2006

© Philippe Keith

Eleotris fusca (Schneider & Forster, 1801)

Eléotris brun (F) ; cabot noir (C) ; dusky sleeper (E)

Famille des Eleotridae

Description

Le corps est allongé, cylindrique. D'une façon générale, *E. fusca* est moins trapu et plus allongé que *E. mauritianus*. La hauteur de son corps représente 18 à 20 % de la longueur standard *versus* 22 à 25 % ; la longueur prédorsale représente 36 à 40 % de la longueur standard *versus* 28 à 31 %. La tête est très déprimée, aplatie sur le dessus, un peu plus large que haute et presque entièrement écailleuse. L'épine préoperculaire est courbée vers la bas. Il y a 57 à 65 écailles en ligne longitudinale et 7 à 9 branchio-spines sur la branche inférieure du premier arc branchial. Les deux rangées de papilles sur l'opercule se rejoignent près de son bord postérieur. Il y a sept rangées transversales de papilles sous l'œil. Les deuxième, quatrième et sixième rangées dépassent la ligne horizontale de papilles qui est située au-dessous d'elles. La première nageoire dorsale est formée de six épines, la seconde d'un rayon épineux et de sept à neuf rayons branchus. L'anale possède un rayon épineux et huit rayons mous. Les nageoires pelviennes sont séparées. Le corps a une coloration très variable, de brun sombre à très clair, jaunâtre à gris-vert. Il y a souvent une large bande marron clair sur le dos, de la tête jusqu'à la nageoire dorsale. L'adulte est généralement brun foncé. Les nageoires impaires sont pointillées de noir. Taille : jusqu'à 23 cm de longueur standard.

Biologie

C'est une espèce euryhaline que l'on rencontre essentiellement dans les eaux saumâtres, les estuaires, mais surtout dans le cours inférieur des rivières. Elle préfère la proximité des berges là où le courant est faible ou les zones lentes, mais on peut aussi la trouver à l'abri de rochers dans des zones rapides. C'est un carnassier très vorace, vivant essentiellement de crevettes et d'insectes. C'est une espèce amphidrome. Les larves, après leur éclosion dans la rivière, gagnent la mer. Après un séjour marin ne dépassant pas six mois, les juvéniles recolonisent les estuaires et remontent les cours d'eau. La reproduction s'effectue en eau douce.

Distribution

Eleotris fusca a une répartition Indo-Pacifique de l'Ouest de l'océan Indien jusqu'en Polynésie française et en Nouvelle-Calédonie. On le trouve à la Réunion, à Maurice, aux Comores. Il était signalé à Rodrigues par certains auteurs, mais semble avoir disparu avec les rivières suite aux sécheresses des années 1970.

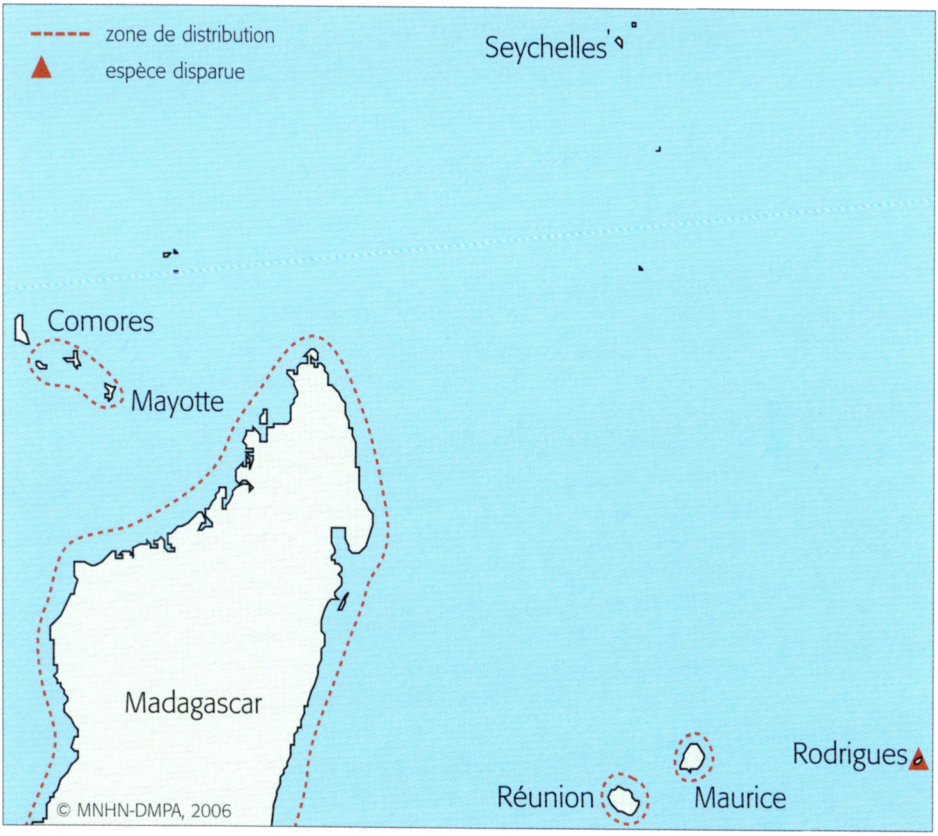
zone de distribution
espèce disparue
Seychelles
Comores
Mayotte
Madagascar
Réunion
Maurice
Rodrigues
© MNHN-DMPA, 2006

© Erick Vigneux

Eleotris mauritianus Bennett, 1831

Cabot noir (F) ; makanbale latet plat (C) ; widehead sleeper (E)

Famille des Eleotridae

Description

Le corps est allongé, cylindrique. D'une façon générale, *E. mauritianus* est plus trapu que *E. fusca* et moins allongé. La hauteur de son corps représente 22 à 25 % de la longueur standard *versus* 18-20 % ; la longueur prédorsale représente 28 à 31 % de la longueur standard *versus* 36-40 %. La tête est très déprimée, aplatie sur le dessus, un peu plus large que haute et presque entièrement écailleuse. Le museau est large et arrondi. Il y a 50 à 57 écailles en ligne longitudinale, 27 à 32 au niveau prédorsal. Les dents sont coniques. Il y a cinq à sept branchiospines sur la branche inférieure du premier arc branchial. Celle-ci est attachée à l'opercule par une membrane le long de sa moitié antérieure. Les deux rangées de papilles présentes sur l'opercule en atteignent le bord sans se rejoindre. La première nageoire dorsale est formée de six épines minces et peu ossifiées, la seconde d'un rayon épineux et de sept à neuf rayons mous. L'anale possède un rayon épineux et huit rayons mous. Les nageoires pectorales et la caudale sont arrondies. Les nageoires pelviennes sont séparées. Le corps a une coloration sombre très variable. L'adulte est généralement noir, parfois brun foncé. Dans certains biotopes à eau verdâtre ou boueuse, le corps est jaune-brun avec des lignes horizontales plus claires et des taches irrégulières. En général, la première nageoire dorsale, sombre, possède une barre noire horizontale (parfois brune) dans sa partie supérieure, surmontée d'une barre plus claire. La seconde dorsale et la nageoire anale ont un fin liseré blanc sur la marge extérieure. La taille varie de 10 à 20 cm.

Biologie

Le cabot noir est une espèce euryhaline que l'on rencontre dans les estuaires, les étangs côtiers ou les rivières à une altitude ne dépassant pas 50 m. Les adultes affectionnent plus particulièrement les zones estuariennes à salinité faible ou nulle, tandis que les jeunes fréquentent surtout le cours inférieur des rivières, dans des zones au courant moyen à fort, sur un substrat grossier où ils s'abritent des prédateurs. Ce sont des carnassiers très voraces vivant sous les rochers et qui chassent à l'affût des petits poissons ou des crevettes.

Distribution

Eleotris mauritianus est une espèce connue du Mozambique, des Seychelles, de Maurice, des Comores et de la Réunion. Elle était signalée aussi à Rodrigues par certains auteurs, tandis que d'autres mettent en doute cette affirmation. De toutes façons, elle ne semble plus y exister en raison de la disparition des rivières suite aux sécheresses des années 1970.

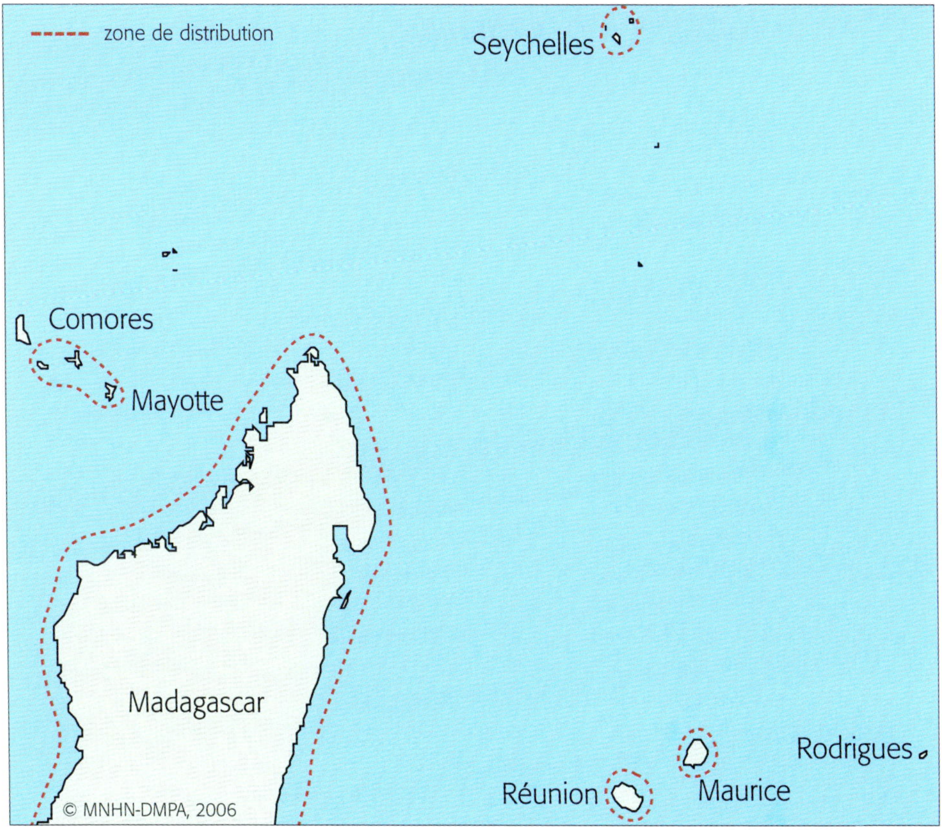

© Philippe Keith

Hypseleotris cyprinoides Valenciennes *in* Cuvier & Valenciennes, 1837

Eléotris cyprin (F) ; tropical carp gudgeon (E)

Famille des Eleotridae

Description

Le corps de l'éléotris cyprin est ovale, trapu et il ressemble à un petit cyprinidé, d'où son nom d'espèce. La tête est légèrement pointue, la bouche, petite, est supère. Les écailles sur le dessus de la tête atteignent l'extrémité du museau. La joue et l'opercule sont pourvus d'écailles (quatre à cinq). Il y a deux nageoires dorsales. La première compte six rayons épineux, la seconde un rayon épineux et huit rayons mous. La nageoire anale porte 1 rayon épineux et 9 à 10 rayons mous. La nageoire caudale a 15 rayons. Il existe 26 à 29 écailles en ligne longitudinale, 9 à 10 écailles en série transverse antérieure, 8 à 9 en série transverse postérieure, 6 à 8 en série zigzag et 12 à 16 écailles prédorsales. L'extrémité de la papille anale des mâles est tronquée et angulaire sur les cotés. Le corps est brun-jaune, mais la coloration n'est pas uniforme. Les nageoires pectorales, pelviennes et anale sont hyalines, la caudale est ponctuée de petites taches ou de traits bruns alignés. Les nageoires dorsales des mâles sont pourvues de taches blanches rondes et de bandes longitudinales noires à grisâtres. Une bande longitudinale sombre, située au milieu des flancs, est plus ou moins visible de la base des pectorales à l'extrémité du pédoncule caudal. Taille : 5 à 8 cm.

Biologie

Cette espèce vit dans les parties dulçaquicoles des estuaires et le cours inférieur des rivières où elle préfère les berges végétalisées. Elle est omnivore et se nourrit principalement d'invertébrés et d'algues filamenteuses. Elle se déplace souvent en petits bancs de 5 à 10 individus.

Distribution

L'examen de spécimens capturés à Madagascar et rangés sous le nom d'*Hypseleotris tohizonae* (Steindachner, 1880), ainsi que de spécimens d'Afrique du Sud rangés sous le nom d'*Hypseleotris dayi* (Smith, 1950) et des spécimens de Nouvelle-Calédonie rangés sous le nom *Hypseleotris guentheri* (Bleeker, 1875), ont montré que ces trois espèces étaient synonymes d'*Hypseleotris cyprinoides*. Cette espèce à été décrite à partir de deux exemplaires qui auraient été capturés par M. Leschenault, au XIXe siècle, dans un estuaire (rivière "Saint-Maurice") à la Réunion, mais l'éléotris cyprin n'a jamais été repris depuis sur cette île et n'y a peut être même jamais existé (la rivière n'a pas pu non plus être localisée) ; les spécimens de Leschenault ont pû être mélangés avec des spécimens comoriens ou malgaches. L'espèce fréquente les Comores, Madagascar et l'Afrique du Sud, jusqu'à la Nouvelle-Calédonie, le Vanuatu et les Samoa.

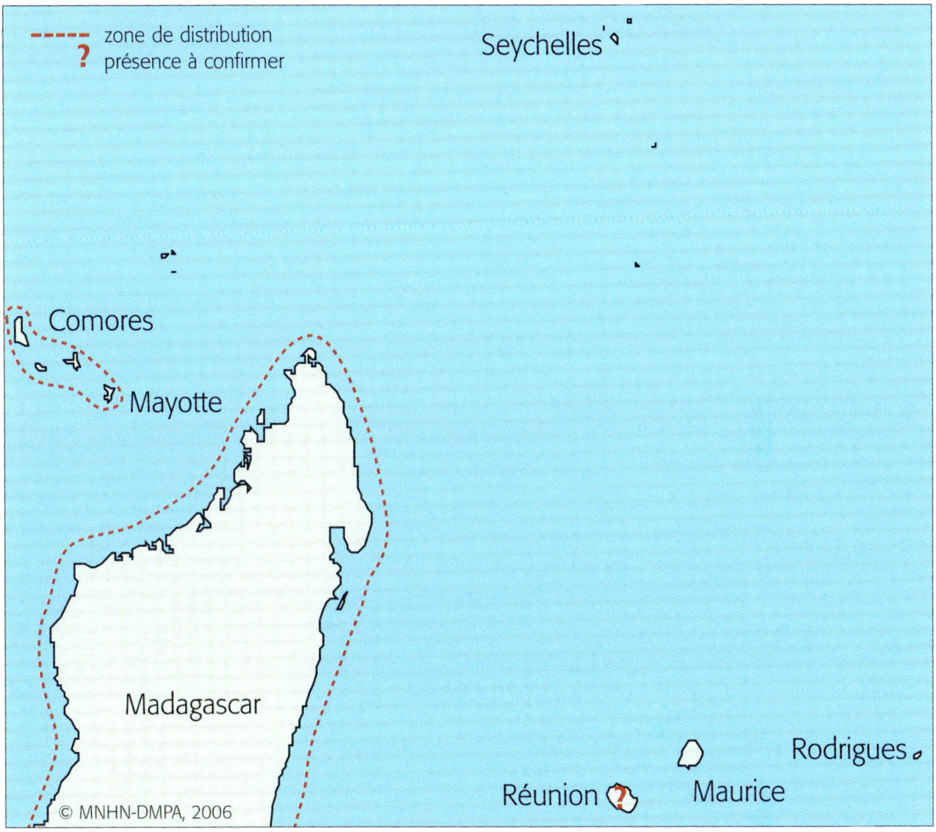
zone de distribution
? présence à confirmer
Seychelles
Comores
Mayotte
Madagascar
Réunion
Maurice
Rodrigues
© MNHN-DMPA, 2006

© Philippe Keith

Ophieleotris cf. *aporos* (Bleeker, 1854)

Eléotris serpent (F)

Famille des Eleotridae

Description

Le corps est allongé, cylindrique, sa hauteur représente 30 à 33 % de la longueur standard. La tête est déprimée, aplatie sur le dessus, entièrement écailleuse. Les maxillaires s'étendent seulement jusqu'à la partie antérieure de l'œil. Pas de pores céphaliques visibles. Il y a 28 à 32 écailles en ligne longitudinale, 14 à 16 en série prédorsale, 10 à 11 en série transverse postérieure, 11 à 13 en série transverse antérieure et 8 à 9 en série zigzag. Il existe deux rangées longitudinales de papilles sur les joues et deux nageoires dorsales. La première est formée de six épines, la seconde d'un rayon épineux et de huit ou neuf rayons branchus. L'anale possède un rayon épineux et huit à neuf rayons mous. Les nageoires pelviennes sont séparées. Le corps a une coloration verdâtre à marron, voire jaune-brun. La partie inférieure de la tête et les flancs sont jaunâtres. Les flancs portent en général une bande brunâtre le long de la ligne latérale. Les deux nageoires dorsales foncées sont tachetées de jaune et de blanc avec des petites bandes noires. La nageoire anale est grisâtre avec une marge blanchâtre. La taille maximale est de 20 cm de longueur standard.

Biologie

L'espèce fréquente les berges riches en végétation et en abris des cours inférieurs des rivières. Elle est omnivore, se nourrissant d'algues, de petits crustacés et d'insectes aquatiques. En Nouvelle-Guinée, la femelle dépose un grand nombre d'œufs (de 100 000 à 220 000) sur le substrat. La période de reproduction est étalée tout au long de l'année avec un pic à la saison des pluies (janvier et février).

Distribution

O. aporos aurait une large répartition Indo-Pacifique de Madagascar et des Comores jusqu'à Fidji, en passant par l'Australie, la Nouvelle-Calédonie et la Nouvelle-Guinée. Certains auteurs le donne synonyme de *O. margaritacea* (Valenciennes, 1837). Néanmoins, les spécimens du Pacifique semblent se différentier de ceux de l'Ouest de l'océan Indien et une révision de ce groupe est nécessaire afin de statuer sur sa répartition réelle.

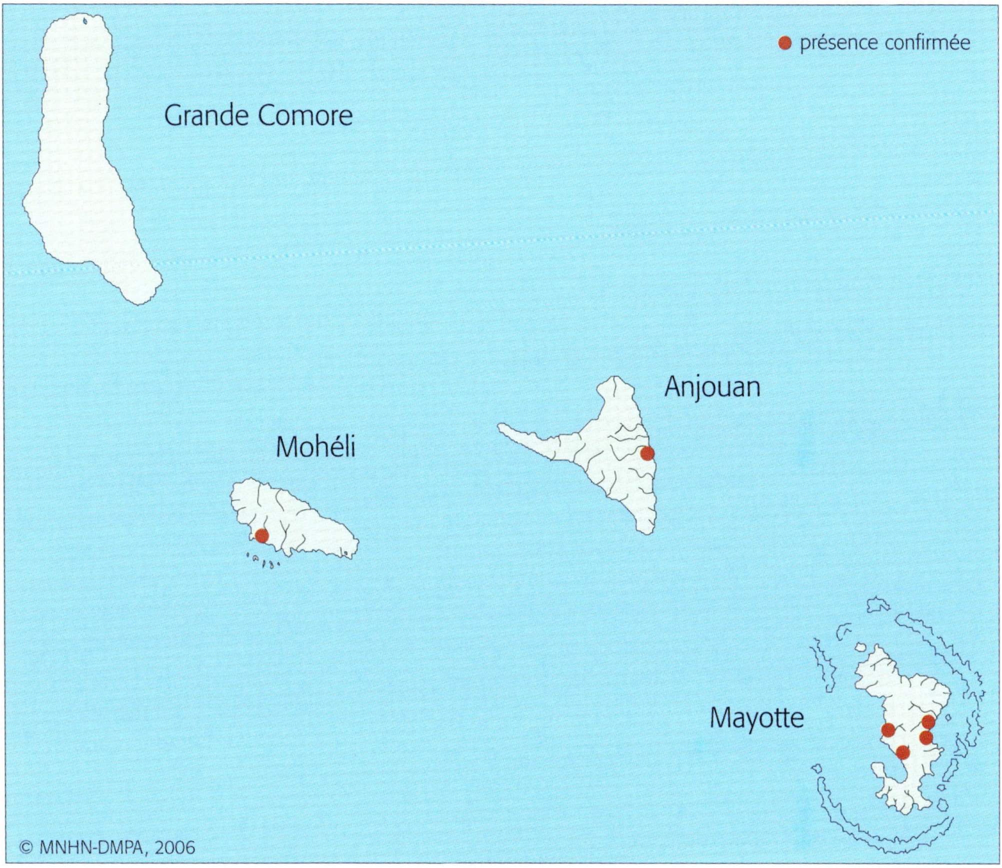
présence confirmée
Grande Comore
Anjouan
Mohéli
Mayotte
© MNHN-DMPA, 2006

© Philippe Keith

Ophiocara porocephala (Valenciennes, 1837)

Eléotris à tête poreuse (F) ; makanbale latet ron (C) ;
northern mud gudgeon (E)

Famille des Eleotridae

Description

Le corps est allongé, cylindrique, sa hauteur est comprise entre cinq et six fois dans sa longueur totale. La tête est déprimée, aplatie sur le dessus, entièrement écailleuse. Les narines tubulaires antérieures sont bien visibles. Les maxillaires s'étendent jusqu'à la moitié de l'œil. Il y a 33 à 39 écailles en ligne longitudinale, 22 à 24 en série prédorsale, 13 à 14 en série transverse postérieure, 15 à 17 en série transverse antérieure et 9 à 11 en série zigzag. Il existe deux nageoires dorsales. La première est formée de six épines, la seconde d'un rayon épineux et de huit ou neuf rayons branchus. L'anale possède un rayon épineux et sept rayons mous. Les nageoires pelviennes sont séparées. Chez les jeunes, le corps a une coloration généralement brun foncé à noirâtre avec cinq bandes blanchâtres plus ou moins distinctes distribuées de la pectorale à la partie postérieure du pédoncule caudal. La nageoire anale est hyaline bordée de noir et de jaune. Les nageoires dorsales et caudale sont ponctuées de taches brunes. La seconde dorsale et la caudale sont bordées de jaune. Chez les adultes, le corps plus clair peut être couvert de points rouges et bleus. La taille maximale est de 26 cm de longueur standard.

Biologie

L'espèce fréquente les eaux saumâtres et le cours inférieur rivières. Il s'agit d'un prédateur qui chasse à l'affût les petits poissons et les crevettes en se camouflant sous les berges et dans les embâcles. En Nouvelle-Guinée, les études réalisées ont montré que cette espèce se nourrissait beaucoup de mollusques.

Distribution

Ophiocara porocephala aurait une large répartition Indo-Pacifique de l'Est de l'Afrique, des Seychelles et des Comores, jusqu'en Nouvelle-Calédonie, en passant par le Japon, l'Australie et la Nouvelle-Guinée. Néanmoins, les spécimens du Pacifique semblent se différentier de ceux de l'Ouest de l'océan Indien et une révision de ce groupe est nécessaire afin de statuer sur sa répartition réelle.

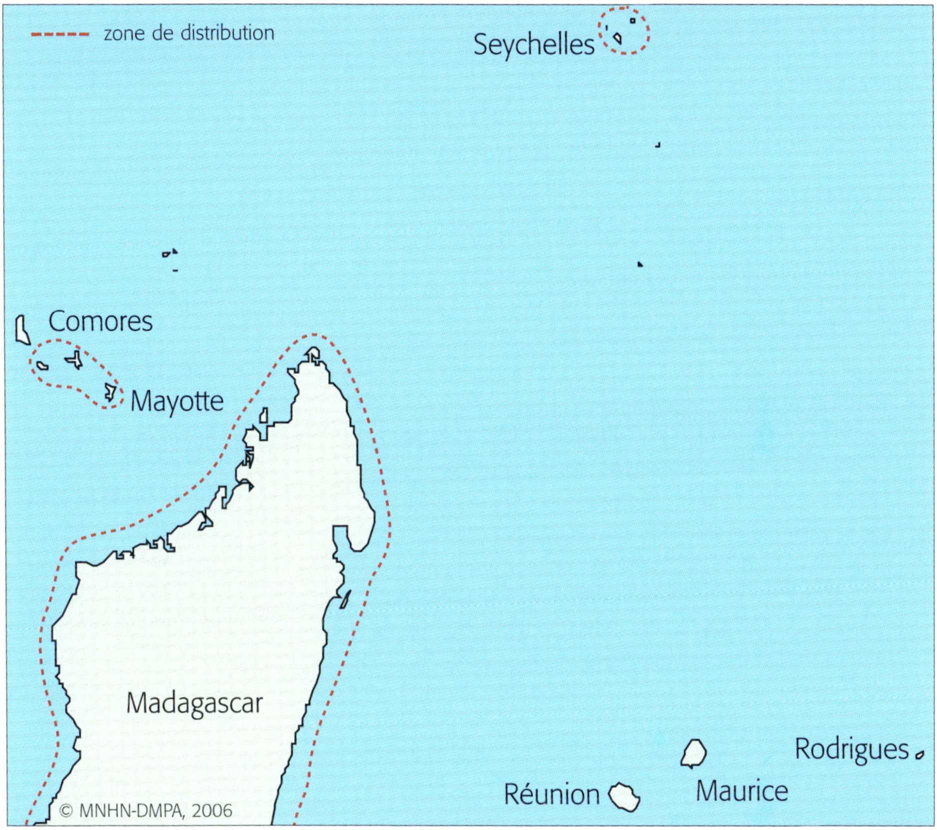
zone de distribution
Seychelles
Comores
Mayotte
Madagascar
Réunion
Maurice
Rodrigues
© MNHN-DMPA, 2006

© Philippe Keith

Famille des Gobiidae :
Lorsqu'elles sont bien développées, les nageoires pelviennes des Gobiidae sont soudées et forment une sorte de ventouse. Les rayons épineux de la nageoire dorsale sont séparés des rayons mous. Il existe cinq rayons branchiostèges. Les yeux sont placés dans la partie supérieure de la tête. Il existe 210 genres et près de 1950 espèces.

Awaous commersoni (Schneider, 1801)

Loche (F) ; loche, cabot (C)

Description

La tête est large et le corps fuselé. La bouche est terminale et large. Il y a deux nageoires dorsales. La première a 6 rayons épineux, la seconde 1 rayon épineux et 10 à 11 rayons branchus. La nageoire anale a 1 rayon épineux et 9 à 10 rayons mous. Les pectorales ont 14 à 17 rayons. Il y a 53 à 64 écailles en ligne longitudinale. La nageoire caudale est généralement arrondie, mais plus courte que la tête. La langue est bilobée et la nuque écailleuse. La joue et l'opercule sont sans écailles. Les nageoires pelviennes sont soudées et ne sont rattachées au corps que par leur extrémité antérieure. La coloration du corps et des nageoires chez les grands spécimens est en général grise à noire. Le ventre est généralement plus clair. Les jeunes sont bruns et possèdent une série de taches rondes plus foncées le long du corps. La première nageoire dorsale possède en général une tache noire dans sa partie postérieure surtout visible chez les jeunes spécimens et s'estompant avec l'âge. Taille : 10 à 25 cm.

Biologie

A. commersoni est une espèce qui fréquente les eaux douces et parfois saumâtres des rivières. Il vit dans les eaux rapides ou lentes jusqu'à la base des premières chutes d'eau, généralement en eau claire sur un fond sableux, graveleux ou rocheux. Il se nourrit d'algues, de détritus, de vers, de gastéropodes et de crustacés. On peut penser que sa biologie est proche d'une espèce voisine mieux connue, *A. guamensis*. Cette espèce est amphidrome. Au moment de la reproduction, les adultes migrent vers le bas des cours d'eau. Les femelles pondent les ovules à la surface des pierres où ils sont fécondés par les mâles. Ceux-ci surveillent la ponte jusqu'à l'éclosion (incubation de 24 à 70 heures). Les larves, transparentes, sont entraînées ensuite dans l'estuaire ou en mer. Elles reviendront ensuite en eau douce après 150 à 165 jours de mer.

Distribution

Cette espèce fréquente l'île de la Réunion, Maurice et les Comores. Elle a été récemment retrouvée à Rodrigues en zone saumâtre, malgré la disparition des rivières pérennes depuis les années 1970. Elle a longtemps été confondue, dans sa forme juvénile, avec *A. ocellaris* (Broussonnet, 1782) en raison de la tache sur la dorsale, et avec *A. aenofuscus* (Peters,1852), dans sa forme adulte, en raison de sa coloration brune à noire. *Awaous nigripinnis* (Valenciennes, 1837) et *Awaous pallidus* (Valenciennes, 1837) sont des synonymes.

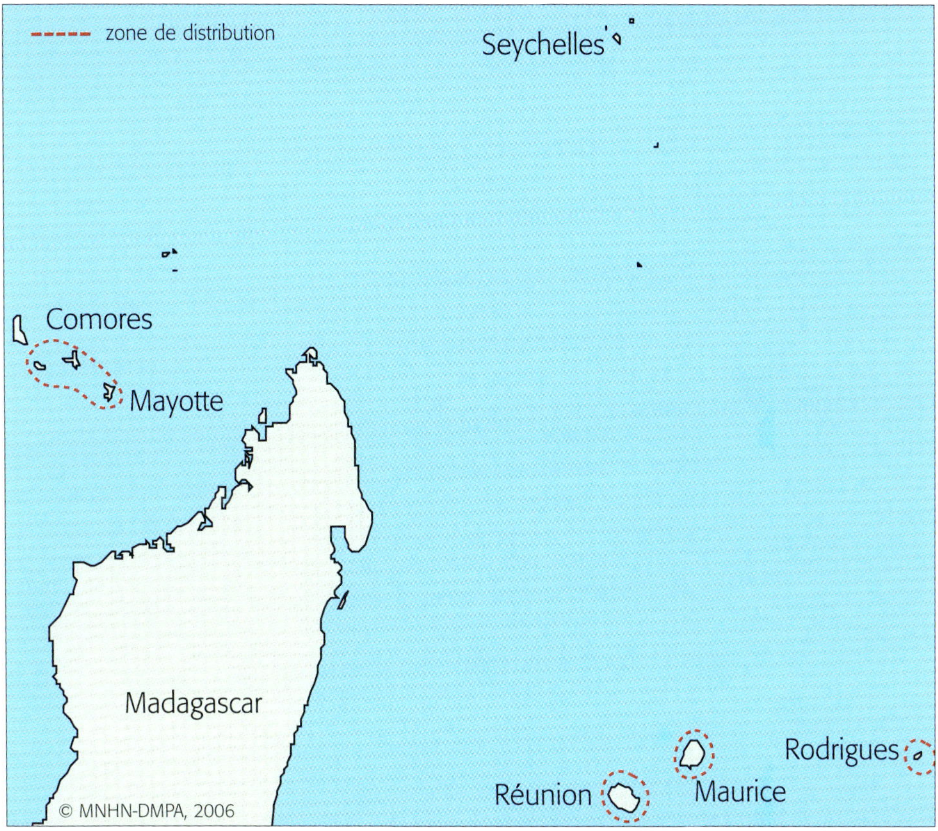

© Érick Vigneux

Bathygobius meggitti (Hora & Mukerji, 1936)

Gobie de Meggitt (F) ; Meggitt's goby (E)

Famille des Gobiidae

Description

Le corps est allongé, la tête large, la bouche grande et terminale. Il y a deux nageoires dorsales, la première possède six rayons épineux, la seconde un rayon épineux et neuf rayons mous. La nageoire anale possède un rayon épineux et huit rayons mous. Les nageoires pectorales ont 20 à 22 rayons, les 5 ou 6 rayons supérieurs sont libres de membrane, chacun avec 2 à 7 branches. Il y a 36 à 40 écailles en ligne longitudinale. Les écailles sont cténoïdes à partir de la moitié de la base de la première dorsale, cycloïdes antérieurement. Il existe un lobe charnu transverse sur le menton (frenum mentonnier) avec une marge postérieure droite sans longs lobes latéraux. La hauteur du corps est contenue 4,1 à 4,3 fois dans la longueur standard. La nageoire caudale est arrondie, plus courte que la tête et contenue 3,7 à 4 fois dans la longueur standard. Les nageoires pelviennes sont fusionnées en un disque. Les femelles sont brunâtres à grises sur le dos, plus claires sur le ventre avec cinq larges taches blanchâtres sur le dos, comprises entre la nuque et le pédoncule caudal. Les mâles sont gris-jaunâtre, densément ponctués de taches sombres, bleutés et orange. Taille : jusqu'à 6 cm.

Biologie

Normalement l'espèce fréquente la zone de marées et le littoral, néanmoins, aux Seychelles, elle est fréquemment trouvée dans les estuaires et même dans le bas des rivières où les individus sont très nombreux. Elle est capable de résister à de très faibles salinités et supporte bien l'eau douce. Elle vit posée sur le fond, tapie entre les cailloux et les blocs. C'est un carnivore qui chasse à l'affût les petits crustacés et les poissons.

Distribution

Cette espèce a une répartition Indo-Pacifique, de l'Afrique du Sud, du Mozambique, d'Oman et des Seychelles, jusqu'à l'Asie du Sud-Ouest, les Philippines, la Thaïlande et Hong-Kong.

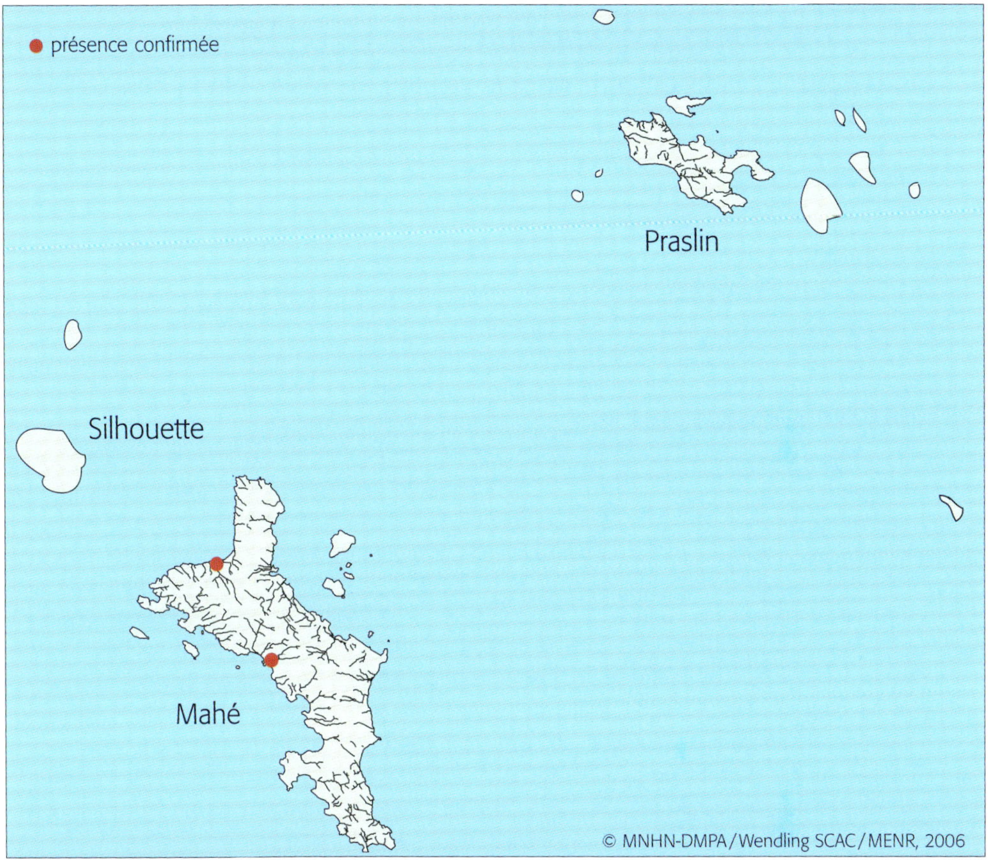

présence confirmée
Praslin
Silhouette
Mahé
© MNHN-DMPA / Wendling SCAC / MENR, 2006

Cotylopus acutipinnis (Guichenot, 1863)

Cabot bouche ronde, cabot de cascade (adulte), bichique (jeune) (F), (C)

Famille des Gobiidae

Description

Le corps du cabot bouche ronde est très allongé et presque cylindrique. Sa hauteur est comprise sept à neuf fois dans la longueur totale. Le museau est arrondi. La bouche est légèrement infère et la mâchoire supérieure proéminente. Il n'y a pas d'encoches sur la lèvre supérieure. Les dents coniques de la mâchoire inférieure sont de même taille. La tête est plus longue que haute. La nuque et le ventre sont sans écailles. Il y a deux nageoires dorsales. La première compte 6 rayons épineux, la seconde 1 rayon épineux et 9 à 10 rayons mous. Les pectorales ont 15 à 17 rayons. Les nageoires pelviennes sont soudées et forment une sorte de ventouse. Il y a 46 à 63 écailles en série longitudinale, 10 à 24 en série transverse postérieure, 7 à 34 en série transverse antérieure, en général pas d'écailles prédorsales et 15 à 26 écailles en série zigzag. Le corps est brun-noir, les écailles du dos et des flancs sont marquées de liserés verticaux irréguliers bruns à jaunes. La deuxième dorsale et l'anale sont beiges, parfois tachetées, avec un liseré plus foncé sur le bord externe pour l'anale. Les nageoires pectorales et les nageoires pelviennes sont grisâtres à brunes. C'est pour faire allusion à la forme des nageoires ventrales en ventouse que le genre *Cotylopus* a été créé (pieds en ventouse). L'espèce a été dénommée *acutipinnis* (*acuti* (pointu) et *pinnis* (nageoire)) en raison de l'extrémité pointue de ses nageoires dorsales et anale. Taille : 8 à 13 cm.

Biologie

Les adultes sont très rhéophiles et vivent en rivière dans les zones de rapides (130 à 160 cm/s), plus ou moins profondes (20 à 40 cm), sur des fonds de cailloux et de galets. Ils se fixent sur les gros galets ou les rochers grâce à leur ventouse ventrale. Ils se nourrissent de diatomées mais aussi d'invertébrés. C'est une espèce amphidrome. Elle se reproduit en rivière. Le développement embryonnaire se fait en eau douce. À l'éclosion, les larves sont entraînées par le courant jusqu'à la mer et vont s'y développer jusqu'au stade postlarvaire (102 à 130 jours de mer). Ce stade atteint, les alevins se regroupent aux embouchures des rivières afin de commencer leur remontée. Il semble que les alevins soient attirés, quand ils sont encore en zone côtière, par les eaux douces se déversant en mer. Grâce à leur ventouse, ils remontent des chutes de plusieurs dizaines de mètres et colonisent les cours d'eau jusqu'à une certaine altitude. L'espèce monte moins haut dans la rivière que *Sicyopterus lagocephalus*.

Distribution

Cette espèce, endémique des Mascareignes (Réunion, Maurice), a une large répartition dans l'île de la Réunion mais elle est moins abondante à Maurice.

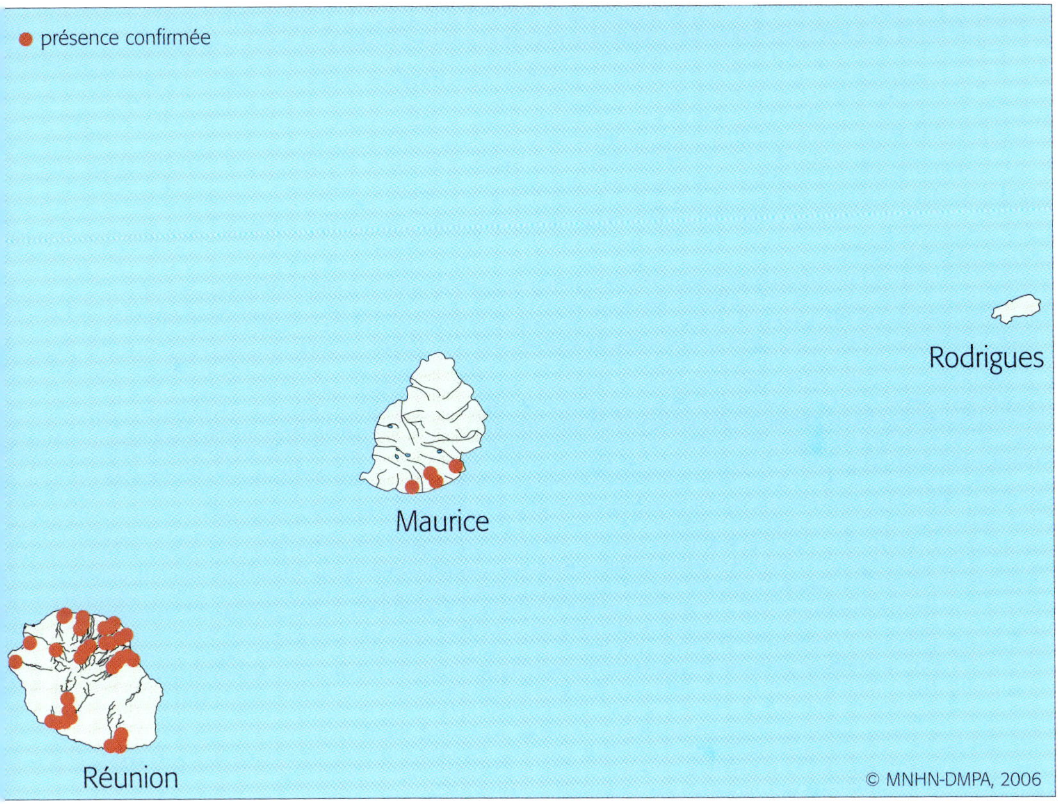
présence confirmée
Rodrigues
Maurice
Réunion
© MNHN-DMPA, 2006

© Érick Vigneux

Cotylopus rubripinnis Keith, Hoareau & Bosc, 2005

Cotylope à nageoires rouges (F)

Famille des Gobiidae

Description

Le corps est allongé, légèrement compressé entre la seconde nageoire dorsale, la nageoire anale et le pédoncule caudal, puis, devant, légèrement cylindrique au-delà de la première dorsale. La bouche est infère, légèrement oblique. L'opercule et le préopercule sont sans épines. Les deux nageoires dorsales sont séparées. La première porte 6 rayons épineux, la seconde un rayon épineux et 9 à 10 rayons mous. La nageoire anale possède 1 rayon épineux et 10 mous, les pectorales 15 à 16. Les nageoires pelviennes (I, 5) sont fusionnées pour former un disque fortement adhérent à l'abdomen. La nageoire caudale, arrondie, a 15 rayons branchus. Il y a 37 à 51 écailles en série latérale, 6 à 11 en série transverse postérieure, 6 à 10 en série transverse antérieure et 13 à 16 en série zig-zag. Il n'y a pas d'écailles prédorsales. Il y a un dimorphisme sexuel au niveau des écailles : celles-ci sont cycloïdes sur le premier tiers latéral du corps et cténoïdes sur les deux tiers postérieurs chez la femelle, alors qu'elles sont principalement cténoïdes sur tout le corps chez le mâle. La seconde nageoire dorsale, l'anale et la caudale sont plus allongées chez le mâle. La tête, la nuque et le ventre sont sans écailles. La mâchoire supérieure a 11 à 16 grandes dents trilobées. La mâchoire inférieure a une seule rangée de petites dents coniques (quatre à six). L'ouverture branchiale est restreinte à la base de la pectorale. La narine antérieure est tubulaire. Le corps est gris-bleu dans sa partie antérieure et rougeâtre à jaunâtre dans sa partie postérieure. Le ventre est blanchâtre à bleuté. La première nageoire dorsale est orange à rouge avec des épines sombres. La caudale est jaunâtre chez les femelles, orange à rouge chez les mâles avec une bande noire dans la marge supérieure. Les pectorales sont jaunâtres à rougeâtres. Taille : jusqu'à 5 cm.

Biologie

Les adultes sont très rhéophiles et vivent en rivière dans les zones de rapides, plus ou moins profondes, sur des fonds de cailloux et de galets. Ils se fixent sur les gros galets ou les rochers grâce à leur ventouse ventrale. Ils se nourrissent de diatomées mais aussi d'invertébrés. C'est une espèce amphidrome. Elle se reproduit en rivière. Le développement embryonnaire se fait en eau douce. À l'éclosion, les larves sont entraînées par le courant jusqu'à la mer et vont s'y développer jusqu'au stade post-larvaire. Ce stade atteint, les alevins se regroupent aux embouchures des rivières afin de commencer leur remontée. Il semble que les alevins soient attirés, quand ils sont encore en zone côtière, par les eaux douces se déversant en mer. Grâce à leur ventouse, ils remontent des chutes de plusieurs dizaines de mètres et colonisent les cours d'eau jusqu'à une certaine altitude. L'espèce monte moins haut dans la rivière que *Sicyopterus lagocephalus*.

Distribution

Cette espèce, dans l'état actuel des connaissances, semble endémique des Comores. Elle a été trouvée sur deux rivières à Mayotte où elle est rare, mais sur plusieurs à Mohéli et Anjouan.

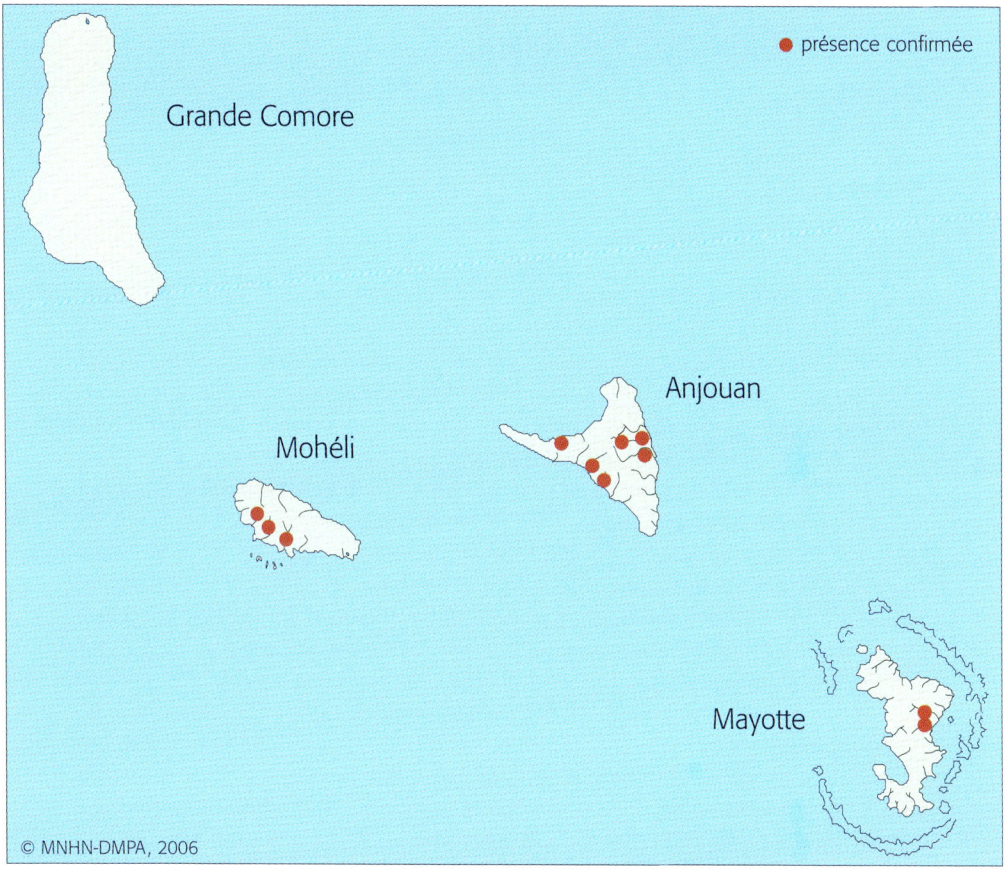

© Philippe Keith

Glossogobius callidus (Smith, 1937)

Gobie comorien (F)

Famille des Gobiidae

Description

Le corps est allongé, le nez pointu, la tête déprimée. La bouche, oblique, est supère. La langue est bilobée. Les joues deviennent bulbeuses chez les gros individus. L'iris de l'œil ne se prolonge pas dans la pupille. L'espace interorbitaire représente entre 7 % et 13 % de la longueur de la tête. La première dorsale possède 6 rayons épineux, la seconde, 1 rayon épineux et 8 à 10 mous. La nageoire anale possède un rayon épineux et 7 à 9 mous, les pectorales 14 à 19. Les écailles sont cténoïdes, l'opercule et les joues sont nus. Il y a 28 à 32 écailles en ligne longitudinale, 7 à 9 écailles en série transverse postérieure, 6 à 7 en série zizag et 7 à 9 en série transverse antérieure. Il existe 0 à 13 écailles prédorsales, celles-ci n'atteignant pas les yeux. Les rangées de papilles sur les joues sont simples sauf la cinquième rangée qui est double. La nageoire caudale est pointue et les nageoires dorsales ont parfois quelques petites taches noires, surtout dans la partie inférieure. Il existe une fine rayure noire allant de l'œil à la lèvre supérieure et une barre verticale ou une tache noire, parfois double, à la base de la caudale. La seconde dorsale a des points et des barres jaunes et noires. Le corps est brun, parfois jaune-brun avec cinq ou six taches foncées en général en forme de double "X" sur les flancs, de la base de l'opercule à la caudale. Certains sujets vivant sur des fonds vaseux ou sombres peuvent devenir très foncés, alors que, sur des fonds de sable très clair, les poissons tendent vers la couleur ivoire. Taille : l'espèce peut atteindre 12 cm.

Biologie

L'espèce vit dans les zones lentes du bas des rivières, sur le fond, parmi les débris et la végétation. Elle se nourrit de petits invertébrés dont les insectes benthiques. La reproduction a lieu au début de l'été et les œufs sont de forme ovale.

Distribution

L'espèce fréquente les Seychelles (Aldabra), les côtes africaines du Mozambique jusqu'à Port-Elizabeth et la rivière Kromme (Baie St Francis) en Afrique du Sud ainsi que Madagascar et les Comores.

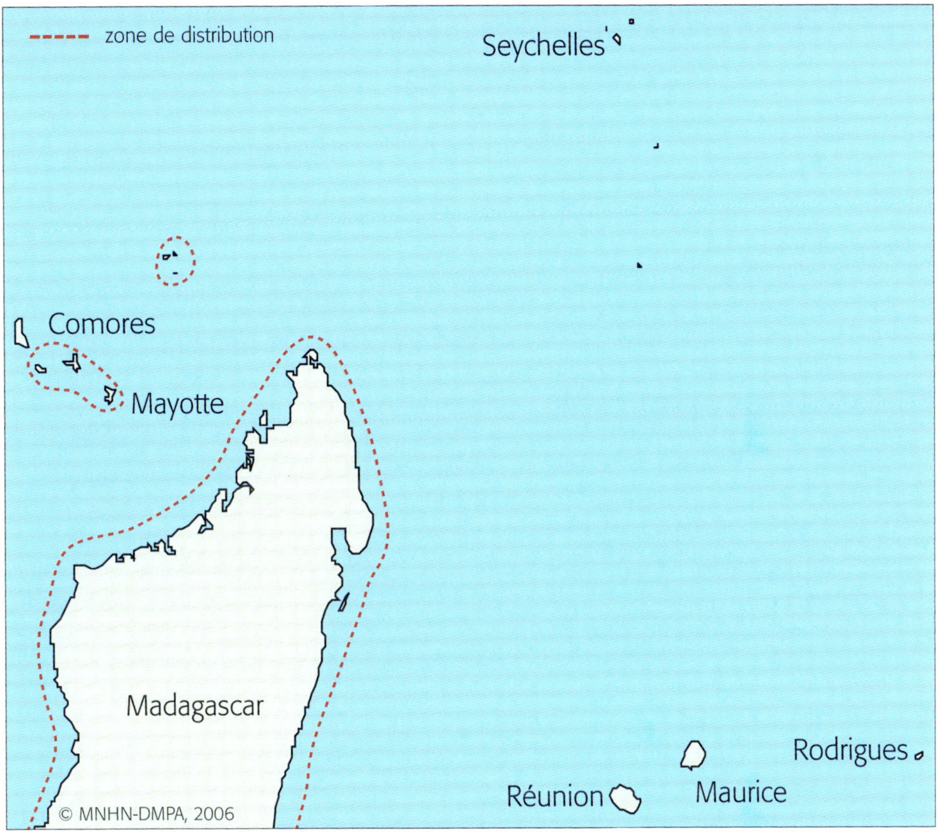
zone de distribution
Seychelles
Comores
Mayotte
Madagascar
Réunion
Maurice
Rodrigues
© MNHN-DMPA, 2006

© Philippe Keith

Glossogobius giurus (Hamilton-Buchanan, 1822)

Gobie giurus (F) ; loche (C) ; tank goby (E)

Famille des Gobiidae

Description

Le corps de cette espèce est allongé, plus ou moins cylindrique. La tête, aplatie, est environ 1,7 à 2 fois plus longue que haute. L'iris de l'œil ne se prolonge pas dans la pupille. L'espace interorbitaire représente entre 2,3 % et 6 % de la longueur de la tête. La bouche est large, elle s'étend jusqu'au bord antérieur de l'œil et la mâchoire inférieure est proéminente. La langue est bilobée. Il y a 28 à 35 écailles dans une série longitudinale, 9 à 12 écailles en série transverse postérieure, 6 à 8 en série zizag et 10 à 13 en série transverse antérieure. Les écailles sont cténoïdes, l'opercule et les joues sont nus. Il y a 17 à 30 écailles prédorsales, celles-ci atteignent en général les yeux. Les rangées de papilles sur les joues sont simples ou doubles mais la cinquième rangée est toujours simple. La première nageoire dorsale possède six rayons épineux, la seconde un rayon épineux et huit à neuf rayons mous. La nageoire anale porte un rayon épineux et huit à neuf rayons mous. Les nageoires pelviennes sont soudées mais ne sont fixées au corps que par leur extrémité antérieure. La nageoire caudale est arrondie et plus courte que la tête. Les pectorales ont 19 à 22 rayons. Le corps est brun-olivâtre, parfois jaune-brun avec cinq ou six taches foncées arrondies sur les flancs, de la base de l'opercule à la caudale. Certains sujets vivant sur des fonds vaseux ou sombres peuvent devenir très foncés, alors que, sur des fonds de sable très clair, les poissons tendent vers la couleur ivoire. Les nageoires dorsales sont claires à taches brunes. Les nageoires pelviennes sont grises. Les nageoires pectorales et la caudale sont grises et souvent hyalines. Taille : 10 à 35 cm.

Biologie

Cette espèce supporte bien les variations de salinité. Elle fréquente les estuaires, mais aussi les étangs côtiers et les lagunes, aimant les courants faibles ou moyens. Elle vit surtout sur fonds sableux ou graveleux. Sa reproduction s'effectue plutôt dans les eaux saumâtres au début de l'été. La croissance des jeunes est assez rapide. Les grands spécimens sont d'importants prédateurs et le cannibalisme est relativement commun chez cette espèce qui se nourrit essentiellement de petits poissons, de crevettes, de petits crabes, de mollusques, voire d'insectes.

Distribution

La loche aurait une large répartition Indo-Pacifique, mais la systématique du genre *Glossogobius* est complexe et celle-ci sera probablement amenée à être revue dans les années à venir. Elle serait commune sur les côtes et dans les estuaires depuis l'Afrique australe, Madagascar et la Réunion, jusqu'à l'Inde et le Sud de la Chine. L'espèce a été signalée par certains anciens auteurs aux Seychelles.

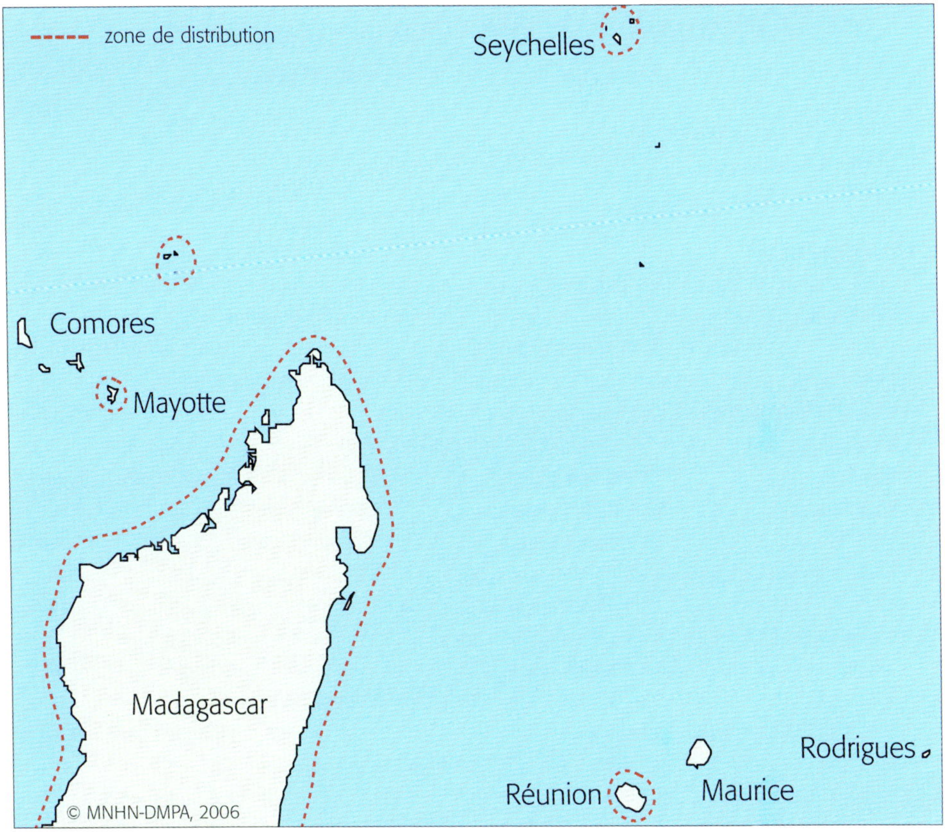

© Érick Vigneux

Glossogobius kokius (Valenciennes, 1837)

Gobie kokou (F) ; loche, cabot (C)

Famille des Gobiidae

Description

Le corps de cette espèce est allongé, plus ou moins cylindrique, la tête est large et déprimée. La langue est bilobée. L'iris de l'œil ne se prolonge pas dans la pupille. L'espace interorbitaire est compris entre 0,9 % et 3,0 % de la longueur de la tête. La bouche est grande et terminale. La mâchoire inférieure est proéminente. Il y a 28 à 33 écailles dans une série longitudinale, 10 à 11 écailles en série transverse postérieure et 11 à 13 en série transverse antérieure. Les écailles sont cténoïdes en général, sauf la base des nageoires pectorales qui possède des écailles cycloïdes. L'opercule et les joues sont nus. Il y a 13 à 17 écailles prédorsales n'atteignant pas les yeux. Il y a deux nageoires dorsales. La première nageoire dorsale possède six rayons épineux, la seconde un rayon épineux et neuf rayons mous. La nageoire anale porte un rayon épineux et huit rayons mous. Les nageoires pelviennes sont soudées mais ne sont fixées au corps que par leur extrémité antérieure. La nageoire caudale est arrondie. Les pectorales ont 18 à 19 rayons. Les rangées de papilles sur la tête sont toutes simples ; la cinquième rangée sous l'œil, simple, est en général brisée et forme deux rangées se chevauchant. Le corps est brun. Certains sujets vivant sur des fonds vaseux ou sombres peuvent devenir très foncés, alors que, sur des fonds de sable très clair, les poissons tendent vers la couleur ivoire. Les nageoires dorsales sont claires à taches brunes. Les nageoires pelviennes sont grises. Les nageoires pectorales et la caudale sont grises et souvent hyalines. Taille : jusqu'à 11 cm.

Biologie

Cette espèce supporte les variations de salinité, mais elle fréquente surtout le littoral et les estuaires. Elle vit surtout sur fonds sableux ou graveleux. C'est un petit prédateur qui se nourrit essentiellement de petits poissons, de crevettes, de petits crabes et de mollusques.

Distribution

G. kokius est signalé de la Réunion et de Maurice où il semble rare. L'espèce serait endémique de ces deux îles. La systématique du genre *Glossogobius* est néanmoins complexe et celle-ci sera probablement amenée à être revue dans les années à venir.

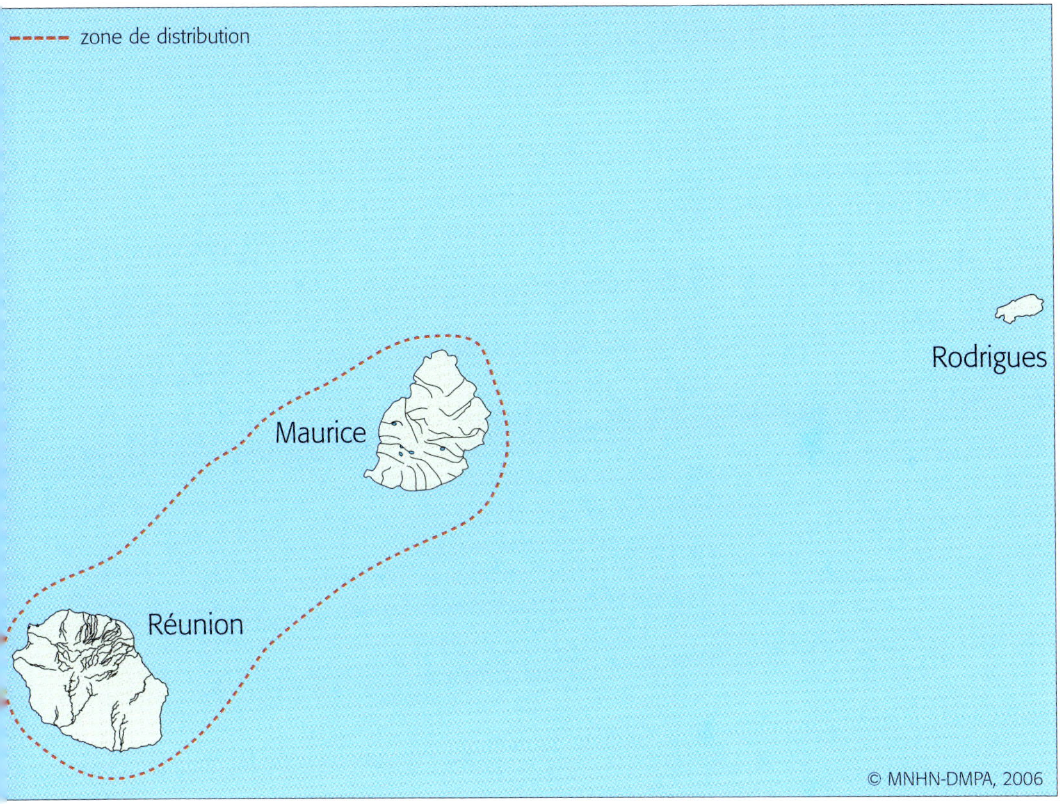

Spécimen MNHN A 1383/A 0991

Mugilogobius fuscus (Herre, 1940)

Gobie mulet noire (F)

Famille des Gobiidae

Description

Le corps est trapu, le museau court, la bouche subterminale, légèrement oblique. Les lèvres sont étroites. Le dessus de la tête est aplati. La mâchoire supérieure est contenue 2,2 à 3,2 fois dans la longueur de la tête. Elle atteint, chez les mâles, le milieu de l'œil. Les yeux sont grands, latéraux et hauts sur la tête. La hauteur du corps, à l'origine de l'anale, est contenue 4,3 à 5 fois dans la longueur standard. Il y a deux nageoires dorsales. La première est arrondie, sans épine filamenteuse. Les épines sont plus longues chez les mâles que chez les femelles et atteignent juste la seconde dorsale lorsqu'elles sont repliées. La première épine dorsale est plus courte que les trois suivantes. La nageoire caudale est arrondie. La première dorsale porte six rayons épineux, la seconde un épineux et sept à huit rayons mous. La nageoire anale porte 1 rayon épineux et 6 à 8 mous, les pectorales 14 à 16 rayons. Il y a 8 à 30 écailles en ligne longitudinale, 9 à 11 en série transverse postérieure et 9 à 11 écailles prédorsales. Ces écailles sont cténoïdes. Il y a 12 écailles autour du pédoncule caudal. Les joues sont nues. La partie basse de l'opercule et la base des pectorales possèdent des écailles cycloïdes. Il n'existe pas de frenum mentonnier, le menton est nu. La narine antérieure est tubulaire et se trouve juste derrière la lèvre supérieure. L'ouverture branchiale s'étend au-delà de la base des pectorales. Le corps est réticulé de brun clair à foncé, avec une paire de taches brunes à la base de la caudale. Les nageoires dorsales et la caudale possèdent des petits points noirs plus ou moins alignés, formant des sortes de bandes. Taille : jusqu'à 5 cm de longueur standard.

Biologie

La plupart des spécimens collectés proviennent de la partie estuarienne des rivières ou des zones de mangrove. *Mugilogobius fuscus* vit posé sur le fond, tapi entre les cailloux ou les débris végétaux. Il se nourrit principalement de petits invertébrés (vers, crevettes). Il avance par "bonds" successifs sur le substrat.

Distribution

L'espèce est connue des Philippines, du Sri-Lanka, du Japon, de la Papouasie-Nouvelle-Guinée et des Seychelles. Elle semble peu commune sur certains secteurs.

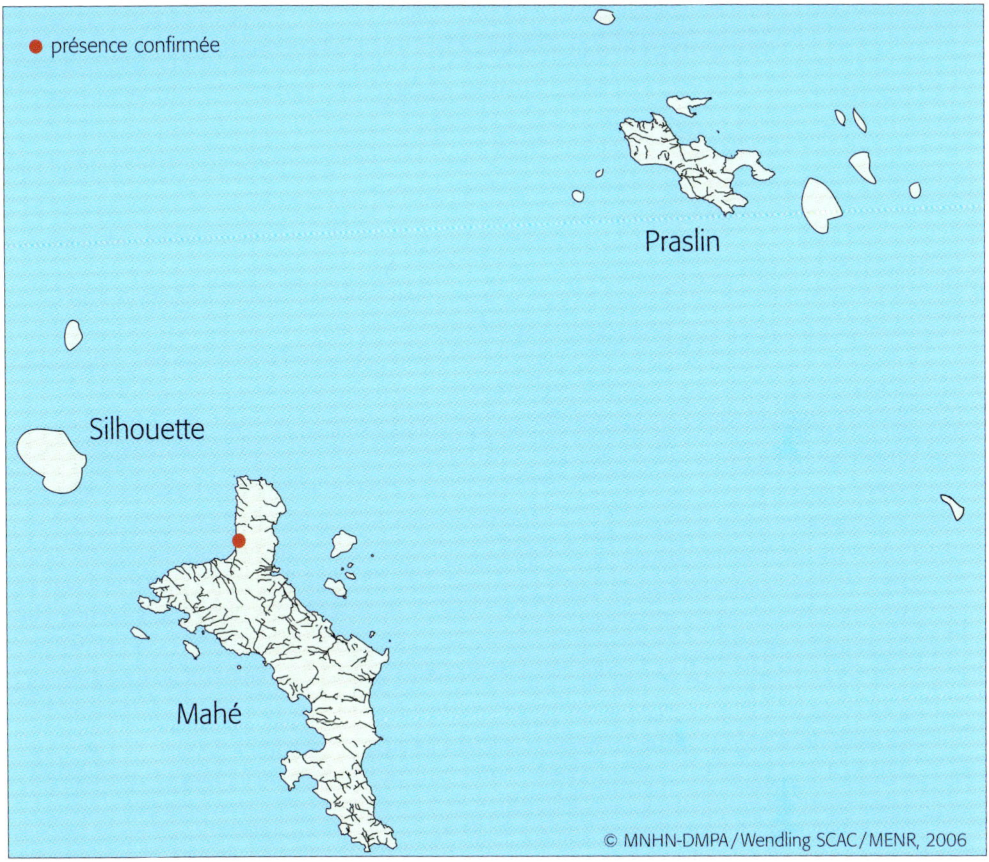
présence confirmée
Praslin
Silhouette
Mahé
© MNHN-DMPA / Wendling SCAC / MENR, 2006

Mugilogobius mertoni (Weber, 1911)

Gobi milet (C)

Famille des Gobiidae

Description

Le corps est allongé, la tête arrondie et la bouche terminale à subterminale. Il y a deux nageoires dorsales. La première porte six rayons épineux, dont le second ou le troisième sont les plus longs, la seconde un rayon épineux et six à huit rayons mous. La nageoire anale possède un rayon épineux et six à huit rayons mous. Les pectorales ont 14 à 17 rayons. Il y a 26 à 37 écailles en ligne longitudinale, 8 à 13 en série transverse postérieure et 9 à 19 petites écailles prédorsales. Il y a 12 à 16 écailles autour du pédoncule caudal. Les joues sont nues et de petites écailles sont présentes sur l'opercule. La base des nageoires pectorales possède des petites écailles cycloïdes ainsi que la zone pré-pelvienne. Les écailles du ventre sont cténoïdes. La nageoire caudale est arrondie. Le corps est brunâtre, gris-jaune à gris-violet avec 7 à 11 barres diagonales sombres ou des chevrons le long des flancs. Deux à trois points noirs ou de courtes barres diagonales sont placés à la base de la caudale. La première nageoire dorsale possède une tache noire et une bande blanche sur la marge supérieure, la seconde a parfois une ou deux rangées de taches allongées grisâtres ou noires à sa base. La caudale et les pelviennes sont en général hyalines à grises. Il existe une tache noire bien visible à la base des pectorales. La tête possède plusieurs bandes irrégulières rouges et bleues. Taille : jusqu'à 6 cm de longueur standard.

Biologie

Mugilogobius mertoni fréquente principalement les mangroves, estuaires et autres eaux saumâtres, bien que certains individus soient capturés dans le cours inférieur des rivières, comme c'est fréquemment le cas aux Seychelles. Il est capable de très bien vivre en eau complètement douce. Il se posé sur le fond, tapis sous les rochers ou les racines et chasse principalement les petits invertébrés.

Distribution

L'espèce est distribuée de l'Afrique du Sud et des Seychelles jusqu'au Japon, au Pakistan, à l'archipel Indo-Malaisien, la Papouasie-Nouvelle-Guinée, la Nouvelle-Calédonie, l'Australie et les îles Santa Cruz. Dans le cadre de l'atlas elle a été rencontrée aux Seychelles, à Mayotte et à Rodrigues.

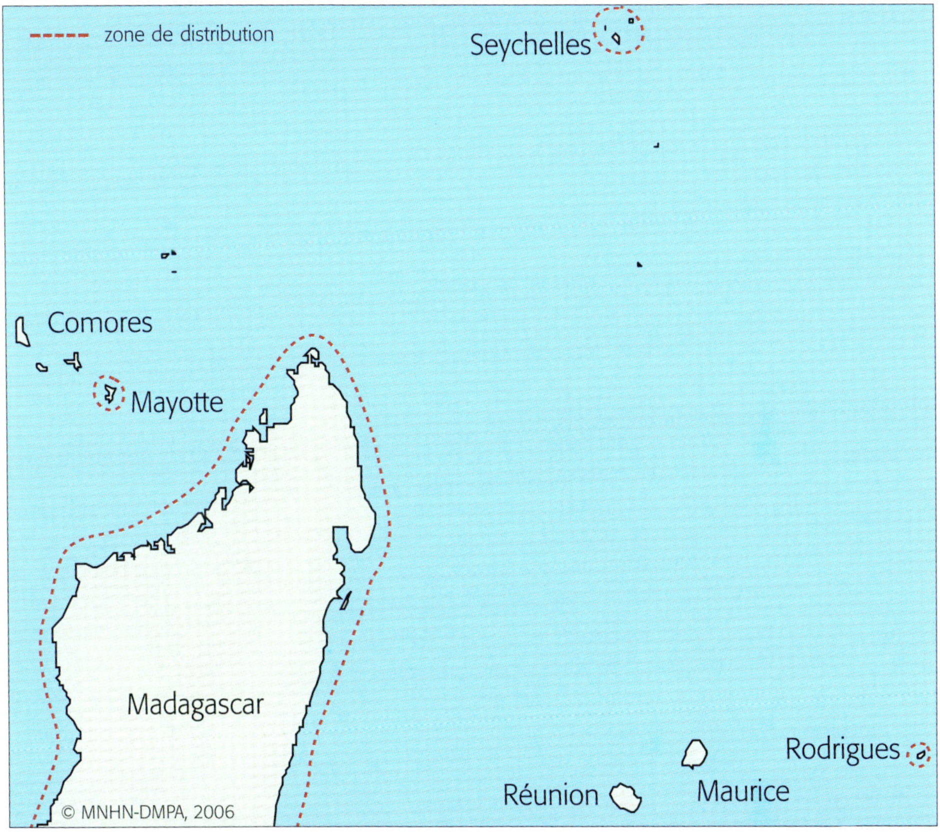

© Philippe Keith

Psammogobius biocellatus (Valenciennes, 1837)

Gobie à deux taches, gobie biocellé (F) ; gobi de tas (C) ; sleepy goby (E)

Famille des Gobiidae

Description

Le corps est allongé, la tête large et déprimée. La bouche est grande et terminale. L'iris de l'œil se prolonge dans la pupille, formant une sorte d'encoche dorsale. Il y a deux nageoires dorsales. La première possède six rayons épineux, la seconde un rayon épineux et neuf rayons mous. La nageoire anale compte un rayon épineux et huit mous. Les nageoires pectorales portent 17 à 19 rayons. Il y a 28 à 32 écailles en série longitudinale, 7 à 8 en série transversale et 14 à 17 écailles prédorsales. Le premier arc branchial porte 9 à 10 branchiospines, petits et rudimentaires. Le corps est brun, alternant souvent le brun foncé et le brun clair, avec une rangée latérale de cinq taches noirâtres dont une à la base de la nageoire caudale. La première et l'avant dernière forme une "selle" et vont de chaque flanc au dos. Le corps peut être complètement noirâtre. La première nageoire dorsale est noire avec une tache marron dans sa partie supérieure, la seconde dorsale et la caudale sont tachetées de noir, de blanc et de zones transparentes. Il y a quatre à cinq courtes rayures noires sur la partie inférieure de la nageoire caudale ainsi que quatre taches noires. Les nageoires anale et pelviennes sont grises avec des bandelettes noires régulières. Taille : jusqu'à 8 ou 9 cm.

Biologie

L'espèce fréquente les eaux saumâtres des rivières, principalement les estuaires. Elle vit posée sur le fond dans les secteurs sablo-vaseux, à courant lent. Elle se nourrit des d'invertébrés benthiques (crustacés essentiellement). Elle peut s'enfouir partiellement ou totalement dans le substrat en cas de danger où pour chasser à l'affût.

Distribution

Psammogobius biocellatus est connu de l'Inde et du Sri Lanka jusqu'aux Samoa et à la Nouvelle-Calédonie. Dans l'océan Indien il a été capturé aux Seychelles.

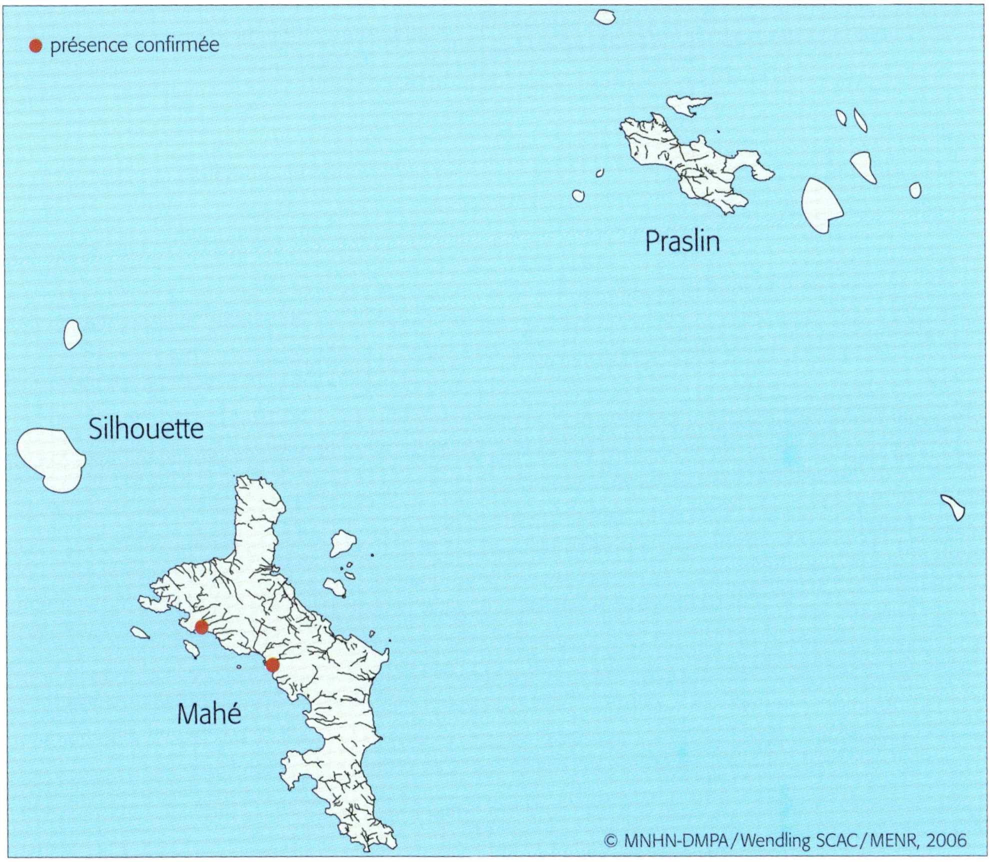
présence confirmée
Praslin
Silhouette
Mahé
© MNHN-DMPA/Wendling SCAC/MENR, 2006

© Philippe Keith

Redigobius balteatus (Herre, 1935)

Gobie drapeau (F) ; rhinohorn goby (E)

Famille des Gobiidae

Description

Le corps est moyennement allongé. La tête est plutôt arrondie, la bouche est grande. Les yeux sont sur la partie supérieure de la tête. La première nageoire dorsale compte 6 rayons épineux, la seconde 1 rayon épineux et 6 et 7 rayons mous, les pectorales 18 à 19 rayons. La nageoire anale possède 1 rayon épineux et 6 mous. Il y a 22 à 23 écailles en série longitudinale, 9 à 10 en série transverse postérieure et 10 à 11 écailles cténoïdes prédorsales. Chez le mâle la partie postérieure de la bouche dépasse l'arrière de l'œil, tandis que chez la femelle elle atteint le milieu de l'œil. Les opercules et le corps sont écailleux, les joues sont sans écailles. La base des pectorales et des nageoires pelviennes possèdent des écailles cycloïdes. La coloration générale est beige clair avec des taches brunes et rouges disposées irrégulièrement sur la tête et le corps. Les taches brunes forment des sortes de points plus grands le long de la série longitudinale (quatre à cinq) et à la base de la caudale (deux). Il existe une bande transversale noire qui descend de la première dorsale jusqu'au ventre et une deuxième bande oblique noire qui va de l'œil jusqu'à la base de l'opercule. Les yeux sont noirs. La première dorsale possède un "drapeau" orange, bleu et noir caractéristique. La seconde dorsale hyaline possède en général deux fines lignes horizontales grises. Les nageoires pectorales et pelviennes sont claires ou grisées. La nageoire caudale possède des rayons rosés. La nageoire anale a un fin liseré bleuté. Taille : jusqu'à 3,8 cm.

Biologie

Cette espèce fréquente la zone estuarienne et le cours inférieur des rivières. Elle préfère les zones sableuses ou graveleuses mais on peut la trouver dans les zones de cailloux. Elle vit souvent en groupe, posée sur le fond. Elle se nourrit de petits invertébrés, notamment de petits crustacés et de vers.

Distribution

Cette espèce est connue d'Asie (Sri Lanka, Philippines, Malaisie, Indonésie), de Nouvelle-Guinée et d'Australie dans l'océan Pacifique. Dans l'océan Indien, l'espèce *Redigobius balteatops* (Smith, 1959) est vraisemblablement synonyme de *R. balteatus* et est signalée à Madagascar, au Mozambique et à Mayotte où elle a été découverte dans le cadre de cet ouvrage en mai 2006.

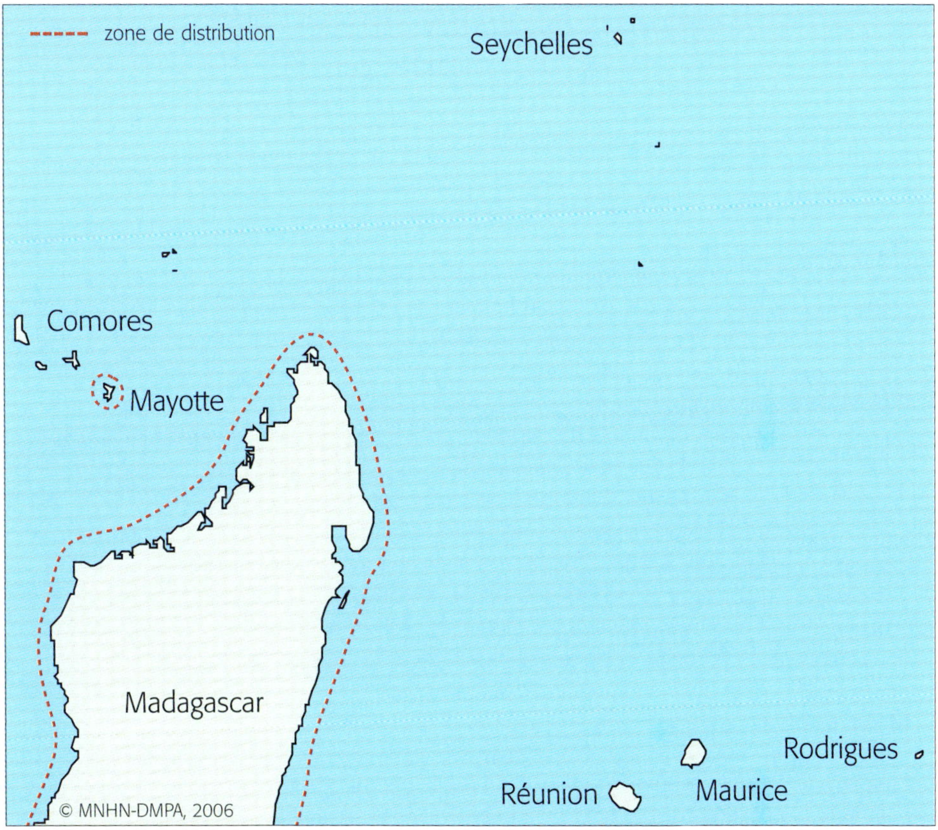

© Philippe Keith

Redigobius bikolanus (Bleeker, 1867)

Gobi tase (C) ; speckled goby (E)

Famille des Gobiidae

Description

Le corps est moyennement allongé, sa hauteur représente 25 à 32 % de la longueur standard. La tête est plutôt arrondie et mesure 33 à 38 % de la longueur standard. La première nageoire dorsale compte 6 rayons épineux, la seconde 1 rayon épineux et 6 à 7 rayons mous, les pectorales 15 à 17 rayons. Il y a 21 à 23 écailles en série longitudinale, 7 à 8 en série transverse postérieure et 6 à 8 écailles prédorsales. Chez le mâle, la partie postérieure de la bouche dépasse l'arrière de l'œil, tandis que chez la femelle elle atteint le milieu de l'œil. Les opercules et le corps sont écailleux, les joues sont sans écailles. La coloration générale est brun clair avec des taches brunes et des petits points blancs disposés irrégulièrement sur la tête et le corps. Il existe quatre à cinq taches noires sur la partie postérieure du corps et une tache verticale noire juste avant la nageoire anale. Il y a aussi deux ou trois taches foncées à la base de la nageoire caudale et trois barres brunes plus ou moins visibles sur la tête. Les nageoires dorsales sont ponctuées, la caudale, les pectorales et pelviennes sont claires ou grisées. Taille : jusqu'à 3,5 cm.

Biologie

Cette espèce fréquente la zone estuarienne et le cours inférieur des rivières. Elle préfère les zones sableuses ou graveleuses mais on peut la trouver dans les zones de cailloux. Elle vit souvent en groupe, posée sur le fond. Elle se nourrit de petits invertébrés, notamment de petits crustacés.

Distribution

Le genre *Redigobius* est actuellement en pleine révision et en particulier le groupe "*bikolanus*". Ce groupe sera scindé en plusieurs taxons et la distribution des espèces devrait donc être revue. Dans le cadre de l'Atlas, ce *Redigobius* a été capturé aux Seychelles, aux Comores et à Maurice.

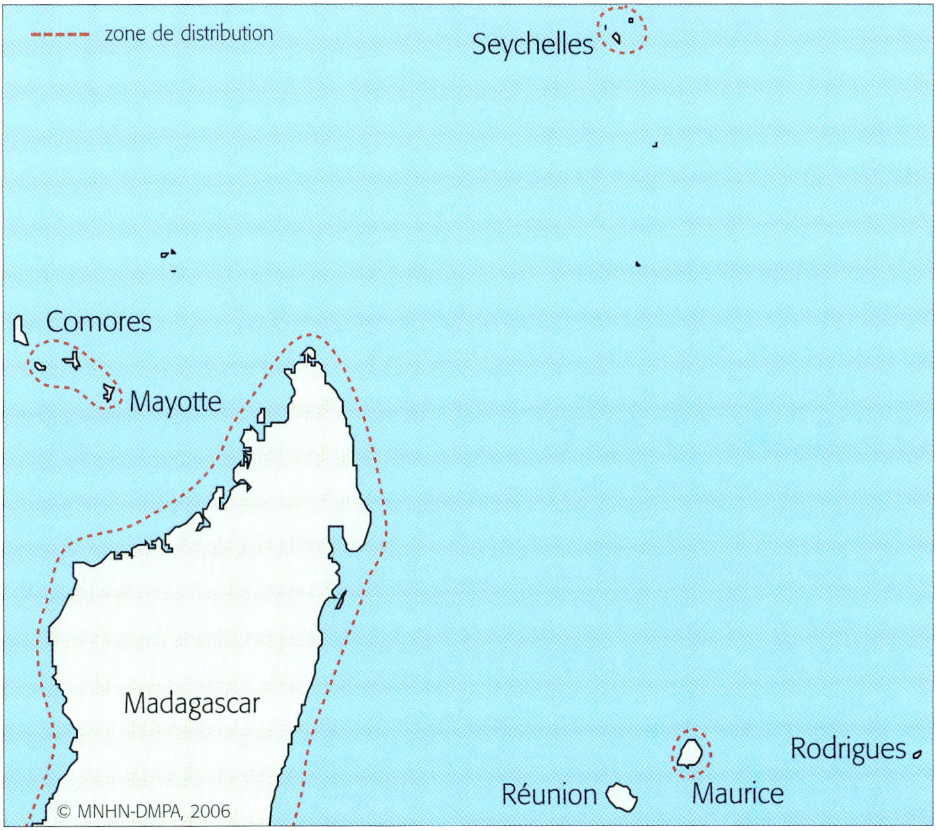

© Philippe Keith

Sicyopterus lagocephalus (Pallas, 1767)

Sicyoptère à bec de lièvre (F) ; cabot bouche ronde (C) ; red-tailed goby (E)

Famille des Gobiidae

Description

Le corps est assez allongé et subcylindrique. Le museau est arrondi et la bouche légèrement infère. La mâchoire inférieure porte des canines présentes dans les deux sexes. Les dents de la mâchoire supérieure sont tricuspides. Il y a trois encoches bien visibles sur la lèvre supérieure. La nuque et le ventre sont écailleux. Les écailles de la partie antérieure du corps sont plus grandes que celles des flancs et de la base de la caudale. Il y a 48 à 54 écailles en ligne longitudinale. Il y a deux nageoires dorsales. La première compte six rayons épineux dont les troisième et quatrième sont les plus longs. La seconde compte un rayon dur et 9 à 10 rayons mous. Les nageoires pelviennes forment un disque servant de ventouse qui adhère à l'abdomen. La base d'insertion du disque sur l'abdomen concerne l'ensemble des rayons. Le dimorphisme sexuel est bien développé. La papille génitale du mâle est aplatie et de forme triangulaire ; celle de la femelle est à peu près cylindrique, avec une extrémité large portant des structures fibreuses. Les nageoires impaires sont légèrement plus longues chez les mâles. Cette espèce présente un fort dichroïsme sexuel : le mâle se différencie de la femelle par ses couleurs plus vives ; les flancs sont bleu-vert et la nageoire caudale arrondie est rouge. La femelle est plus terne, le corps est brun, le dos peut montrer sept bandelettes transverses brunes, à tracé plus ou moins sinueux et plus ou moins distinct. La nageoire anale est bordée d'une bandelette inférieure brunâtre. Taille : 4,5 à 13 cm pour l'adulte. Certains auteurs remettaient en cause le nom d'espèce car l'holotype est perdu. La désignation récente d'un néotype en provenance de la Réunion a réglé ce problème.

Biologie

Les adultes sont très rhéophiles et vivent en rivière dans les zones de rapides (130 à 160 cm/s), plus ou moins profondes (20 à 40 cm), sur des fonds de cailloux et de galets. Ils se fixent sur les gros galets ou les rochers grâce à leur ventouse ventrale et raclent les diatomées dont ils se nourrissent. C'est une espèce amphidrome. Elle se reproduit en rivière. Une femelle pond de 50 000 à 70 000 ovules. Le développement embryonnaire se fait en eau douce. Les larves sont entraînées par le courant jusqu'à la mer et vont s'y développer jusqu'au stade postlarvaire. Ce stade atteint, les alevins se regroupent aux embouchures des rivières (après 161 à 241 jours de mer) afin de commencer leur remontée. Il semble que les alevins soient attirés, quand ils sont encore en zone côtière, par les eaux douces se déversant en mer. Grâce à leur ventouse, ils remontent des chutes de plusieurs dizaines de mètres et colonisent les cours d'eau jusqu'à une altitude importante.

Distribution

On trouve cette espèce dans l'Ouest de l'océan Indien, des Comores aux Mascareignes et dans le Pacifique jusqu'en Polynésie française et en Nouvelle-Calédonie.

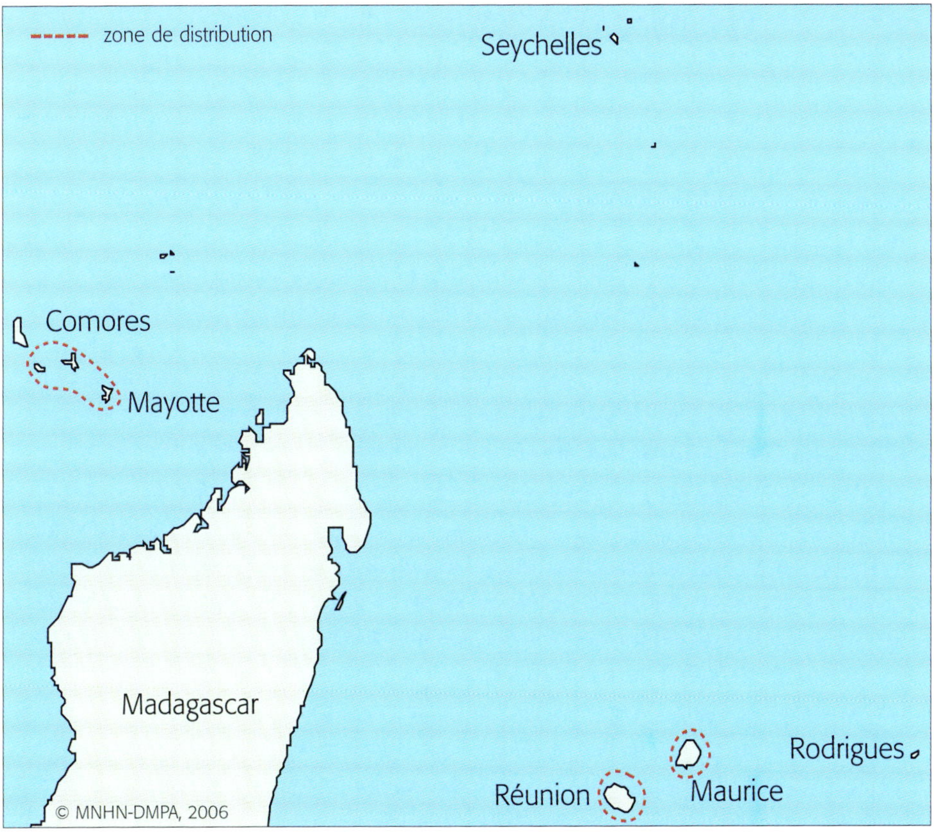
zone de distribution
Seychelles
Comores
Mayotte
Madagascar
Réunion
Maurice
Rodrigues
© MNHN-DMPA, 2006

© Érick Vigneux

Stenogobius polyzona (Bleeker, 1867)

Cabot rayé (F) ; cabot rayé (C) ; chinestripe goby (E)

Famille des Gobiidae

Description

Le corps est allongé et comprimé latéralement. Les mâchoires, de taille égale, s'étendent sous la pupille chez les femelles et au-delà du bord postérieur de l'oeil chez les mâles. Il y a deux nageoires dorsales. La première possède six rayons épineux dont certains sont filamenteux. La seconde porte 1 rayon épineux et 11 rayons branchus. Il y a 47 à 50 écailles le long d'une série longitudinale. Les joues et les opercules sont en général nus. Les nageoires pectorales ont 14 à 16 rayons dont certains sont filamenteux. La nageoire anale a 10 ou 11 rayons branchus. La nageoire caudale est lancéolée et est plus longue que la tête. Le corps est jaune-brun et strié de plusieurs petites bandes foncées verticales plus ou moins visibles. Il existe une barre noirâtre et oblique sous l'œil. Les nageoires pelviennes sont soudées mais ne sont rattachées au corps que par leur extrémité antérieure. Chez les mâles, les nageoires dorsales ont quelques zébrures. La nageoire caudale possède quelques taches foncées dans sa partie supérieure. Les rayures des flancs (10 à 13) prennent naissance en arrière de la base de la pectorale et se terminent près de la base de la nageoire caudale. Elles touchent presque le dos et descendent jusqu'au ventre. Chez les femelles, les rayures des flancs (zéro à sept) sont courtes lorsqu'elles sont présentes et limitées à la région médiane entre la seconde dorsale et la nageoire anale. L'espèce a été dénommée *polyzona*, du latin *poly* (plusieurs) et *zona* (ceinture) en raison de ses rayures. Taille : 10 à 15 cm.

Biologie

Cette espèce, souvent peu abondante, est diurne. Elle vit posée sur le fond. Elle est observable sur les fonds sableux des cours inférieurs des rivières et des estuaires. Elle est détritivore. Les contenus stomacaux livrent de fines particules sableuses, des détritus, des algues et des invertébrés. Les individus recherchent un abri dans le substrat, végétal ou non, lorsqu'ils sont effrayés. L'espèce est amphidrome. La femelle libère des ovules dans un site surveillé par un mâle dominant ; ils sont ensuite fertilisés par ce dernier. Les mâles gardent les œufs jusqu'à l'éclosion des larves. Ces dernières gagnent la mer où la durée de leur séjour n'est pas connue ; les jeunes alevins retournent ensuite dans l'eau douce pour y poursuivre leur croissance.

Distribution

Le cabot rayé fréquente l'Ouest de l'océan Indien, de Madagascar, les Comores, la Réunion à Maurice.

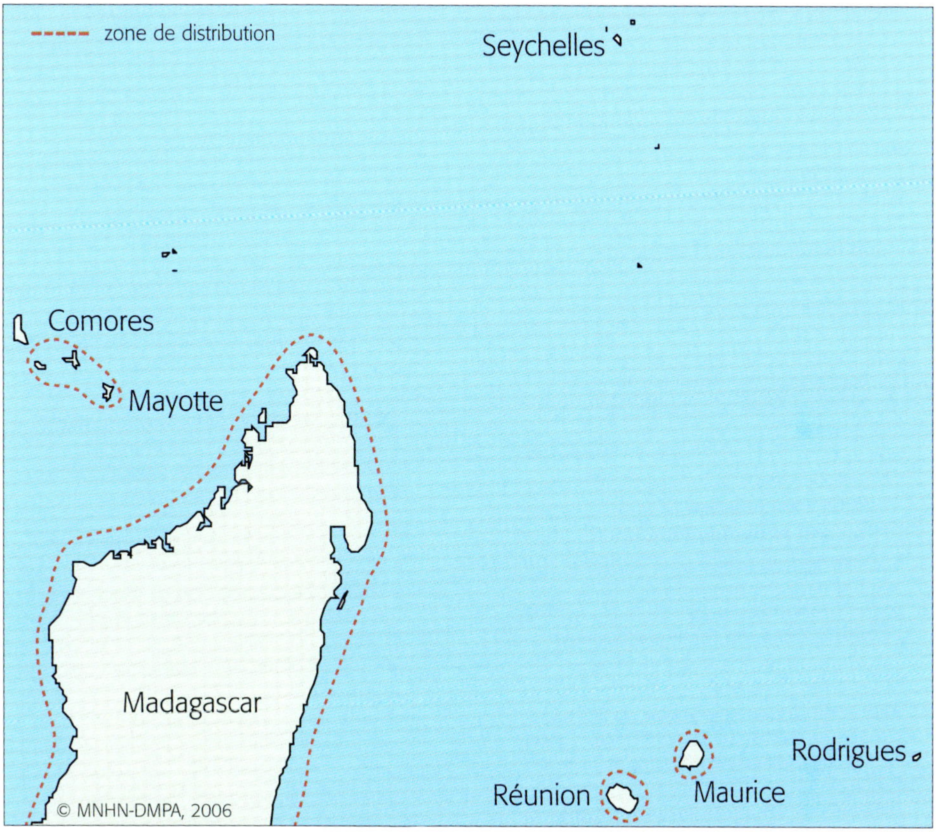
zone de distribution
Seychelles
Comores
Mayotte
Madagascar
© MNHN-DMPA, 2006
Réunion
Maurice
Rodrigues

© Érick Vigneux

Bibliographie

ABOUSSOUAN A. 1969. – Notes sur les "Bichiques" de l'île de la Réunion. *Revue des travaux de la station marine d'Endoume* h (9) : 25-31.

ANONYME 1930a. – La destruction des camarons. *Le reveil seychellois*, 14 juin 1930.

ANONYME 1930b. – La destruction des camarons. *Le reveil seychellois*, 21 juin 1930.

ANONYME 1997. – *Retenue collinaire de Combani. Étude d'impact sur l'environnement.* Rapport, Stucky et Mecasol, Paris, France, 90 p.

ARNOULT J. 1952. – L'acclimatation du *Lebistes reticulatus*, poisson larvivore, à Madagascar. *Nature malgache.* Tome IV : p. 182.

AUGIER DE MOUSSAC G. 1983. – *Contribution à l'étude de la distribution des bichiques dans les cours d'eau de la Réunion.* Mémoire de DAA, ENSAR, Rennes, France, 68 p.

BAISSAC J. de B. 1968. – Contribution à l'étude des poissons de l'île Maurice. *Proceeding of Royal society of arts and science of Mauritius* 3 (1) : 53-66.

BAISSAC J. de B. 1968. – Some notes on the fish species of Rodrigues. *Proceeding of Royal society of arts and science of Mauritius* 3 (1) : 67-73.

BALON E.K. & BRUTON M.N 1994. – Fishes of the Tatinga River, Comoros, with comments on freshwater amphidromy in the goby *Sicyopterus lagocephalus*. *Ichtyological Exploration of Freshwaters* 5 : 25-40.

BARAT C. 1978. – La pêche aux bichiques à La Réunion, exemple d'activité économique marginale. *Cahiers du Centre universitaire de La Réunion*, Saint-Denis 9 : 127-137.

BARCELO A. 1991. – *Étude des préférences d'habitat du* Sicyopterus lagocephalus*, poisson Gobiidae migrateur euryhalin des rivières de l'île de la Réunion.* Rapport d'Ingéniorat, Institut des Sciences de l'Ingénieur de Montpellier, Sciences et Technologies de l'Eau, Montpellier, France, 34 p.

BAUCHOT M.L., DAGET J. & BAUCHOT R. 1990. – L'ichtyologie en France au début du XIXe siècle, l'histoire naturelle des poissons de Cuvier et Valenciennes. *Bulletin du Muséum national d'Histoire naturelle*, 4e série, 12, section A (1) suppl. : 3-142.

BEAUGRAND J.P., CARON J. & COMEAU L. 1984. – Social organization of small heterosexual groups of green swordtails (*Xiphophorus hellerii*, Pisces, Poeciliidae) under conditions of captivity. *Behaviour* 91 : 24-60.

BENSON C.W. 1960. – The birds of the Comoro islands. Results of the British ornithologists Union Centenary expedition 1958. *Ibis* 103b : 5-106.

BERG 1863. – Lettre adressée par M. le Dr Berg, délégué de la Société à l'île de La Réunion à M. le président de la Société impériale d'Acclimatation. *Bulletin de la société impériale zoologique d'acclimatation* 10 : p. 576.

BLANC M. & POSTEL E. 1958. – Sur une petite collection de Poissons de la Réunion. *Mémoires de l'Institut des Sciences de Madagascar* II(F) : 367-376.

BLANCHARD F. 2000. – *Guide des milieux naturels, La Réunion-Maurice-Rodrigues.* Les Éditions Eugen Ulmer, Saint-Denis, La Réunion, 300 p.

BLEEKER P. 1873. – Description de quelques espèces de poissons de l'île de La Réunion et de Madagascar. *Nederlandsch Tijdschrift Dierkunde* 4 : 92-105.

BLEEKER P. & POLLEN F.P.L. 1874. – *Recherches sur la faune de Madagascar et de ses dépendances d'après les découvertes de François P.L. Pollen et de D.C. Van Dam.* 4e partie : Poissons de Madagascar et de l'île de La Réunion des collections de MM. Pollen et Van Dam. E.J. BRILL ed., Leiden, 106 p.

BORDAGE E. 1909. – Mutation et régénération hypotypique chez certains Atyidés. *Bulletin scientifique de France et de Belgique* 43 : 93-111.

BORRADAILE L.A 1907. – The Percy Sladen Trust Expedition, n°III. Land and freshwater Decapoda. *Transactions of the Linnean Society of London* 12 : 63-68.

BOSC P., VALADE P., KEITH P., LIM P., FEUNTEUN E., BERREBI P., MARQUET G. & HOAREAU T. 2003. – *Connaissance de l'état des peuplements de poissons et de macrocrustacés des eaux douces des Mascareignes. Caractérisation des espèces endémiques, biorépartition et application à la gestion.* Rapport de résultats, Programme Ecosystèmes tropicaux 1999-2002, GIP ECOFOR, avril 2003, 234p.

BOSC P., BONNEAU S. & LEPINAY N. 1995. – *Étang du Gol. Approche descriptive du milieu.* Rapport ARDA/DIREN, Saint-Denis, La Réunion, non paginé.

BOSC P., DELACROIX P., FERRAND P. & MABILLE A. 1997. – *Inventaire biologique des cours d'eau pérennes de l'île de la Réunion.* Rapport d'étude ARDA/DIREN, Saint-Denis, La Réunion, 130 p.

BOULLE D. 1997. – The freshwater fishes of Seychelles in Seychelles Nation. *Environment*, 29 september 1997.

BOUVIER E.L. 1912. – Les Caridines de l'île Maurice, d'après les envois faits au Muséum par M. le Dr L.G. Barbeau. *Bulletin du Muséum* 18 : 291-300.

BOUVIER E.L. 1912. – Sur la classification du genre *Caridina* et les variations extraordinaires d'une espèce de ce genre, la *Caridina brevirostris* Stimpson. *Comptes rendus de l'Académie des Sciences* 154 : 915-922.

BOUVIER E.L. 1912. – Sur les caractères et les variations d'une Caridine de l'île Maurice, la *Caridina richtersi* Thallwitz. *Bulletin de la Société entomologique de France* : 163-168.

BOUVIER E.L. 1913. – The Percy Sladen Trust Expedition, n°XXVIII. Les Caridines des Seychelles. *Transaction of Linnean Society of London* 15 : 447-472.

BOUVIER E.L. 1925. – Recherches sur la morphologie, les variations, la distribution géographique des crevettes de la famille des Atyidés. *Encyclopédie Entomologique*, Paris 4 : 1-370.

CARIE P. 1930. – La pêche aux îles Mascareignes. *Revue d'histoire naturelle* 11 (4,6,8) : 1-41.

CARIE P. 1931. – L'acclimatation du *Lebistes reticulatus* à l'île Maurice. *Bulletin de la Société centrale d'Aquiculture et de Pêche* 38 : 44-45.

CASTLE P.H.J. 1984. – Ophichthidae, *in* FISCHER W. & BIANCHI G. (eds), *FAO species identification sheets for fishery purposes. Western Indian Ocean (Fishing area 51).* Vol. 3. FAO, Rome, non paginé.

CAZES-DUVAT V. 2001. – *Atlas de l'environnement côtier des îles granitiques de l'archipel des Seychelles*. Université de La Réunion, Saint-Denis, La Réunion, non paginé.

CHAMPEAU A. 1982a. – *Aménagement de Takamaka II (amont) sur la rivière des Marsouins et son affluent le Bras Cabot*. Rapport EDF, Étude d'impact, Centre de la Réunion, Saint-Denis, La Réunion, non paginé.

CHAMPEAU A. 1982b. – *L'aménagement hydroélectrique de la rivière des Marsouins (Ile de la Réunion). Étude hydrobiologique (Point zéro. Impact)*. EDF Rapport final, Saint-Denis, La Réunion, 13 p.

CHAMPEAU A. 1984. – Aménagement de la rivière des Marsouins et de la rivière des Roches. Chute de Takamaka III. Rapport EDF, Impact du projet sur l'environnement, Saint-Denis, La Réunion, non paginé.

CHAMPEAU A. 1989. – *Compte-rendu de Mission (05/09 au 03/10/89 à Mayotte)*. Université de Provence, Hydrobiologie, Marseille, France, 8p.

CHAMPEAU A. 1990. – *Compte-rendu de Mission (14/03 au 05/04/90 à Mayotte)*. Université de Provence, Hydrobiologie, Marseille, France, 7p.

CHAMPEAU A. & DELACROIX P. 1992. – *Point hydrobiologique sur les rivières du Bras de Caverne, du Bras de la Plaine et de Langevin. Rapport sur la mission à l'Ile de La Réunion (du 27/11/92 au 4/12/92)*. Rapport EDF, Saint-Denis, La Réunion, 25 p.

CHEKE A.S. 1978. – Ecological history of the Macarenes with particular reference to extinction and introduction of vertebrates, *in* DIAMOND A.W., CHEKE A.S. & ELLIOTT H.F.I. (eds), *Studies of Mascarene Island Birds*. Cambridge University Press, New York.

COATES D. 1990. – Aspects of the biology of the perchlet *Ambassis interrupta* Bleeker (Pisces : Ambassidae) in the Sepîk river, Papua New Guinea. *Australian Journal of Marine and Freshwater Research* 41 : 267-274.

CORNIC A. 1987. – *Poissons de l'île Maurice*. Éditions de l'océan Indien, Rose-Hill, île Maurice, 335 p.

COSTA H. H. 1980. – results of the Austrian Hydrobiological mission, 1974, to the Seychelles, Comores and Mascarene-Archipelago, part 3 : The ecology and the distribution of Decapoda Caridea in the Indian Ocean Islands of Seychelles, Mauritius, Comores and Réunion. *Annals naturhistorischen Museum Wien* 83 : 673-700.

COUTIERE H. 1899. – Sur quelques macroures des eaux douces de Madagascar. *Bulletin du Muséum de Paris* 5 (7) : 382-383.

COUTIERE H. 1901a. – Les Palaemonidés des eaux douces de Madagascar. *Annales de sciences naturelles, zoologie* 8 (12) : 280-340.

COUTIERE H. 1901b. – Les Palaemonidae des eaux douces de Madagascar, *in* M.A. GRANDIDIER (ed.), Histoire physique, naturelle et politique de Madagascar. Paris : 249-342.

CROSNIER A. 1965. – *Crustacés Décapodes Grapsidae et Ocypodidae*. ORSTOM, CNRS, Paris, 18 : 143 p. (Faune de Madagascar, XVIII).

CUVIER G. & VALENCIENNES A. 1837. – *Histoire Naturelle des poissons*. 22 volumes. Levrault ed., Paris, France.

DABRY DE THIERSANT P. 1870. – Histoire naturelle du gourami. *Bulletin de la société impériale zoologique d'acclimatation*, 2e série 7 : 671-688

DARBOUX G., COTTE S., STEPHAN P. & VAN GAVER F. 1906. – *L'industrie des pêches aux colonies*. Exposition coloniale de Marseille, 518 p.

DAWSON C.E. 1985. – *Indo-Pacific Pipefishes (Red Sea to the Americas)*. Allen Press Inc. ed., 230 p.

DE MAN 1892. – Decapden des Indischen Archipels, *in* WEBER M., *Zoologische Ergebnisse einer Reise in Niederländisch Ost-Indien* 2 : 265-527.

DELACROIX P. 1983. – *Les bichiques à la Réunion. Bilan d'une année d'observation*. Rapport ISTPM, 63 p.

DELACROIX P. 1984. – *Les bichiques à La Réunion. Exploitation et Biologie*. Comité local des pêches maritimes, La Réunion, 59 p.

DELACROIX P. 1987. – *Étude des bichiques, juvéniles de* Sicyopterus lagocephalus *(Pallas), poisson Gobiidae, migrateur des rivières de La Réunion (Océan Indien) : exploitation, répartition, biologie de la reproduction et de la croissance*. Thèse 3e cycle, Univ. Réunion, Saint-Denis, La Réunion, 144 p.

DELACROIX P. & BOSC P. 1994. – *Inventaire piscicole des cours d'eau pérennes de La Réunion. Bilan des connaissances*. Rapport ARDA/DIREN, Saint-Denis, La Réunion, 40 p.

DELACROIX P. & CHAMPEAU A. 1992. – Ponte en eau douce de *Sicyopterus lagocephalus* (Pallas) poisson Gobiidae amphibionte des rivières de La Réunion. *Hydroécologie appliquée* 4 (1) : 49-63.

ESCHMEYER W.N. 1997. – *Catalog of recent fishes*. California Academy of Science, San Francisco, nb de pages. 3 vol.

FENNER A. & CHACE Jr 1983. – The *Atya*-like shrimps of the Indo-Pacific Region (Decapoda : Atyidae). *Smithsonian contributions to zoology* 384 : 1-54.

FERLIN P. & LEDOUX O. 1979. – *Conservation et valorisation des ressources côtières et d'eau douce dans les îles des Comores, Seychelles, Maurice et Réunion*. Doc. ronéo, 80 p.

FISCHER W. & BIANCHI G. (eds) 1984. – *FAO species identification sheets for fishery purposes. Western Indian Ocean (Fishing Area 51)*. Vol. 1 à 6. FAO, Rome, Italie, non paginé.

FOURMANOIR P. 1954. – Ichthyologie et pêche aux Comores. *Mémoires de l'Institut des Sciences de Madagascar* A (IX) : 187-239.

GERVAIS H. & BOULART R. 1897. – Les poissons d'eau douce, synonymie-description-mœurs-fraie-pêche-iconographie. J. Rothschild ed. Paris, 233p.

GOREN M. 1978. – Comparative study of *Bathygobius fuscus* and related species of the red sea. *Senckenbergiana Biologica* 58 (5-6) : 267-273.

GOREN M. 1979. – The Gobiinae of the Red Sea (Pisces : Gobiidae). *Senckenbergiana Biologica* 60 (1-2) : 1-130.

GRAND S. 1972. – *Contribution à l'étude préliminaire sur la biologie, la systématique et l'écologie des* Macrobrachium *(Palaemonidae) de Tahiti*. Thèse, Université de Montpellier, Montpellier, France, 130 p.

Bibliographie

Bibliographie

GUINOT D. 1967. – *Les crabes comestibles de l'Indo-Pacifique*. Éditions de la fondation Singer-Polignac, Paris, 145 p.

GÜNTHER A. 1879. – Observations on the marine fish fauna of Rodriguez made during the transit of Venus expeditions in the years 1874-75. *Philosomantic Transactions of the Royal Society of London* 168 (extra vol.) : 470-472.

HAIG J. 1984. – Land and freshwater crabs of the Seychelles and neighbouring islands. *Monographiae Biologicae* 55 : 123-139.

HAUSERMANN J.P. 1985. – *Étude sur les possibilités d'élevage et de commercialisation des anguilles à La Réunion*. Rapport SODAAR, Saint-Denis, La Réunion, 214 p.

HEEMSTRA P.C. 1984a. – Kuhliidae, *in* FISCHER W. & BIANCHI G. (eds.), *FAO species identification sheets for fishery purposes. Western Indian Ocean (Fishing area 51)*. Vol. 2.

HEEMSTRA P.C. 1984b. – Mugiloididae, *in* FISCHER W. & BIANCHI G. (eds.), *FAO species identification sheets for fishery purposes. Western Indian Ocean (Fishing area 51)*. Vol. 3.

HEEMSTRA E., HEEMSTRA P., SMALE M., HOOPER T. & PELICIER D. 2004. – Preliminary checklist of coastal fishes from the Mauritian island of Rodrigues. *Journal of Natural History* 38 : 3315-3344.

HOBBS H.H. Jr & HART C.W. Jr 1982. – The shrimps genus *Atya* (Decapoda : Atyidae). *Smithsonian contributions to zoology* 364 : 1-143.

HOLTHUIS L.B. 1950. – The decapoda of the Siboga expedition. The Palaemonidae collected by the Siboga and Snellius expeditions with remarks on other species. I- Subfamily Palaemonidae. *Siboga Expeditie*, Leiden 39 : 1-268.

HOLTHUIS L.B. 1952. – On some Indo-Westpacific Palaemoninae (Crustacea decapoda Caridea). *Zoologishe mededelingen* 31 (18) : 201-211.

HOLTHUIS L.B. 1965. – The Atyidae of Madagascar. *Mémoires du Muséum national d'Histoire naturelle, Zoologie* 33 (1) : 1-48.

HOLTHUIS L.B. 1980. – Shrimps and prawns of the world, an annnoted catalogue of species of interest to fisheries. *FAO Fisheries Synopsis* 125 (1) : 1-230.

HOLTHUIS L.B. 1993. – *The recent Genera of the Caridean and Stenopodidean Shrimps (Crustacea : Decapoda) with an appendix on the order Amphionidacea*. C.H.J.M. Fransen et C. van Achterberg ed., Nationaal Natuurhistorisch Museum, Leiden, 328 p.

JACKSON P.B.N. 1974. – Distribution et croissance des anguilles du genre *Anguilla* Shaw, 1803 dans l'océan Indien Occidental. *Info Nature, île de La Réunion* II (3) : 39-42.

JAKSON P.B.N. 1975. – The distribution and growth of eels of the genus *Anguilla* Shaw, 1930, in the western Indian Ocean in *Colloque Commerson* : 189-192.

JALIHAL D.R., SHAKUNTALA S. & SANKOLLI K.N. 1984. – Five new species of freshwater Atyid shrimps of the genus *Caridina* H. Milne Edwards from Dharwar area (Karnataka state, India). *Records of the Zoological Survey of India* 69 : 35-40.

JOUAN H. 1869. – notes sur l'archipel des Comores et des Seychelles. *Mémoires de la société impériale des sciences naturels de Cherbourg*. XV p.

JUBB R.A. 1961. – The freshwater eels of Southern Africa (*Anguilla* spp), an introduction to their identification and biology. *Annals of Cape provincial Museum* 1 : 15-48.

KEITH P. 2002. – Freshwater fish and decapod crustacean populations on Réunion Island, with an assessment of the results of species introductions. *Bulletin français de la Pêche et de la Pisciculture* 364 : 97-107.

KEITH P. 2003. – Biology and ecology of amphidromous Gobiidae in the Indo-pacific and the Caribbean regions. *Journal of Fish Biology* 63 (4) : 831-847.

KEITH P. & ALLARDI J. 1997. – The introduced freshwater fish of France : status, impacts and management, *in* COWX I.G. (ed.), *Stocking and introduction of fish*. Blackwell Science, Oxford, 456 p. (Fishing News Book).

KEITH P. & MARION L. 2002. – Methodology for drawing up a Red List of threatened freshwater fish in France. *Aquatic conservation* 12 : 169-179.

KEITH P. & VIGNEUX E. 2000. – First capture of *Macrobrachium lepidactylus* (Hilgendorf, 1879) (Crustacea: Palaemonidae) on Réunion Island, followed by a commentary on *Macrobrachium hirtimanus* (Olivier, 1811). *Crustaceana* 73 (2) : 215-222.

KEITH P., BOSC P. & VALADE P. 2004. – A new species of *Parioglossus* (Teleostei: Gobioidei, Microdesmidae) from Seychelles Islands. *Cybium* 28 (4) : 341-344.

KEITH P., HOAREAU T. & BOSC P. 2005. – A new species of freshwater goby (Pisces: Teleostei: Gobioidei) from Mayotte island (Comoros) and comments about the genus = endemic to Indian Ocean. *Journal of Natural History* 39 (17) :1395-1405.

KEITH P., VIGNEUX E. & BOSC P. 1999. – *Atlas des poissons et crustacés d'eau douce de la Réunion*. Museum national d'Histoire naturelle, Paris, 136 p. (Patrimoines naturels, 39).

KEITH P., GALEWSKI T., CATTANEO-BERREBI G., HOAREAU T. & BERREBI P. 2005. – Phylogeography of the genus *Sicyopterus* (Teleostei: Gobioidei) in the Indo-Pacific area inferred from mitochondrial cytochrome b gene. *Molecular Phylogenetics and Evolution* 37 (2005) : 721-732.

KEITH P., MARQUET G., ABDOU A. & LABAT J.N. 2006. – Inventaire des rivières des Comores. Rapport MNHN/CI, Paris, France, 70 p.

KENDALL W.C. & GOLDSBOROUGH E.L. 1911. – Reports on the scientifics results of the expedition to the tropical pacific. The shore fishes. *Museum of Comparative Zoology Memoirs* 26 (7) : 341-344.

KIENER A. 1961. – Poissons malgaches. *Bulletin de Madagascar* n° avril, mai, juin, 117 p.

KIENER A. 1963a. – Poissons, pêche et pisciculture à Madagascar. *Centre technique forestier tropical* 24 : 1-221.

KIENER A. 1963b. – *Aperçu de quelques aspects piscicoles de la Réunion (eaux intérieures de l'île)*. Rapport succinct, Cemagref, Paris, France, 15 p.

KIENER A. 1981. – *Étude des problèmes piscicoles des eaux intérieures de la Réunion*. CEMAGREF, Aix en Provence, 140 p. (étude n° 25).

LARSON H. & MURDY E 1986. – Gobiidae, *in* FISCHER W. & BIANCHI G. (eds.), *FAO species identification sheets for fishery purposes. Western Indian Ocean (Fishing area 51)*. Non paginé.

LAISSUS Y. 1973. – Note sur les voyages de J.J. Dussumier (1792-1883). *Annales de la Société des Sciences naturelles de la Charente-Maritime* 5 (5-9) : 387-406.

LEGUAT DE LA FOUGERE F. 1708. – "Voyage et aventures de François Leguat et de ses compagnons en deux isles désertes des Indes Orientales". 2 vols. Réédité chez la Découverte Illustrée sous le titre "Aventures aux Mascareignes", 244p.

LEGENDRE J. 1919. – Acclimatation du cyprin doré à Madagascar. *Bulletin de la Societé zoologique de France* 44 : 20.

LEGENDRE J. 1920. – Acclimatation de la carpe miroir à Madagascar. *Bulletin de la Société centrale d'Aquiculture et de Pêche* 4-6 : 53-54.

LEGENDRE J. 1928. – Pêche et pisciculture à Madagascar. *Bulletin de la Société centrale d'Aquiculture et de Pêche* 10-12 : 115-118.

LEGENDRE J. 1934. – Introduction à Madagascar du *Gambusia holbrooki*. *Bulletin de la société de Pathologie exotique*, Paris : 291-294.

LEVER C. 1997. – Introduced fishes: an overview, *in* COWX I.G. (ed.), *Stocking and introduction of fish*. Blackwell Science, Oxford, 456 p. (Fishing News Book).

LIONNET G. 1984. – *Le monde des vertébrés des Seychelles*. Antenne ENDA, Port Louis, Ile Maurice, 115 p.

LIONNET G. 1987. – The world of crabs in Seychelles *Nation, Nature Watch*, 17 August 1987.

LOUETTE M. 2004. – Poissons d'eau douce, *in* LOUETTE M., MEIRTE D. & JOCQUE R. (eds), La faune terrestre de l'archipel des Comores. *Studies in Afrotropical Zoology*, MRAC, Tervuren 293 : 229-241.

LOUETTE M. & LOUETTE G. 2000. – *Inventaire de la faune d'une rivière à Mayotte*. Rapport MRAC-CTM, Tervuren, 44 p.

LOUVEL M. 1930. – *L'exploitation des eaux douces de Madagascar*. Pitot ed., Tananarive, 52 p.

MACCRIMMON H.R. 1971. – World distribution of the rainbow trout (*Salmo gairdneri*). *Journal of the fisheries research board of Canada* 28 : 663-704.

MAEDA K. & TACHIHARA K. 2003. – Instream distribution and feeding habits of two species of sleeper, *E. acanthopoma* and *E. fusca* in the Teima river, Okinava island. *Ichtyological research* 51 : 233-240.

MALAVOI J.R. & SOUCHON Y. 2002. – Note technique, Description standardisée des principaux faciès d'écoulement observables en rivière : clé de détermination qualitative et mesures physiques. *Bulletin français de Pêche et de Pisciculture* 365/366 : 357-372.

MALAVOI J.R. 1989. – *Typologie des faciès d'écoulement ou unités morphodynamiques des cours d'eau à haute énergie*. Rapport, Cemagref, Lyon, France, 21 p.

MARQUET G. 1991. – Freshwater crustaceans of French Polynesia : taxonomy, distribution and biomass (Decapoda). *Crustaceana* 61 (2) : 126-140.

MARQUET G. & LAMARQUE P. 1986. – Acquisitions récentes sur la biologie des anguilles de Tahiti et de Moorea (Polynésie française) : *Anguilla marmorata*, *Anguilla megastoma* et *Anguilla obscura*. *Vie et Milieu* 36 (4) : 311-315.

MARQUET G., LAMARQUE P. & GUERY J.C. 1996. – *État des rivières et des étangs de la Réunion*. Rapport d'étude, Saint-Denis, La Réunion, 40 p.

MARQUET G., KEITH P. & VIGNEUX E. 2003. – *Atlas des poissons et crustacés d'eau douce de Nouvelle-Calédonie*. Muséum national d'Histoire naturelle, Paris, 282 p. (Patrimoines naturels, 58)

MARQUET G., SERET B. & LECOMTE-FINIGER R. 1997. – Inventaires comparés des poissons des eaux intérieures de trois îles océaniques tropicales de l'Indo-Pacifique (La Réunion, La Nouvelle-Calédonie et Tahiti). *Cybium* 21 (1) suppl. : 27-34.

MASUDA H., AMAOKA K., ARAGA C., UYENO T. & YOSHINO T. 1984. – *The fishes of the Japanese Archipelago*. Tokai Univ. Press, Tokyo, Japon, 437 p.

MAUGE L.A. 1984a. – *Ambassis bleekeri* nom. nov. et réhabilitation d'*Ambassis gymnocephalus* (Lacépède, 1801) (Pisces, Teleostei, Ambassidae). *Bulletin du Muséum national d'Histoire naturelle de Paris*, 4e série, section A 1 : 211-218.

MAUGE L.A. 1984b. – Diagnoses préliminaires d'Eleotridae des eaux douces de Madagascar. *Cybium* 8 (4) : 98-100.

Mc CRAE A.W.R. 1983. – First record of *Macrobrachium lar* (F.) (Crustacea : Palaemonidae) from mainland Africa, and some practical implications. *African Journal of Ecology* 21 (3) : 209-210.

McEWAN A. & HECHT T. 1984. – Age and growth of the longfin eel, *Anguilla mossambica* Peters, 1852 (Pisces: Anguillidae) in Transkei rivers. *South African Journal of Zoology* 19 : 280-285.

MILNE EDWARDS A. & BOUVIER E.L. 1893. – Sur une espèce nouvelle du genre *Deckenia* (Hilgendorf). *Annales de Sciences naturelles, Zoologie* 15 : 325-336.

MONOD Th. non daté. – L'ichtyologie de l'île Maurice de 1829 à 1846 autour de Julien Desjardins (1799-1840). Non paginé.

MOREAU J., ARRIGNON J. & JUBB R.A. 1988. – Introduction of foreign fishes in African inland water : suitability and problems, *in Biology and ecology of African freshwater fishes*. Orstom ed., Paris : 395-425. (Travaux et documents, 216).

NELSON J.S. 2006. - Fishes of the world. 4e édition. Wiley & Son, New York, 601 p.

NG P.K.L., STEVCIC Z. & PRETZMANN G. 1995. – A revision of the family Deckeniidae Ortmann, 1897 (Crustacea: Decapoda: Brachyura: Potamoidea), with description of a new genus (Gecarcinucidae: Gecarcinucoidea) from the Seychelles, Indian Ocean. *Journal of Natural History* 29 : 581-600.

NGOC-HO N. 1976. – The larval development of the prawns *Macrobrachium equidens* and *Macrobrachium* sp. (Decapoda: Palaemonidae), reared in the laboratory. *Proceedings of the Zoological Society of London* 178 : 15-55.

ORE (Observatoire Réunionnais de l'Eau) 2001. – *Atlas des Macroinvertébrés des eaux douces réunionnaises*. ORE, Saint-Denis, 220p.

PELLEGRIN J. 1933. – Les poissons des eaux douces de Madagascar et des îles voisines (Comores, Seychelles, Mascareignes). *Mémoires de l'Académie malgache* 14 : 1-222.

Bibliographie

PETIT G. 1930. – *L'industrie des pêches à Madagascar. Bibliothèque de la faune des colonies françaises*. Société d'éditions géographiques, maritimes et coloniales, Paris, 390p.

PLAYFAIR R.L. & GÜNTHER A. 1867. – *The fishes of Zanzibar, with a list of the fishes of the whole east coast of Africa*. London [Reprinted in 1971]: Newton K. Gregg (ed.), 153pp.

RATHBUN M.J. 1904. – Les crabes d'eau douce (Potamonidae). *Nouvelles Archives du Muséum d'Histoire naturelle*, 4e série 6 : 1-122.

REGAN CT. 1912. – New fishes from Aldabra and Assumption, collected by Mr J.C.F. Fryer. *Transactions of the Linnean Society of London, Zoology*, Ser. 2 15 (2) : 301-302.

RENNIS D.S. & HOESE D.F. 1985. – A review of the genus *Parioglossus*, with descriptions of six new species (Pisces, Gobioidei). *Record of the Western Australian Museum* 36 (3-4) : 169-201.

RICHTERS F. 1880. – *Decapoda. Môbius Beitrage zur Meeresf. Der Insel. Mauritius und der Seychellen*. Berlin : 162-166.

ROBERT R. 1975a. – Eléments d'hydrologie des principaux torrents de l'île de La Réunion. *Revue géographique de Madagascar*, Tananarive 26 : 93-100.

ROBERT R. 1975b. – Note sur les essais d'aquaculture à La Réunion. *Revue géographique de Madagascar*, Tananarive 26 : 101-102.

ROBERT R. 1976a. – L'introduction de la truite arc-en-ciel à la Réunion. *Revue forestière française* 5 : 386-387.

ROBERT R. 1976b. – La pisciculture du tilapia à La Réunion. *Revue forestière française* 28 : 378-386.

ROBERT R. 1977. – *Pêche et aquaculture à La Réunion*. Publications du Centre universitaire de la Réunion, Saint-Denis, La Réunion, 93 p.

ROBERT R. 1978. – La salmoniculture à l'île de La Réunion. *Revue Bois et Forêts des Tropiques* 77 : 65-70.

ROBERT R. 1979. – Les modules des torrents de l'île de La Réunion. *Cahiers du Centre universitaire de la Réunion*, Saint-Denis, La Réunion, 9 : 67-89.

ROBERTS T. 1992. – Systematic revision of the Southeast Asian anabantoid fish genus *Osphronemus*, with description of two new species. *Ichthyological Exploration of Freshwaters* 2 (4) :351-360.

ROBINET T. & FEUTEUN E. 2002. – First observations of shortfinned *Anguilla bicolor bicolor* and longfinned *A. marmorata silver* eels in the Réunion Island. *Bulletin français de la Pêche et de la Pisciculture* 364 : 87-95.

ROBINET T., GUYET S., MARQUET G., MOUNAIX B., OLIVIER J.M., TSUKAMOTO K., VALADE P. & FEUNTEUN E. 2003a. – Elver invasion, population structure and growth of marbled eels *Anguilla marmorata* in a tropical river on Réunion Island in the Indian Ocean. *Environmental Biology of Fishes* 68 : 339-348.

ROBINET T., LECOMTE-FINIGER R., ESCOUBEYROU K. & FEUNTEUN E. 2003b. – Tropical eels *Anguilla* spp. recruiting to Réunion Island in the Indian Ocean: taxonomy, patterns of recruitment and early life histories. *Marine Ecology Progress Series* 259 : 263-272.

ROBINET T., SBAIHI M., GUYET S., MOUNAIX B., DUFOUR S. & FEUNTEUN E. 2003c. – Advanced sexual maturation before marine migration of *Anguilla bicolor bicolor* and *Anguilla marmorata* at Reunion island. *Journal of Fish Biology* 63 : 538-542.

ROUX J. 1934. – Macroures d'eau douce de Madagascar et des îles voisines (Palaemonidés et Atyidés). *Faune des Colonies françaises* 5 : 529-547.

RUFZ DE LAVISON E. 1861. – Note sur quelques tentatives d'acclimatation du gourami (*Osphromenus olfax*) dans divers pays. *Bulletin de la Société impériale zoologique d'Acclimatation* 8 : 392-403

SAUVAGE H.E. 1884. – Sur un siluroïde de l'île de La Réunion. *Bulletin de la Société philomatique de Paris* 7 (8) : 147-148.

SAUVAGE H.E. 1891. – Histoire naturelle des poissons de Madagascar. Imprimerie nationale, Paris, 543 p. (Histoire physique, naturelle et politique de Madagascar, 16)

SEMPLE G.P. 1985. – Reproductive behavior and development of the glassperchlet, *Ambassis agrammus* Günther (pisces : Ambassidae), from Alligator rivers system, Northern Territory. *Australian Journal of Marine and Freshwater Research* 36 : 797-805.

SERÈNE R. & SOH C.L. 1970. – New Indo-Pacific genera allied to *Sesarma* Say, 1877 (Brachyura, Decapoda, Crustacea). *Treubia* 27 (4) : 387-416.

SKELTON P. 1993. – *Freshwater fishes of Southern Africa*. Southern Book Publishers ed., 388 p.

SKIDMORE C.L. 1974. – *Annotated bibliography of scientific and technical information compiled from the work and records of the Department of Agriculture, Victoria, Mahé, Seychelles to August 1972*. Overseas Development Administration, U.K., 104 p.

SMITH J.L.B. 1958. – The fishes of the family Eleotridae in the Western Indian ocean. *Ichthyological Bulletin* 11 : 137-164.

SMITH J.L.B. 1963. – Fishes of the family Syngnathidae from the Red Sea and the Western Indian Ocean. *Ichthyological Bulletin* 27 : 515-543.

SMITH J.L.B. & SMITH M.M. 1963. – *The fishes of Seychelles*. Dept of ichtyology, Rhodes University, Grahamstown, 215 p.

SMITH M.J. & WILLIAMS W.D. 1982. – Taxonomic revision of Australian Species of *Atyoida* Randall (Crustacea : Decapoda : Atyidae), with remarks on the taxonomy of the Genera *Atyoida* and *Atya* Leach. *Australian Journal of Marine and Freshwater Research* 33 (2) : 343-361.

SMITH M.M. & HEEMSTRA P.C. 1986. – *Smith's sea fishes*. Southern Book Publishers ed., Johannesburg, 1 408 p.

SOUBEIRAN J.L. 1864. – Procès-verbal de la séance de la société. Séance du conseil du 25/11/1864. *Bulletin de la Société impériale zoologique d'Acclimatation*, 2e série 1 : 695-699.

SOUBEIRAN J.L. 1865. – Procès-verbal de la séance de la société. Séance générale du 27/1/1865. *Bulletin de la Société impériale Zoologique d'Acclimatation*, 2e série 2 : 51-56.

SOUBEIRAN J.L. 1867. – Procès-verbal de la séance de la société. Séance du 27/6/1867. *Bulletin de la Société impériale Zoologique d'Acclimatation*, 2e série 4 : 439-448.

STARMÜHLNER F. 1976a. – Contribution to the knowledge of the freshwater fauna of the Isle of Anjouan (Comores). *Cahiers ORSTOM*, série Hydrobiologie 10 (4) : 255-265.

STARMÜHLNER F. 1976b. – Contribution to the knowledge of running waters of Mauritius. *Mauricius Institute Bulletin* 8 (2) : 105-127.

STARMÜHLNER F. 1977. – Contribution to the knowledge of the freshwater fauna of La Réunion (Mascarene). *Cahiers ORSTOM*, série Hydrobiologie 11 (3) : 239-250.

STARMÜHLNER F. 1979. – Results of the Austrian hydrobiological mission 1974, to the Seychelles, Comores and Mascarene Archipelago : part 1. *Annaler des Naturhistorischen Museum in Wien* 82 : 621-742.

STAUB F. 1993. – *Faune de l'île Maurice et Flore associée*. Precigraph Limited, Port-Louis, 103 p.

TEUGELS G.G., JANSSENS L.J.M, BOGAERT J. & DUMALIN M. 1985. – Sur une collection de poissons de rivière des Comores. *Cybium* 9 (1) : 41-56.

THOMSON J.M. 1997. – The Mugilidae of the world. *Memoirs of the Queensland museum* 41 (3) : 457-562.

THYS VAN DEN AUDENAERDE D. & TEUGELS G. 1984. – De zoetwatervissen van de comoren een merkwaardige grep. *Africa-Tervuren* 30 (1-4) : 58-65.

VAILLANT L. 1890. – Remarques sur la pêche de la Bichique à l'île de la Réunion. *Compte rendu de l'Académie des Sciences de Paris* 110 : 93-95.

VALADE P., GRONDIN H.P., BOSC P. & KEITH P. 2004. – *Inventaire des espèces de poissons et de macrocrustacés d'eau douce des principales rivières pérennes des îles de Mahé et praslin, république des Seychelles*. Rapport de mission d'échantillonnage, ARDA - Région Réunion - Ministère de l'Environnement des Seychelles, Saint-Denis, La Réunion, 92 p.

VINSON A. 1861. – De l'acclimatation du Gourami à l'île de la Réunion et des moyens d'acclimater ce poisson en Algérie et dans le midi de la France. *Bulletin de la Société impériale Zoologique d'Acclimatation* 8 : 509-514, 541-546.

VINSON A. 1868. – De l'acclimatation à l'île de La Réunion. *Bulletin de la Société impériale Zoologique d'Acclimatation*, 2e série 5 : 579-590, 625-638.

VOELTZKOW A. 1917. – *Flora and Fauna der Comoren. Reise in Ostafrika*. Wissenschaft, Ergeb. Bd III, Heft V.

WATSON R.E. 1991. – A provisonal review of the genus *Stenogobius* with descriptions of a new subgenus and thirteen new species (Pisces, Teleostei, Gobiidae). *Records of Western Museum* 15 (3) : 571-654.

WATSON R.E. 1992. – A review of the gobiid fish genus *Awaous* from insular streams of the Pacific plate. *Ichthyological Exploration of Freshwaters* 3 (2) : 161-176.

WATSON R.E. 1995. – Review of the freshwater goby genus *Cotylopus* (Pisces, Teleostei, Gobiidae, Sicydiinae). *Ichthyological Exploration of Freshwaters* 6 (1) : 61-70.

WENIGNER G. 1977. – On inland Waters Chemistry of Indian Ocean's Islands (Seychelles, Comores, Réunion, Mauritius). *Cahiers ORSTOM*, série Hydrobiologie 11 (4) : 297-319.

Extended abstract

ATLAS OF THE FRESHWATER FISHES AND CRUSTACEANS OF COMOROS, MASCARENES AND SEYCHELLES

The Comoros, Mascarenes and Seychelles are three archipelagos of the western Indian Ocean.
The Comoros are located in the northern part of the Mozambique Channel, between southern latitudes 11°20' and 13°04' and between eastern longitudes 43°11' and 45°19', at an equal distance (approximately 300 km) from the African continent and Madagascar. The main islands of this archipelago are Grande Comore, Anjouan, Mohéli and Mayotte, respectively covering 1025 km^2, 424 km^2, 211 km^2 and 375 km^2. The distances between the islands range from 70 to approximately 120 km.
The Seychelles consist of 115 small islands located between southern latitudes 3° and 10° and between eastern longitudes 45° and 56°. The three larger islands of the archipelago–Mahé, Praslin and Silhouette–are located in the north and respectively cover 154 km^2, 40 km^2 and 10 km^2.
The Mascarenes are located in the southwestern Indian Ocean, between southern latitudes 19°40' and 21°40' and between eastern longitudes 55°32' and 63°25'. Three islands constitute this archipelago: Reunion, Mauritius and Rodrigues. The first two islands are relatively close (200 km), whereas Rodrigues is the most isolated island of Mascarenes, located 570 km east of Mauritius. Reunion and Mauritius are the largest volcanic insular systems of the southwestern Indian Ocean, respectively covering 2512 km^2 and 1865 km^2. The island of Rodrigues is much smaller, covering only 109 km^2.

The islands of each archipelago have very different geological origins: the Comoros, as well as Reunion and Mauritius, have volcanic origins; Rodrigues is the result of a magmatic increase due to a rupture of the ocean floor; and the islands of the Seychelles are of granitic or coral types.
The importance of the hydrographic network of these islands increases as a function of their average altitude and size. The sizes of the basins of the various islands are very variable, ranging from a few square kilometers (Seychelles, Rodrigues) to about 150 km^2 (Reunion, Mauritius). The rate of flow of the rivers depends on various factors, such as climate, soil type, vegetation and the morphology of catchment basins.

The freshwater fauna of the Comoros, Mascarenes and Seychelles is rich. The rivers have been mainly colonised by marine species swimming upwards through estuaries or by migrant amphihaline (amphidromous or catadromous) species undergoing a major part of their biological cycle in freshwaters.
The rivers of these archipelagos are inhabited by 61 species of fishes and 22 species of decapod crustaceans. Among these, nine are specific to West Indian Ocean, six are endemic to the Mascarenes, four to the Seychelles, one to Madagascar-Comoros and one to Comoros.

Like most Indo-Pacific islands, the Comoros, Mascarenes and Seychelles are characterised by the absence of indigenous primary fishes: the carp (*Cyprinus carpio*), the goldfish (*Carassius auratus*), and the black bass (*Micropterus salmoides*) are introduced. Secondary fishes have been also introduced. These are the tilapias (*Oreochromis mossambicus* and *Oreochromis niloticus*), the guppy (*Poecilia reticulata*),

the mosquito fish (*Gambusia affinis*), the green swordtail (*Xiphophorus hellerii*), the platy (*Xiphophorus maculatus*), the three spot gourami (*Trichogaster trichopterus*)... which are present in the lower reaches of some streams and in coastal ponds. The introductions of species have a long history on the small islands of the western Indian Ocean because of the proximity of Madagascar, home to many experiments. Some islands were also situated on shipping routes, particular in the direction of the Indies. As a result, they have been the sites of many collections of fishes, starting with the voyage of Bougainville (1766-1769), and have seen attempts at acclimatizations of all kinds, sometimes even before the first introductions to Madagascar. For some of these islands, such as the Seychelles and Comoros, the introductions are not well known, whereas many attempts are documented for Mauritius and Reunion.
In the granitic islands of the Seychelles, one species could be considered as a primary or secondary, namely the endemic *Pachypanchax playfairii*.
In the Comoros and Mascarenes, vicariant fishes are represented by two *Agonostomus* species and three *Kuhlia* species. They are rheophilic and generally occur in running waters from estuaries (two species) to middle courses (one species). Catadromous diadromous fishes are represented by four species of eels: *Anguilla marmorata*, *Anguilla bengalensis*, *Anguilla mossambica* and *Anguilla bicolor*. Only the latter is present in the Seychelles islands.

As a consequence of the absence of primary and secondary native fishes, the rivers of the Comoros and Mascarenes have mainly been colonised by amphidromous fishes. These include members of two families (Gobiidae and Eleotridae) and their distribution depends essentially on two closely related factors: altitude and strength of flow. The species of *Awaous*, *Stenogobius* and *Glossogobius* are restricted to the lower courses of rivers and to stagnant littoral water. *Sicyopterus lagocephalus*, as well as *Cotylopus*, are able to climb the waterfalls. The Eleotridae can be found in running waters (from estuary to middle course) where the current is weak, as well as in stagnant waters. The ichtyofauna of the Seychelles is different, with the genera *Awaous*, *Stenogobius*, *Sicyopterus* and *Cotylopus* being absent.

Finally, sporadic fishes colonise only the lower course of rivers. These belong to six families: Ophichthidae, Moringuidae, Ambassidae, Microdesmidae, Syngnathidae and Mugilidae.

For the crustaceans, the inventoried species are amphidromous or vicariant and each archipelago has its specificities.

The fact that the ecological conditions become increasingly strenuous with increasing altitude (strong current, unavailability of food) explains why 75 % of the species are confined to only one zone (the lower course), while only some (*Anguilla marmorata*, *Sicyopterus lagocephalus*, *Macrobrachium lar*) can be found from lower to higher courses of the rivers and a few species live only in the higher course (*Anguilla bengalensis*). The number of freshwater species falls gradually from the estuaries to upstreams. This reduction is brutal after waterfalls for fish species, whereas it is less clear for crustaceans, which able to cross this type of obstacle.

Allochtone : se dit d'une espèce originaire d'une autre région géographique.

Amphidrome : se dit d'un animal migrateur dont la reproduction s'effectue dans l'eau douce, qui descend les rivières vers la mer à l'état larvaire et les remonte ensuite au stade de juvénile pour y vivre à l'état adulte.

Anadrome : se dit d'un animal migrateur qui passe la majeure partie de sa vie adulte en mer et remonte les fleuves à l'état adulte pour se reproduire.

Angle ptérygostomien : angle formé par les parties inférieure et antérieure du céphalothorax d'un crustacé.

Appendice interne : prolongement plus ou moins effilé situé sur le bord interne du premier pléopode chez le mâle.

Appendice mâle (ou appendix masculina) : petite baguette rigide située sur le bord interne du second pléopode chez les crustacés et servant à la copulation.

Angle infraorbitaire : angle du céphalothorax situé au-dessous de l'orbite chez un crustacé.

Antenne (ou deuxième antenne) : appendice articulé birامé typique avec un protopodite de deux articles, parfois fusionnés, pourvus d'un endopodite et d'un exopodite. L'endopodite est en général bien formé et flagelliforme. L'exopodite peut être également flagelliforme, mais souvent en forme de longue écaille uni-articulée (appelée aussi scaphocérite).

Antennule (ou première antenne) : composée d'une série simple d'articles. En général, sa structure se caractérise par un pédoncule à trois articles dont le dernier est surmonté d'un ou deux flagelles multi-articulés.

Barbillon : expansion tégumentaire riche en organes sensoriels et localisée à proximité de la bouche.

Branchiospines : épines localisées sur la face antérieure des arcs branchiaux d'un poisson. Le nombre de branchiospines du premier arc branchial est une caractéristique spécifique.

Caniniforme : se dit d'une dent en forme de canine.

Carpe (ou carpus) : antépénultième article d'un appendice locomoteur, faisant face au mérus au niveau de l'articulation principale de l'appendice (articulation mérocarpale).

Catadrome : se dit d'un animal migrateur qui passe la majeure partie de sa vie en eau douce à l'état adulte et qui va se reproduire en mer.

Céphalothorax : partie antérieure du corps d'un crustacé.

Civelle : nom donné aux anguilles juvéniles transparentes qui colonisent les embouchures des rivières.

Chélipède : concerne une ou plusieurs paires de péréiopodes antérieurs qui se sont différenciés à leur extrémité en forme de pince, au niveau du propode. Celui-ci est élargi et muni d'un "doigt" fixe, opposé au dactyle qui lui est mobile. Ces deux éléments qui forment une pince sont désignés très souvent par le terme "doigts" bien qu'ils n'aient pas tous les deux la même valeur anatomique.

Cténoïde : se dit d'une écaille dont le bord postérieur est bordé de structures épineuses en forme de peigne.

Cycloïde : se dit d'une écaille dont le bord postérieur est régulier et dépourvu d'expansions épineuses.

Dactyle (ou dactylus) : article terminal d'une patte et doigt mobile d'une pince.

Dent labiale : dent horizontale située sur le bord antérieur de la mâchoire.

Dent pharyngienne : dent située au niveau du pharynx.

Dent postorbitaire : dent sur la carapace située en arrière de l'orbite.

Dent vomérienne : dent située sur le vomer.

Doigt : sur une pince (*sensu stricto*), un des deux éléments pouvant se joindre pour prendre, couper, broyer…

Dulçaquicole (ou dulcicole) : se dit d'une plante ou d'un animal qui vit en eau douce.

Écaille antennaire : diverticule aplati, basal et externe sur l'antenne d'un crustacé.

Écaille axillaire : écaille allongée et pointue située à la jonction entre les nageoires et le corps d'un poisson.

Embâcle : amoncellement de branches obstruant le lit d'un cours d'eau.

Endémique : se dit d'une espèce ayant une localisation géographique limitée.

Épine antennaire : épine du bord antérieur du céphalothorax située à proximité de l'insertion antennulaire.

Épine branchiostège : épine sur le céphalothorax située sur le branchiostégite antérieur à proximité de l'insertion antennaire et sous l'épine antennaire.

Épine hépatique : épine sur la carapace située en arrière de l'épine antennaire.

Épine préoperculaire : épine située sur le préopercule des poissons.

Épine supraorbitaire : épine située sur le bord supérieur de l'œil.

Épine uropodiale : épine située sur la face dorsolatérale des rames externes des uropodes. Leur nombre est très variable suivant les espèces.

Épipodite : lamelles membraneuses fixées sur le protopodite jouant le rôle de branchies.

Endopode (ou endopodite) : rame interne des appendices. Elle est composée (à l'idéal) de cinq articles : l'ischiopodite (ischion), le méropodite (mérus), le carpopodite (carpe), le propodite (propode) et le dactylopodite (dactyle) qui peut posséder une ou plusieurs griffes. L'endopodite sert principalement à la locomotion.

Euryhalin : qui supporte de fortes variations de salinité.

Éventail caudal : extrémité de la queue d'un crustacé, constitué des uropodes et du telson, utile principalement lors de la locomotion arrière.

Exopodite : représente la rame externe des appendices et on peut y trouver à sa base un épipodite. Il sert surtout à la nage grâce aux grandes soies portées par ses articles.

Flagelle : partie terminale multi-articulée fine et allongée de l'antennule ou de l'antenne.

Gonopode : chez les poissons, organe copulateur présent chez les mâles et constitué par l'allongement et/ou l'épaississement d'un ou plusieurs rayons de la nageoire anale.

Hétérochélie : différence de taille (longue, courte), de forme (massive, fine) et de fonction (pince coupante, pince broyeuse) des deux pinces d'un crustacé.

Hypural : os en forme d'éventail constituant la base de la nageoire caudale.

Ichtyophage : qui se nourrit de poissons.

Insectivore : qui mange des insectes.

Ischion : segment précédent le mérus d'un appendice locomoteur.

Lentique : caractérise des eaux calmes, stagnantes ou faiblement courantes.

Leptocéphale : nom de la larve d'anguille après l'éclosion de l'œuf ; elle ressemble à une feuille allongée plus ou moins transparente.

Ligne latérale : alignement longitudinal d'écailles perforées par les organes sensoriels permettant au poisson de percevoir, notamment, les variations de pression.

Maxillipède (ou patte mâchoire) : péréiopode différencié en organe participant à la prise de nourriture.

Mérus : segment précédent l'antépénultième article d'un appendice locomoteur, faisant face au carpe au niveau de l'articulation principale de l'appendice (articulation mérocarpale).

Microphage : se nourrit de particules organiques microscopiques.

Migration (voir aussi amphidrome, anadrome, catadrome) : déplacements, souvent sur de grandes distances, de certains animaux entre leur lieu de naissance, leur lieu de grossissement et leur lieu de reproduction.

Molariforme : se dit d'une dent en forme de molaire.

Glossaire

Ocelle : tache pigmentaire de forme ronde.

Omnivore : qui mange indifféremment des animaux et des végétaux.

Ongle : partie terminale du dernier article des pattes ambulatoires des crustacés ayant souvent un aspect corné et de couleur plus sombre que le reste de l'article, servant de "griffe" pour s'accrocher au substrat.

Opercule : ensemble de quatre os (préoperculaire, operculaire, inter-operculaire et sous-operculaire) protégeant la cavité branchiale et les branchies.

Ovipare : se dit d'un animal qui pond des œufs.

Ovovivipare : se dit d'un animal dont les œufs se développent dans les voies génitales de la femelle.

Paume ou palma : partie terminale d'une pince, doigts non compris, correspondant à la moitié proximale plus ou moins dilatée du propode.

Pédoncule antennaire : articles de la base de l'antenne.

Pédoncule antennulaire : articles de la base de l'antennule.

Pédoncule oculaire : partie le plus souvent un peu allongée de l'œil portant la cornée (ou globe oculaire).

Péréiopodes : pattes thoraciques; ils sont soit masticateurs (= maxillipèdes), soit locomoteurs (= pattes locomotrices).

Pince : *sensu stricto* partie terminale préhensile d'un appendice ; *sensu lato* patte (souvent très robuste) terminée par une pince (synonyme dans ce sens de chélipède) ; utilisée le plus souvent pour la défense, pour la prédation, l'alimentation. Très souvent première et/ou seconde paire de pattes, parfois troisième, exceptionnellement quatrième ou cinquième.

Pléopode : appendice situé sous l'abdomen, utilisé pour la nage et, chez la femelle, la fixation de la ponte ; chez les mâles, les pléopodes antérieurs peuvent être différenciés en appendice copulateur.

Planctonique : se dit des organismes qui flottent passivement à la surface de l'eau.

Pleurite (ou pleuron) : rabat latéral du tégument d'un segment du corps d'un arthropode (situé entre le tergite dorsal et le sternite ventral).

Propode (ou propodite) : avant dernier article d'un appendice.

Protopodite : zone d'insertion des pattes thoraciques sur le corps des crustacés.

Protrusif : qui peut se projeter (ou se dévaginer) vers l'avant.

Phytophage : qui se nourrit de végétaux.

Radier : portion de rivière de faible profondeur, à fond plat et à fort courant.

Rayon branchiostège : rayon osseux supportant les membranes des branchies derrière la mâchoire inférieure.

Rayon mou : rayon de soutien d'une nageoire constitué de petits segments ossifiés alignés et pouvant se ramifier (= lépidotriche).

Rayon épineux : rayon de soutien d'une nageoire constitué d'un seul élément ossifié, assez long, dont l'extrémité distale est pointue ; il n'est jamais ramifié.

Rhéophile : se dit des organismes qui aiment les zones de courant.

Rostre : prolongement antérieur médian de la carapace, surtout développé chez les crevettes, en forme de lame aplatie et portant des dents plus ou moins nombreuses.

Scaphocérite : exopodite en forme d'écaille des antennes.

Sillon cervical : sillon transversal postérieur de la carapace d'un crustacé délimitant antérieurement la zone gastrique et postérieurement la zone cardiaque (correspondrait à la limite tête/thorax).

Soies : organes creux, développés comme des expansions épidermiques qui forment des appendices minces semblables à des poils.

Somite abdominal : segment abdominal.

Sternite : partie ventrale du tégument d'un segment du corps d'un arthropode (situé au-dessous du pleurite).

Stylocérite : formation effilée et pointue située sur le bord externe des pédoncules antennulaires.

Telson : partie la plus postérieure d'un crustacé, formant l'élément médian de l'éventail caudal chez les espèces à abdomen développé et portant l'anus sur sa face ventrale.

Tergite (ou tergum) : partie dorsale du tégument d'un segment du corps d'un arthropode (situé au-dessus du pleurite).

Uropode : pléopodes (sixième paire) les plus postérieurs du corps d'un crustacé. Ils se sont transformés en ayant une forme élargie et aplatie ; ils constituent avec le telson ce qu'on appelle l'éventail caudal.

Vomer : os médian impair du plafond buccal, portant souvent des dents dans sa partie antérieure.

Zoé : seconde forme larvaire des crustacés décapodes après la larve nauplius.

ANNEXE CRUSTACÉS DÉCAPODES

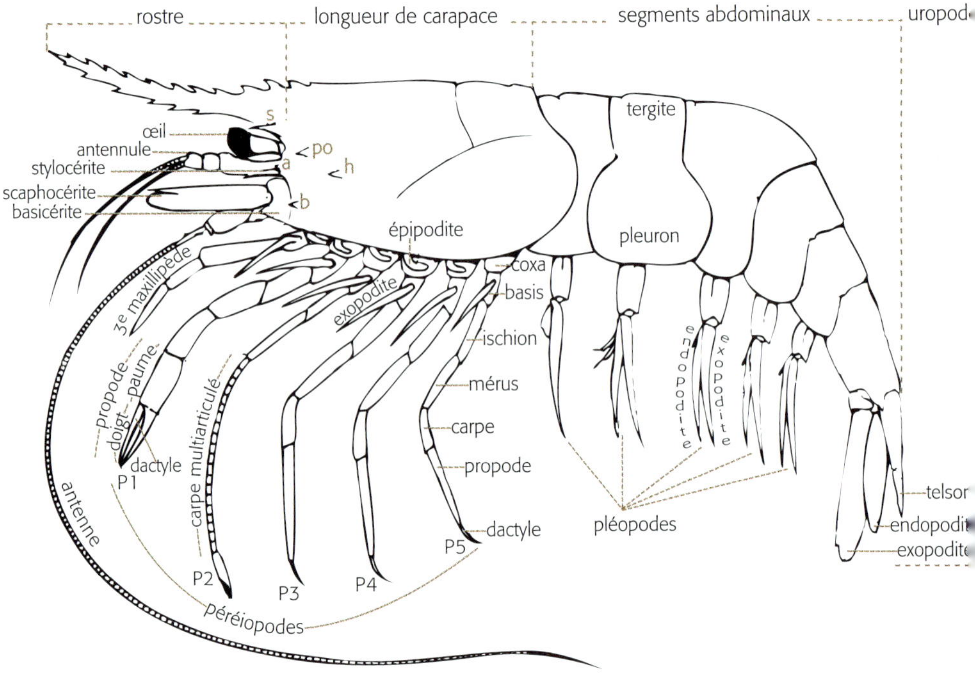

Légende des épines :
a-antennaire ; b-branchiostège ; h-hépatique ; po-postorbitaire ; s-supraorbitaire

Schéma d'une crevette (d'après Chace, modifié)

ANNEXE POISSONS

Nombre d'écailles en ligne latérale

Il s'agit du nombre d'écailles percées comptées le long de la ligne latérale, de l'opercule jusqu'à la base de la nageoire caudale. Si la ligne latérale est imcomplète, le nombre d'écailles est compté de la même façon.

Formule scalaire

Pour certaines espèces, les nombres de rayons constituant les nageoires sont donnés sous forme d'une formule de type: D1 IV, D2 I/8, A II/9, P 14 qui signifie première dorsale (D1) avec quatre rayons épineux (IV), deuxième dorsale (D2) avec un rayon épineux et huit rayons mous (I/8), nageoire anale (A) avec deux rayons épineux et neuf rayons mous (II/9) et les nageoires pectorales (P) avec 14 rayons mous.

Principaux termes de description utilisés dans le texte

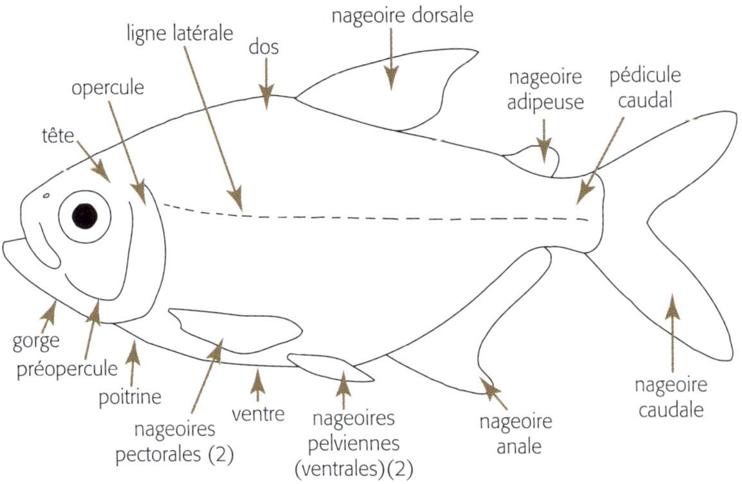

Nageoire caudale

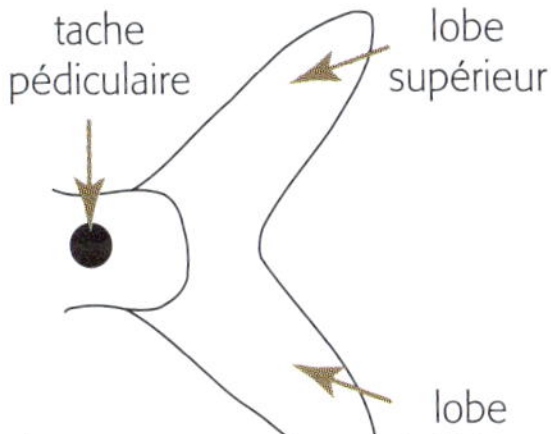

homocerque

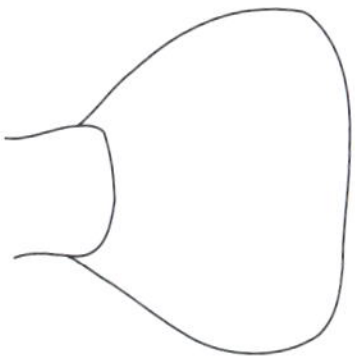
arrondie

Bouche

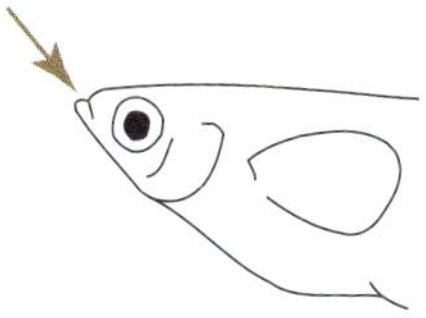
supère

infère

Ligne latérale

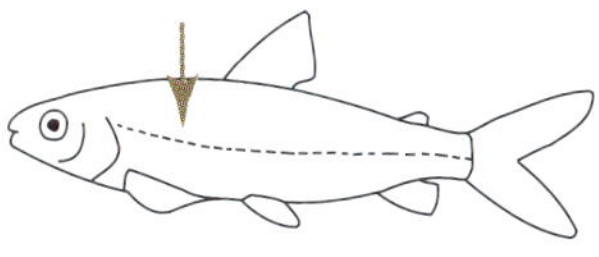
complète

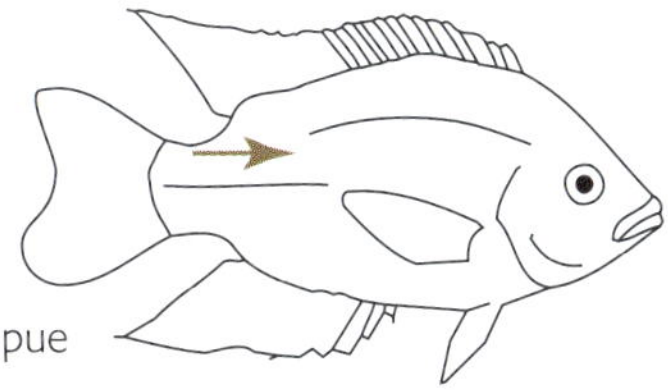
interrompue

Paupière adipeuse

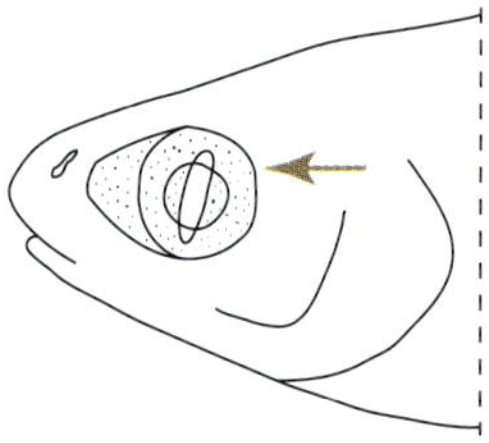

Écaille

cycloïde

cténoïde

Principales mensurations effectuées sur un poisson

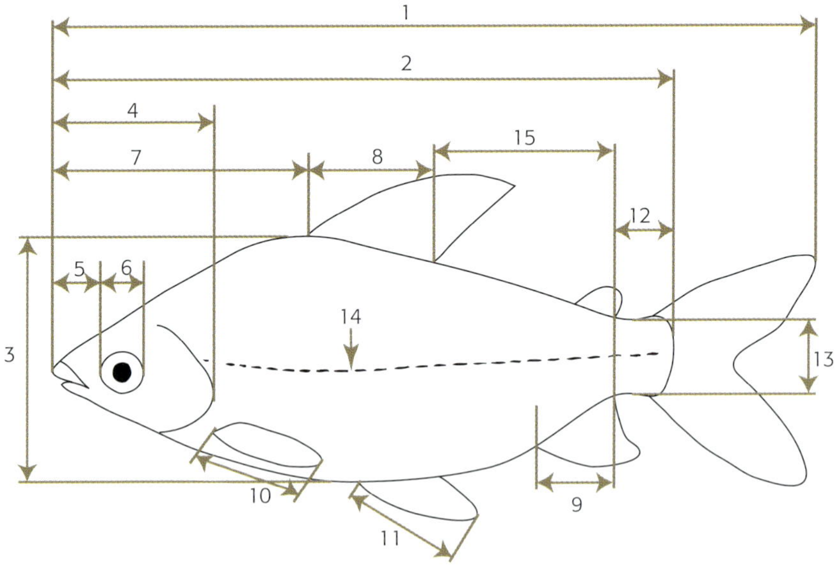

1 : longueur totale (LT)
2 : longueur standard (LS)
3 : hauteur du corps (H)
4 : longueur de la tête (Lt)
5 : longueur du museau (Mu)
6 : diamètre de l'oeil (DO)
7 : longueur prédorsale (LPD)
8 : longueur de la base de la nageoire dorsale (LD)
9 : longueur de la base de la nageoire anale (LA)
10 : longueur de la nageoire pectorale
11 : longueur de la nageoire pelvienne
12 : longueur du pédicule caudal (LPC)
13 : hauteur du pédicule caudal (HPC)
14 : ligne latérale (LL)
15 : longueur interdorsale

A

B

C

E

G

Les chiffres en gras correspondent à la page de la fiche descriptive de l'espèce

H

K

L

M

N

O

P

R

S

T

V

X

Y

Index des noms français

A

B

C

D

E

G

K

L

Index des noms créoles

A

B

C

D

E

G

K

L

M

P

S

T

Z

A

B

C

D

F

G

I

K

L

M

N

R

S

T

W

DERNIERS TITRES PARUS

cpn 64 : Catherine SOUTY-GROSSET, David M. HOLDICH, Pierre Y. NOËL, Julian D. REYNOLDS & Patrick HAFFNER (eds) 2006.— Atlas of Crayfish in europe. 187 p. (ISBN : 2-85653-579-8, ISBN 13 : 978-2-85653-579-0) 29 €

cpn 63 : Guy DUHAMEL, Nicolas GASCO & Patrick DAVAINE 2005.— Poissons des îles Kerguelen et Crozet. Guide régional de l'océan Austral. 419 p. (ISBN : 2-85653-578-X) 65 €

cpn 62 : Serge MULLER (coord.) 2004.— Plantes invasives en France. 168 p. (ISBN : 2-85653-570-4) 37 €

cpn 61 : Jacques BARDAT *et al.* 2004.— Prodrome des végétations de France. 171 p. (ISBN : 2-85653-563-1) 21 € (épuisé)

cpn 60 : Jean-François VOISIN (coord.) 2003.— Atlas des Orthoptères et des Mantides de France. 104 p. (ISBN : 2-85653-562-3) 18 € (épuisé)

cpn 59 : Georges CREMERS & Michel HOFF 2003.— Guide de la flore des bords de mer de Guyane française. 212 p. (ISBN MNHN: 2-85653-558-5) (ISBN IRD : 2-7099-1533-2) 39 €

cpn 58 : Gérard MARQUET, Philippe KEITH & Éric VIGNEUX 2003.— Atlas des poissons et des crustacés d'eau douce de Nouvelle-Calédonie. 282 p. (ISBN : 2-85653-552-6) 30 €

cpn 57 : Jean-Claude DAUVIN (coord.) 2002.— Gestion intégrée des zones côtières : outils et perspectives pour la préservation du patrimoine naturel. 346 p. (ISBN : 2-85653-549-6) 25 € (épuisé)

cpn 56 : Gérard HUNAULT & Jacques MORET 2003.— Atlas des plantes protégées de la Sarthe. 363 p. (ISBN : 2-85653-550-X) 38 €

cpn 55 : Philippe KEITH, Éric VIGNEUX & Gérard MARQUET 2002.— Atlas des poissons et des crustacés d'eau douce de Polynésie française. 175 p. (ISBN : 2-85653-547-X) 28 €

cpn 54 : Michel BREUIL 2002.— Histoire naturelle des Amphibiens et Reptiles terrestres de l'archipel guadeloupéen. 339 p. (ISBN : 2-85653-544-5) 46 €

Prix TTC, frais de port en sus.
Prices in Euros VAT included, postage not included.

MUSÉUM NATIONAL D'HISTOIRE NATURELLE
PUBLICATIONS SCIENTIFIQUES
Diffusion :
57, rue Cuvier - CP 39 - F 75005 Paris
Tel. : [33] 01 40 79 48 05
Fax : [33] 01 40 79 38 40
e-mail : diff.pub@mnhn.fr
http://www.mnhn.fr/publication

CRÉDIT PHOTO

Ahmed Abdou, Bleeker & Pollen, Frédéric Busson, Romain Causse, Cuvier & Valenciennes, FAO, Claude Ferrara, Gervais & Boulart, Thierry Hoareau, Philippe Keith, Deodat Manchon, Gérard Marquet, John Randall, Tony Robinet, Toshiyuki Suzuki, Érick Vigneux, Pierre Viora, Yannick Zitte-ARDA,

Date de distribution : le 15 Décembre 2006
Achevé d'imprimer en Décembre 2006
par Bialec à Nancy
Dépôt légal : Décembre 2006